大熊猫组织病理图谱

主编 / 李德生　李才武　陈正礼

四川科学技术出版社
· 成都 ·

图书在版编目（CIP）数据

大熊猫组织病理图谱 / 李德生, 李才武, 陈正礼主编. -- 成都 : 四川科学技术出版社, 2024. 10.
ISBN 978-7-5727-1569-3
Ⅰ. Q959.838-64
中国国家版本馆CIP数据核字第2024DR7571号

大熊猫组织病理图谱

DAXIONGMAO ZUZHI BINGLI TUPU

李德生　李才武　陈正礼◎主编

出 品 人　程佳月
责任编辑　李　栎
校　　对　陈金润
责任印制　欧晓春
出版发行　四川科学技术出版社
成都市锦江区三色路238号 邮政编码 610023
官方微信公众号：sckjcbs
传真：028-86361756
制　　作　成都华桐美术设计有限公司
印　　刷　成都市金雅迪彩色印刷有限公司
成品尺寸　210mm × 285mm
印　　张　11.5
字　　数　240千
版　　次　2024年10月第1版
印　　次　2024年10月第1次印刷
定　　价　168.00元

ISBN 978-7-5727-1569-3

邮　　购：成都市锦江区三色路238号新华之星A座25层　邮政编码：610023
电　　话：028-86361770

■ 版权所有 · 翻印必究 ■

编著委员会

Editorial board

顾　问

崔恒敏（四川农业大学）　汪开毓（四川农业大学）　魏荣平（中国大熊猫保护研究中心）

主　编

李德生（中国大熊猫保护研究中心）　李才武（中国大熊猫保护研究中心）

陈正礼（四川农业大学）

副主编

邓惠丹（四川农业大学）　唐　丽（四川农业大学）　罗启慧（四川农业大学）

王承东（中国大熊猫保护研究中心）　凌珊珊（中国大熊猫保护研究中心）

编　者

（排名不分先后）

○ 中国大熊猫保护研究中心

邓林华　吴虹林　张贵权　黄　炎　何永果　黄　治　仇　剑　吴代福　熊跃武

成彦曦　何　鸣　王　茜　高　瞻　杨海迪　李　果　魏　明　黄　山　周　宇

曾　文　何胜山　刘晓强　李　倜　邓雯文　屈元元　胡正权　朱　艳　李承瑶

○ 上海市公共卫生临床中心

宋　曙　周晓辉　李　顺　曾　东　许晶晶　郭文娟　郑　叶　杨月香　石雨涵

李多多　王　傲　吴敏敏　刘克宇

○ 四川大学

杨　鑫　田明月

○ 上海野生动物园

徐春忠

○ 四川农业大学

邹立扣　谢　跃　邓　林　宋诗瑶

○ 北京动物园管理处

夏茂华

大熊猫的保护工作任重而道远，大熊猫疾病防控是保证大熊猫种群健康的重要一环，大熊猫病理研究工作是大熊猫疾病防控中的重要内容。

主编介绍

Editor In Chief Introduction

李德生

李德生，男，四川省会东县人，基础兽医学博士，中国大熊猫保护研究中心副主任。正高级工程师（专业二级），享受国务院政府特殊津贴专家，“百千万人才工程”国家级人选和国家有突出贡献中青年专家，中华全国青年联合会委员；获全国优秀科技工作者、四川青年五四奖章等多项国家和省部级荣誉。主持/主研多项国家和省部级科技攻关项目，先后获得国家科学技术进步奖二等奖、中国青年科技奖、中国林业青年科技奖等多项科技奖励。主要从事大熊猫保护管理及研究工作，发表科研论文百余篇，编写专著10余部。

李才武

李才武，男，重庆市忠县人，兽医硕士，正高级工程师，四川大学、四川农业大学专业硕士研究生导师，国家林业和草原局“百千万人才工程”省部级人选，获“梁希林业科学技术奖”科技进步三等奖1项。主要从事大熊猫疾病防治与研究工作，主持科研项目9项，发表科研论文70余篇，主编大熊猫相关专著1部，作为副主编编写专著2部。

主编介绍

Editor In Chief Introduction

陈正礼

陈正礼，男，四川省简阳市人，博士，教授，博士研究生导师，执业兽医师，现任四川农业大学动物医学院副院长，中国兽医病理学家委员会委员，中国动物解剖及组织胚胎学分会常务理事，中国实验动物学会高级会员，中国实验动物学会屏障医学专业委员会委员，四川省实验动物行政许可评审专家。在*Lab Animal*、*Frontiers in Aging Neuroscience*、*Redox Biology*、*Hepatology International*、*Metabolic Brain Disease*等期刊发表论文90余篇，其中SCI收录30余篇；获神农中华农业科技奖优秀创新团队奖（一等奖）1项；获国家发明专利3项；编写教材10余部。

主编介绍

Editor In Chief Introduction

前言

大熊猫是我国特有的珍稀易危级动物，是生物多样性保护的旗舰物种，也是我国的国宝，其发展演化历史源远流长。现主要分布于四川、甘肃、陕西三省。全国第四次大熊猫调查结果显示，截至2013年底，全国野生大熊猫种群数量为1 864只，全国圈养大熊猫种群数量为375只。到2023年底，全国野生大熊猫种群数量超过1 900只，全国圈养大熊猫的种群数量达到728只。研究大熊猫的各种生物学特性，掌握其规律，使这一物种不断繁衍，是保护大熊猫的重要措施之一。

组织病理学是基础兽医学与临床诊断、预防兽医学的桥梁，在兽医学学科中起着承上启下的作用。学习组织病理学，不仅要深入理解其重要理论，还要掌握患病动物体内发生的基本病理变化和各种疾病的特征病理变化，而作为病理变化真实写照的图片，在兽医病理学教学中能够发挥重要作用。大熊猫组织病理研究几十年来国内外虽有一些相关报道，但由于病例少、材料不够完整，以致其相关研究的全面性、系统性不够。中国大熊猫保护研究中心是

前言

拥有全球最大圈养大熊猫种群的单位，30余年来共收集到48只圈养和野外大熊猫（包含幼龄、亚成年、成年和老龄大熊猫）的组织病理材料，有常规HE染色、特殊染色和免疫组化病理检测结果，内容翔实。对收集到的大熊猫的组织、器官进行了组织病理学观察，通过整理与分析，形成本书。本书分别从运动系统、消化系统、呼吸系统、泌尿系统、生殖系统、心血管系统、免疫系统、神经系统、内分泌系统、被皮系统等10个部分展开介绍，图片丰富，病理变化较为典型，是极为珍贵的大熊猫病理学研究资料，具有重要的学术价值，可为大熊猫保护研究工作者，特别是为从事大熊猫及其他物种兽医工作的临床及研究人员提供帮助和参考。

大熊猫的保护工作任重而道远，大熊猫疾病防控是保证大熊猫种群健康的重要一环，大熊猫病理研究工作是大熊猫疾病防控中的重要内容。《大熊猫组织病理图谱》一书很好地展示了大熊猫病理研究的初步成果，对大熊猫的发病及病理机制研究提供了珍贵的参考资料，希望以后有更多相关专著出版，为大熊猫保护工作添砖加瓦！

本研究工作由中国大熊猫保护研究中心牵头，四川农业大学、上海市公共卫生临床中心、四川大学、上海野生动物园和北京动物园管理处等单位参与。中国青少年发展基金会梅赛德斯-奔驰星愿基金为本项目提供公益支持。本书部分大熊猫图片由中国大熊猫保护研究中心李伟、李传友提供。

限于作者水平，本书不妥或错误之处，敬请读者指正。部分系统组织病理材料仍然未收集完全，有待继续收集材料并在后续修订中逐渐完善本书。

编著者

2024年7月

目　录

CONTENTS

第一章 / 001
Chapter 1
运动系统

第二章 / 011
Chapter 2
消化系统

第三章 / 057
Chapter 3
呼吸系统

第四章 / 079
Chapter 4
泌尿系统

第五章 / 095
Chapter 5
生殖系统

第六章 / 109
Chapter 6
心血管系统

第八章 / 149
Chapter 8
神经系统

第十章 / 159
Chapter 10
被皮系统

第九章 / 155
Chapter 9
内分泌系统

第七章 / 127
Chapter 7
免疫系统

参考文献 / 167

Chapter 1

运动系统

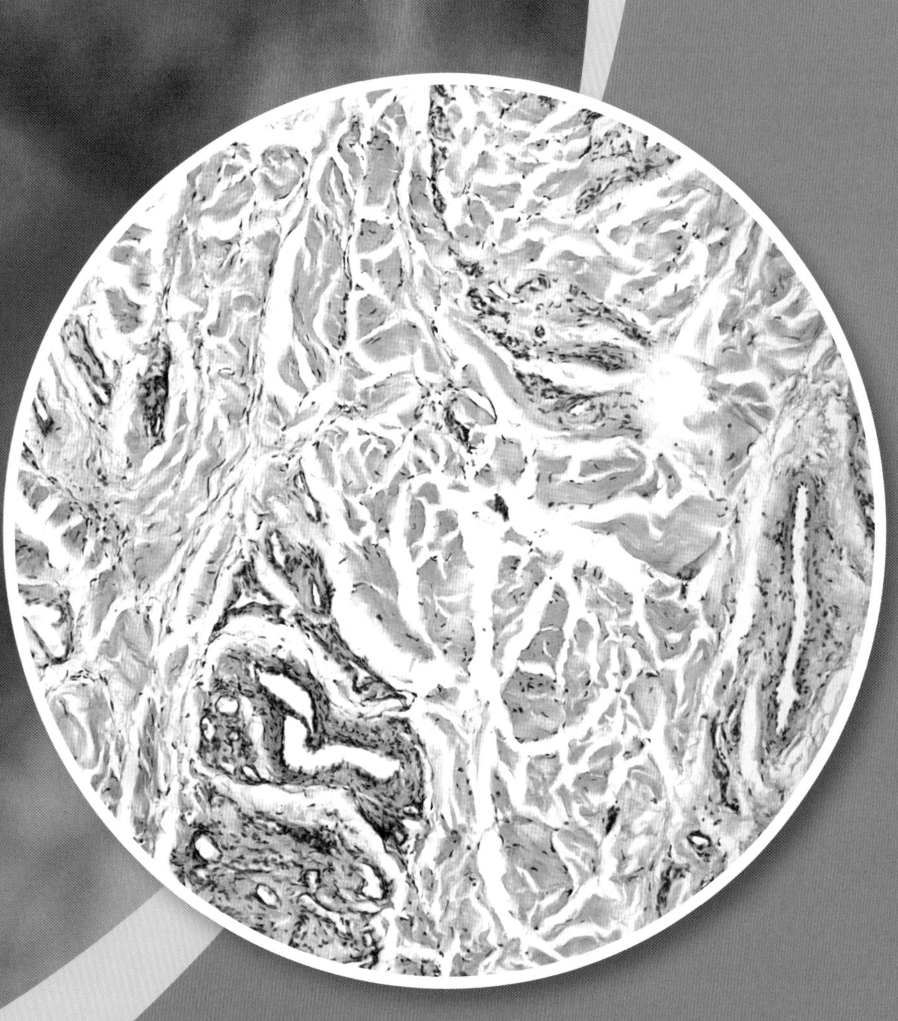

运动系统由骨、骨连接和肌肉构成。每一块骨都是一个骨器官。骨器官包括骨组织、骨膜和骨髓。骨与骨之间借纤维结缔组织、软骨或骨组织相连，形成骨连接。运动系统的肌肉为骨骼肌，由骨骼肌纤维组成，因其肌纤维有横纹，又称横纹肌。骨骼肌纤维为长圆柱形的多核细胞，一条肌纤维内有几十个甚至上百个细胞核，呈椭圆形，位于细胞周缘，紧贴肌膜内面。

运动系统常见的病理损伤包括肌肉的损伤及肿瘤的形成。

肌肉损伤

肌肉损伤表现包括肌纤维大小不一，萎缩、分裂、变性坏死，炎性细胞浸润；间质纤维化、水肿、增宽；出血。

肿瘤的形成

肿瘤组织主要发生于皮下真皮层，并侵袭皮下组织，由两种成分组成。一种为海绵状血管腔隙，呈不规则扩张，管壁薄，内含大量血液或血栓。另一种为实体性成分，由大量梭形细胞组成，胞质淡染，胞核呈圆形或椭圆形，核仁不清楚，细胞排列紊乱或交错成索状、团状。除梭形细胞外，实性区域内还可见灶性分布的圆形空泡状细胞，几乎未见核分裂象。

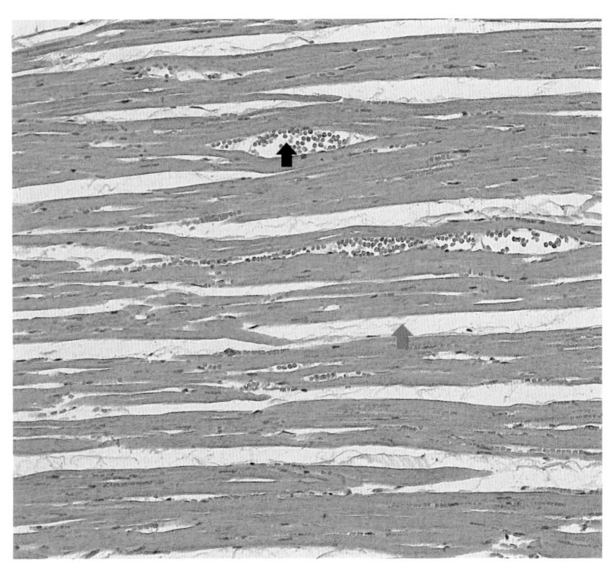

200×

肌肉：肌间轻度出血⬆，肌间质轻度增宽、轻度水肿⬆

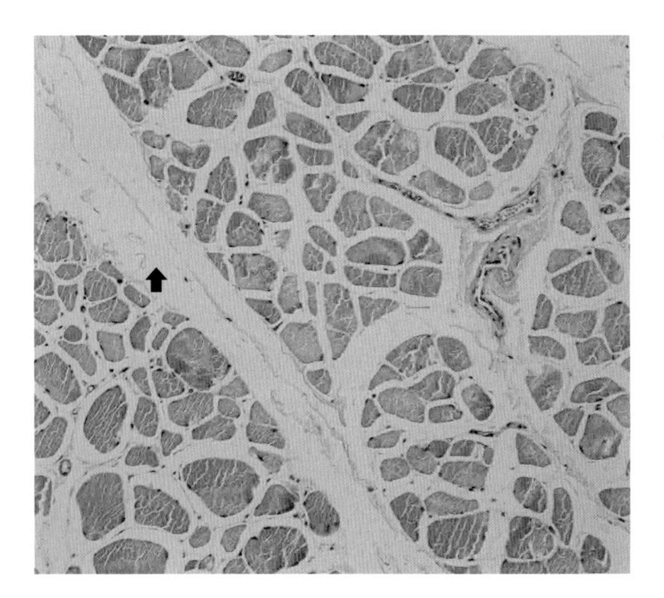

200×

肌肉：后肢肌间质增宽、轻度水肿⬆

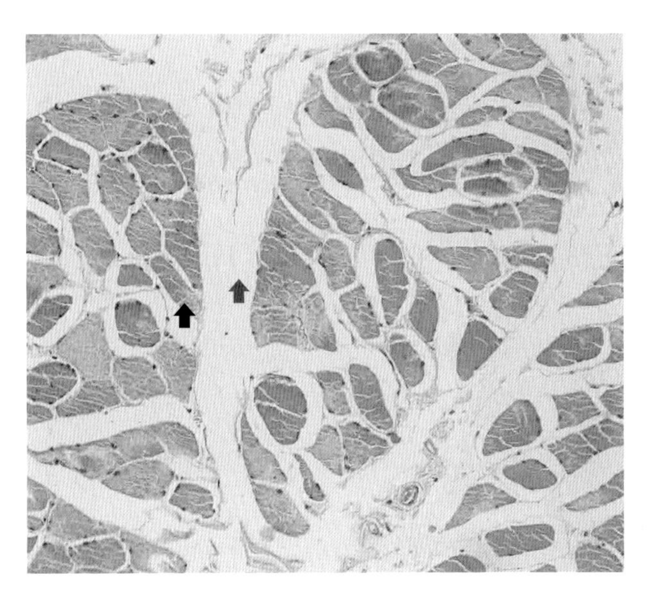

200×

肌肉：前肢肌纤维轻度变性、萎缩⬆，间质水肿、增宽⬆

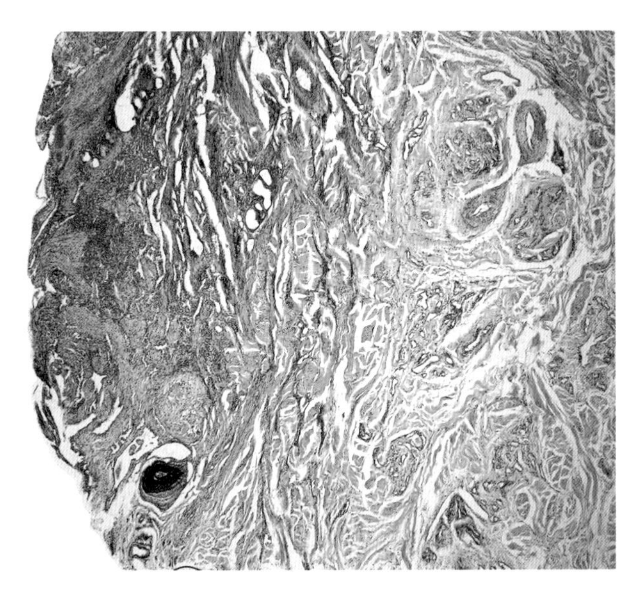

40×

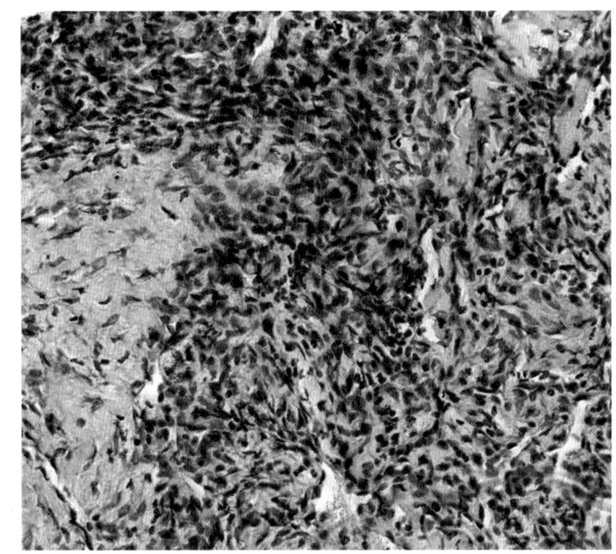

400×

脚部肿块：初步诊断为梭形细胞血管瘤

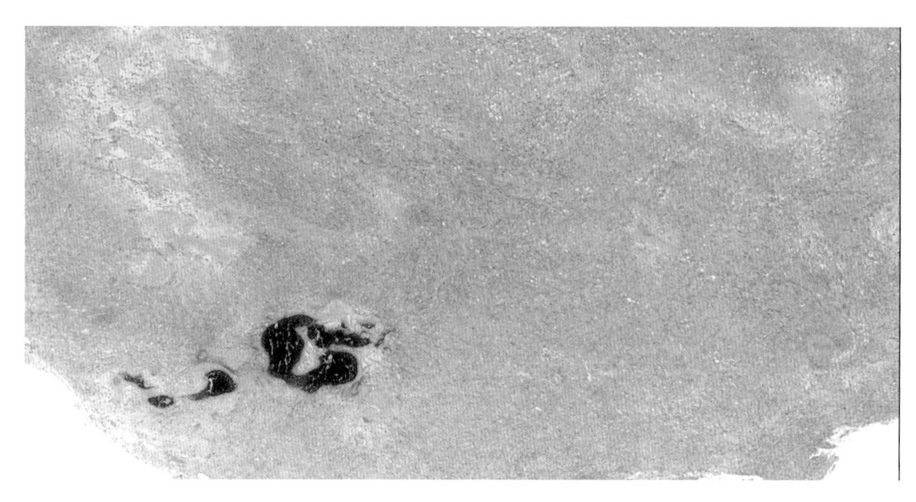

40×

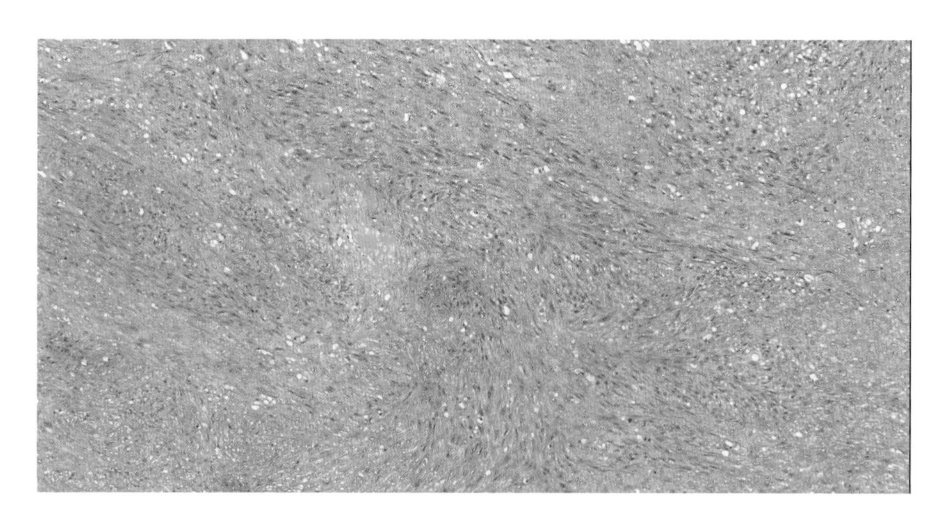

100×

骨肉瘤

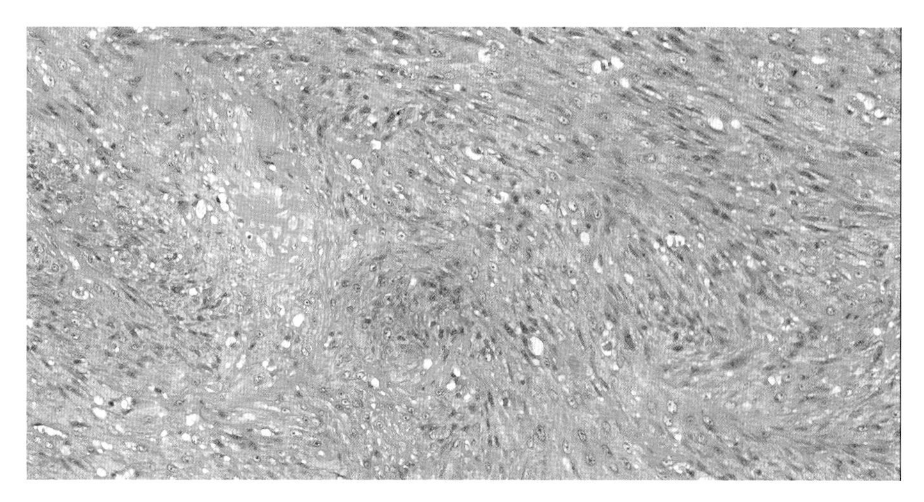

200×

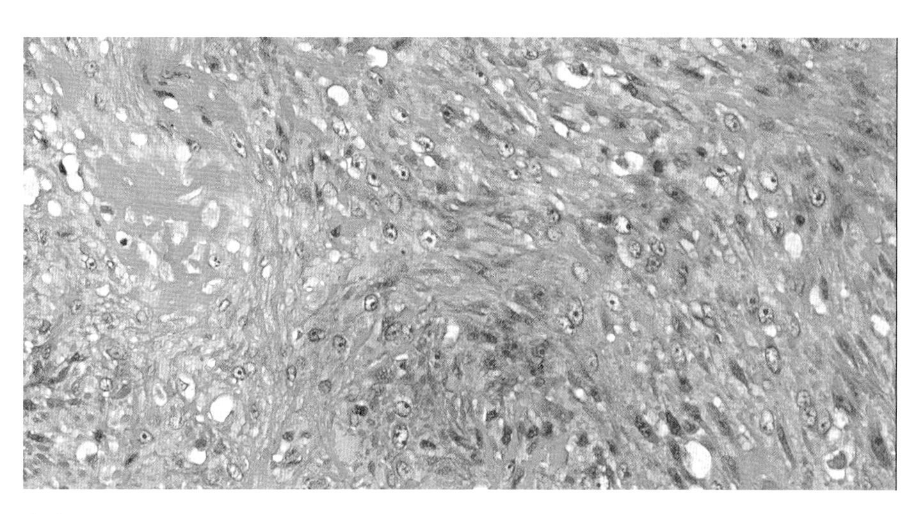

400×

骨肉瘤： 梭形细胞肿瘤，核分裂象易见，可见异型软骨及肿瘤性成骨。组织形态是高级别恶性肿瘤

免疫组化结果结合组织学结果共同分析诊断为普通型骨肉瘤（纤维母细胞亚型）。

免疫组化染色，200×

骨肉瘤： Desmin（肌肉组织肿瘤表达的结蛋白）阴性。Desmin阳性说明体内免疫系统出现异常或出现平滑肌肿瘤的可能性大

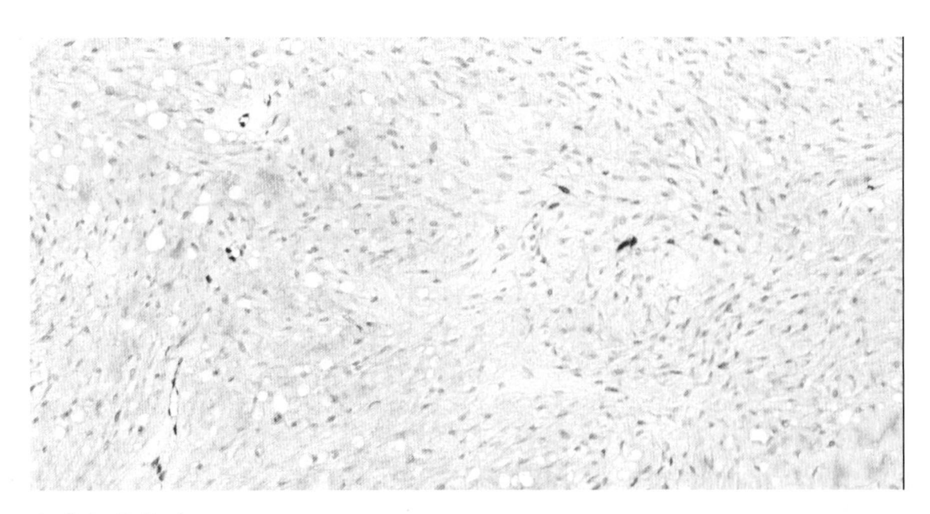

免疫组化染色，200×

骨肉瘤： ERG阴性。ERG阳性常见于血管内皮的肿瘤

免疫组化染色，200×

骨肉瘤：H3K27me3阳性。H3K27me3阳性提示肿瘤抑制基因发生异常，可能出现了恶性肿瘤活动，考虑可能是恶性周围神经鞘膜瘤、脑膜瘤、胶质瘤、神经鞘瘤、神经纤维瘤等情况

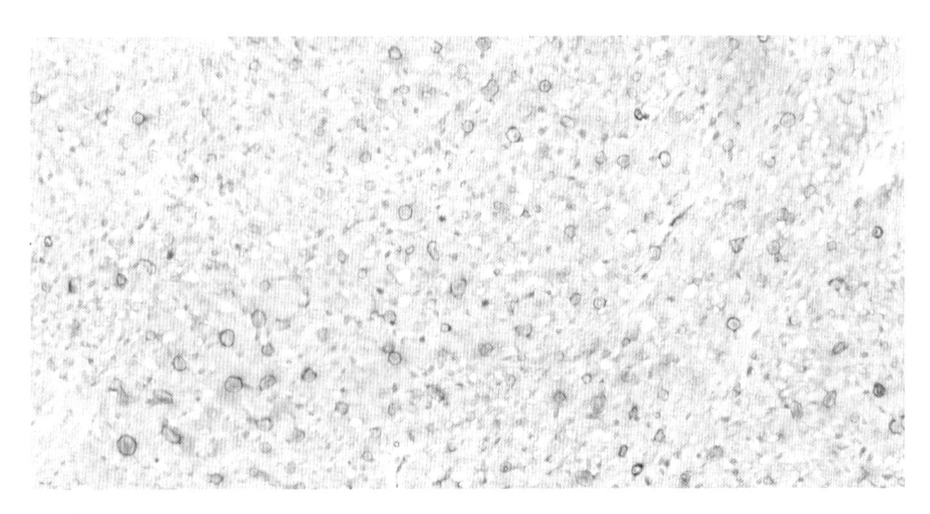

免疫组化染色，200×

骨肉瘤：Ki-67阳性。Ki-67是一种细胞增殖标志物，可以检测细胞周期中的细胞比例。 Ki-67的阳性率越高，说明肿瘤细胞处于生长周期的比例越大，肿瘤的生长速度越快

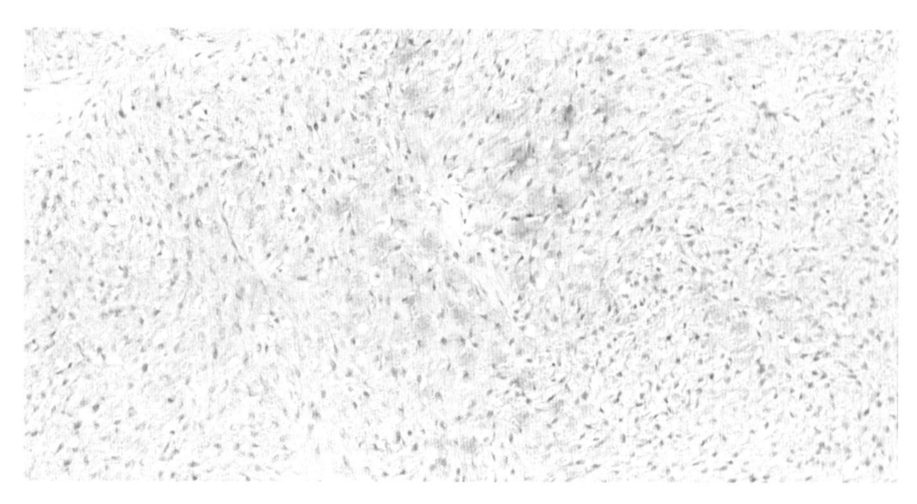

免疫组化染色，200×

骨肉瘤：S-100阴性。S-100是一种神经特异性蛋白，是用于鉴别神经内分泌肿瘤的一项指标。S-100阳性说明是神经来源的肿瘤（神经鞘瘤或神经纤维瘤），或者是皮肤黑色素肿瘤

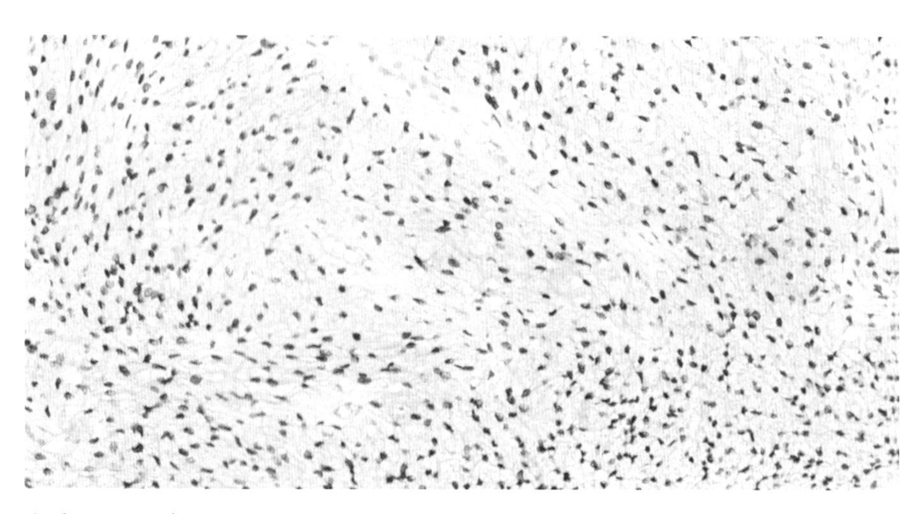

免疫组化染色，200×

骨肉瘤：SATB2阳性。SATB2对于鉴别骨肉瘤和其他非成骨性肉瘤具有重要意义，约90%骨肉瘤病例有阳性表达

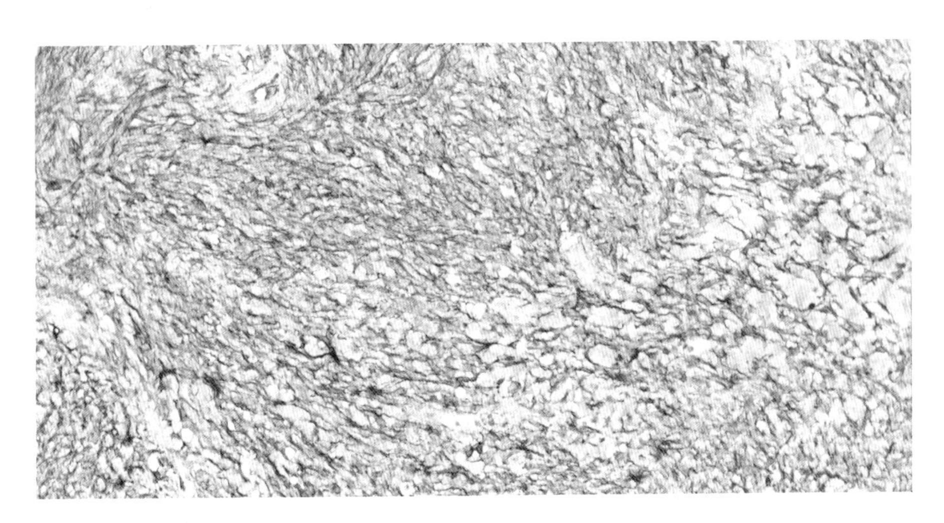

免疫组化染色，200×

骨肉瘤：α-SMA阳性。α-SMA蛋白在骨肉瘤中偶有阳性（<15%，>5%的病例阳性）

第二章

Chapter 2

消化系统

消化系统由消化道和消化腺组成。消化道包括口腔、咽、食管、胃、小肠（十二指肠、空肠和回肠）、大肠（结肠和直肠）和肛门，消化腺包括壁外腺（肝、胰、大唾液腺）和壁内腺（如胃腺、肠腺）。大唾液腺有腮腺、下颌下腺和舌下腺。

消化管由内向外依次为黏膜、黏膜下层、肌层和外膜。黏膜包括上皮、固有层（结缔组织）和黏膜肌（平滑肌），黏膜下层为疏松结缔组织，肌层大部分为平滑肌，胃肠的外膜由结缔组织和间皮构成。

食管的黏膜和黏膜下层向管腔内凸起形成皱襞，黏膜上皮为非角化的复层扁平上皮，黏膜下层含有黏液性和混合性食管腺，肌层发达，为骨骼肌，外膜大部分为纤维膜，部分为浆膜。胃壁黏膜上皮为单层柱状上皮，向下凹陷形成胃小凹，固有层有丰富的胃腺，可见胃腺开口于胃小凹，黏膜上皮细胞由表面黏液细胞构成。胃底腺细胞主要包括主细胞、壁细胞和颈黏液细胞，其中壁细胞呈圆锥形，核圆居中，胞质嗜酸性，主细胞和颈黏液细胞呈柱状，主细胞胞质基部嗜碱性，胞核圆，颈黏液细胞胞质染色浅，胞核扁平。

十二指肠黏膜表面有黏膜上皮和固有层构成的肠绒毛，黏膜上皮为单层柱状上皮，由吸收细胞和少量的杯状细胞构成，吸收细胞表面有纹状缘，黏膜固有层有丰富的小肠腺，黏膜下层可见大量复合管泡状的黏液性十二指肠腺。空肠和回肠肠绒毛发达，黏膜上皮中杯状细胞数量明显增多。大肠黏膜表面光滑，无绒毛，上皮为单层柱状上皮，由柱状细胞和杯状细胞组成，杯状细胞数量较多，固有层内有大量由上皮下陷而成的大肠腺，肌层较厚。

肝脏表面被覆被膜，被膜结缔组织深入肝实质，将肝脏分为若干个肝小叶，大熊猫肝脏的小叶间结缔组织不发达，肝小叶间界限不明显。肝小叶以中央静脉为中心，肝细胞呈放射状排列为肝细胞索（板），肝细胞索之间不规则的腔隙为肝血窦。肝细胞体积较大，呈多面体形，核大而圆，居中，核仁1~2个。3个或3个以上肝小叶之间的结缔组织形成门管区，可见小叶间动脉、小叶间静脉和小叶间胆管伴行。

胰脏表面被覆结缔组织被膜，结缔组织被膜深入实质为小叶间结缔组织，将实质分为若干小叶，每个小叶由外分泌部和内分泌部组成。外分泌部呈管泡状，构成腺泡的细胞呈锥体形，核圆形、位于基底部。胰腺腺泡腔面可见较小的扁平细胞，为泡心细胞，胞质淡染。泡心细胞是延伸入腺泡腔内的闰管上皮细胞。内分泌腺是分布于外分泌部的细胞团，称为胰岛，胰岛染色浅，细胞呈团索状分布。

腮腺为复管泡状腺、浆液性腺体。被膜结缔组织深入腺体内，将腺体分为若干小叶。腮腺由腺泡和导管组成，腺泡由锥体形腺体细胞围成。腺体细胞核圆形，位于细胞基底部，胞质嗜碱性。闰管直接和腺泡相连，管壁为单层立方上皮。

颌下腺为混合性腺体，由腺泡和导管组成，以浆液性腺泡为主。

消化系统常见的病理损伤主要见于口腔、胃、肝脏、胰腺和肠道。

口腔的主要病理变化

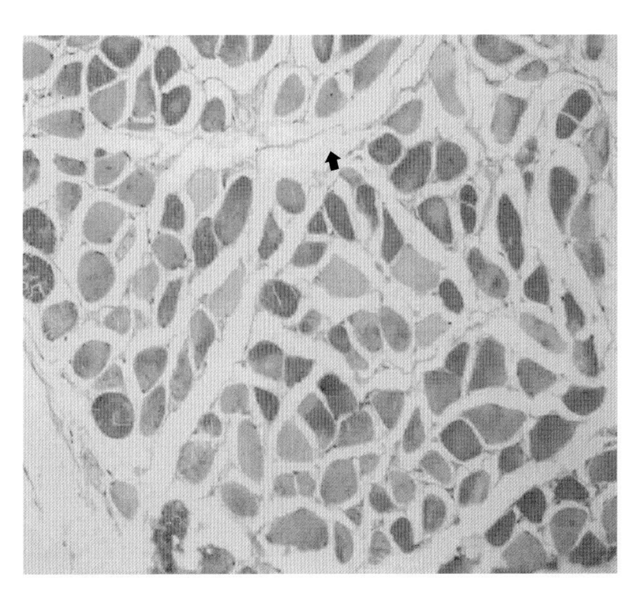

200×

舌：舌肌间质水肿⬆

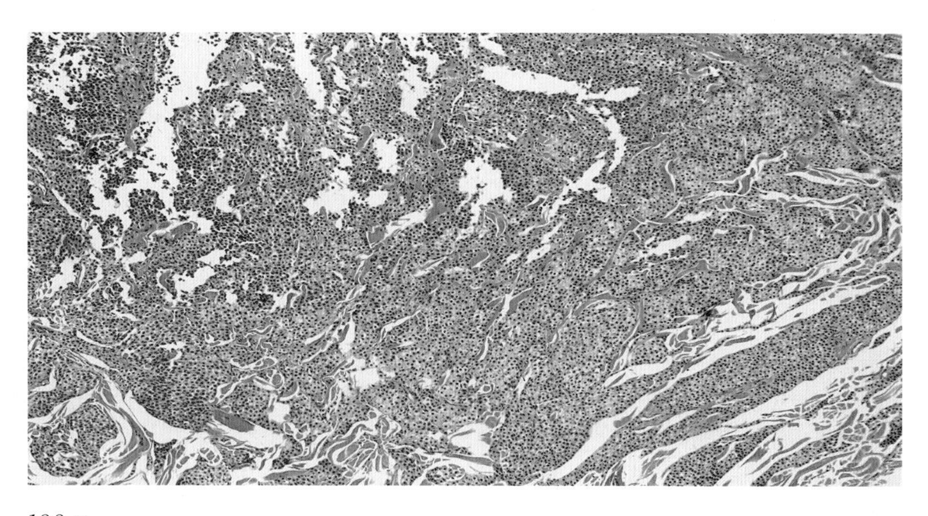

100×

口腔：肿瘤组织由数量众多的排列成束状或席纹状的瘤细胞组成。瘤细胞大小不一致，呈长梭形或长椭圆形，核分裂象少见，初步诊断为纤维肉瘤

胃的主要病理变化

胃黏膜上皮不完整或消失，上皮细胞变性、坏死、脱落，黏膜下层水肿，胃腺萎缩。

肝脏的主要病理变化

中央静脉、肝血窦充血，小叶内出血，肝细胞变性、坏死、胆色素沉着，汇管区小胆管和卵圆细胞增生，间质结缔组织增生、炎性细胞浸润。

胰腺的主要病理变化

胰腺组织内可见充血、出血、水肿和微血栓形成，胰腺实质萎缩。胰腺腺泡呈现局灶性或弥漫性坏死，坏死灶周围可见炎性细胞浸润。胰岛坏死甚至可见钙盐沉积。间质结缔组织增生、纤维化。

肠道的主要病理变化

黏膜和上皮细胞变性、坏死、脱落、糜烂，黏膜和黏膜下血管充血、出血、水肿、炎性细胞浸润，黏膜固有层大量上皮样细胞、成纤维细胞增生。肠腺萎缩或增生，杯状细胞增多、肿胀、分泌亢进。

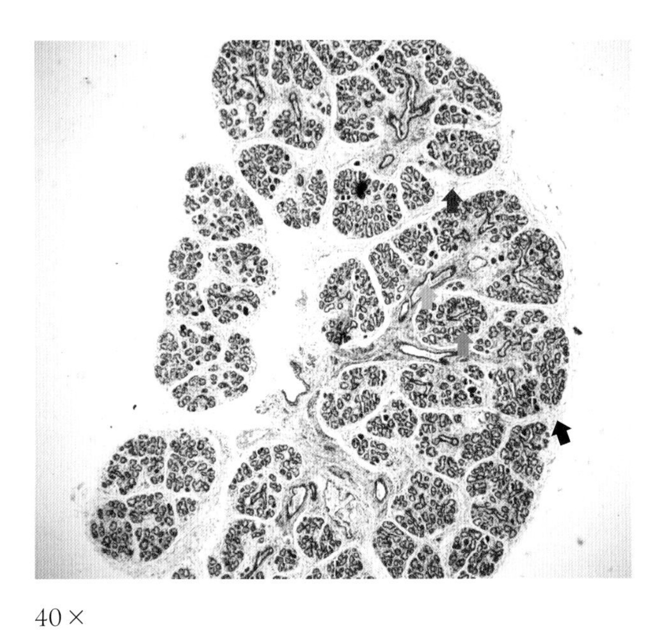

40×

腮腺：可见被膜⬆、小叶间结缔组织⬆、腺泡⬆和导管⬆

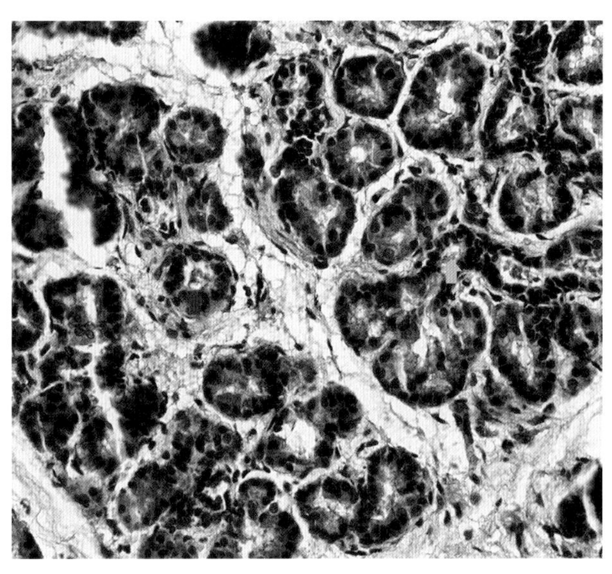

400×

腮腺：可见腺体细胞围成的腺泡⬆、单层立方上皮的闰管⬆

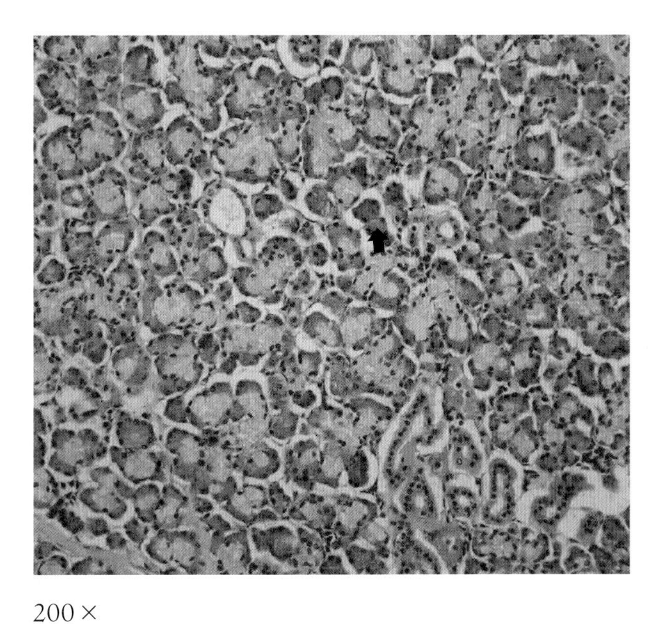

200×

下颌下腺：可见浆液性腺泡⬆、黏液性腺泡⬆、导管⬆

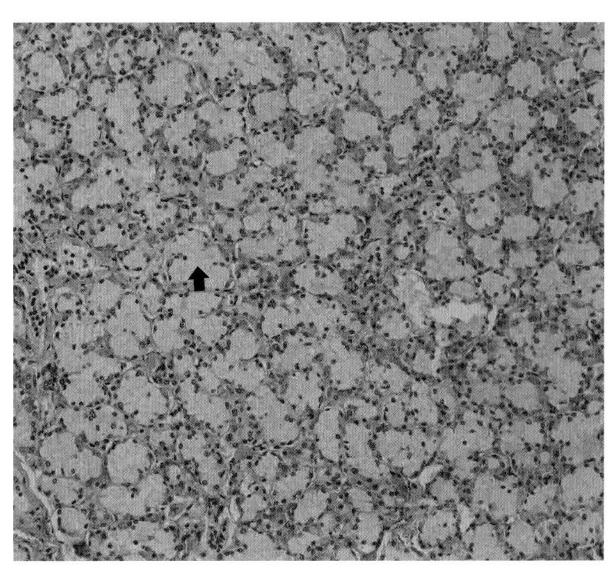

200×

下颌下腺：可见黏液性腺泡⬆

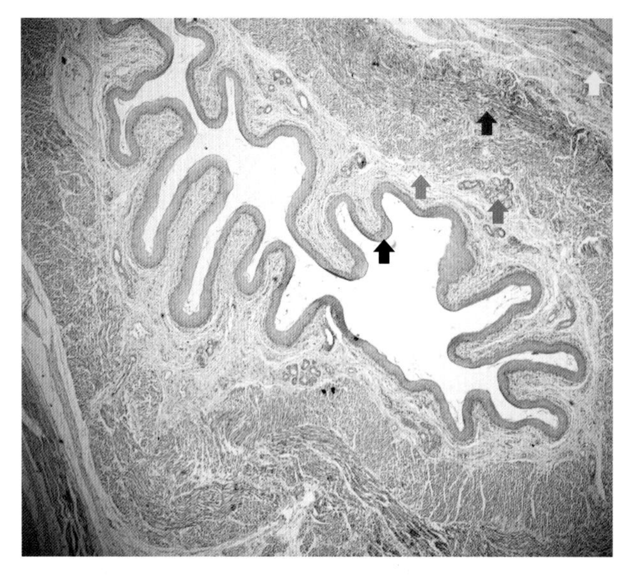

40×

食管：由内向外依次为黏膜⬆、黏膜下层⬆（内含食管腺⬆）、肌层⬆和外膜⬆

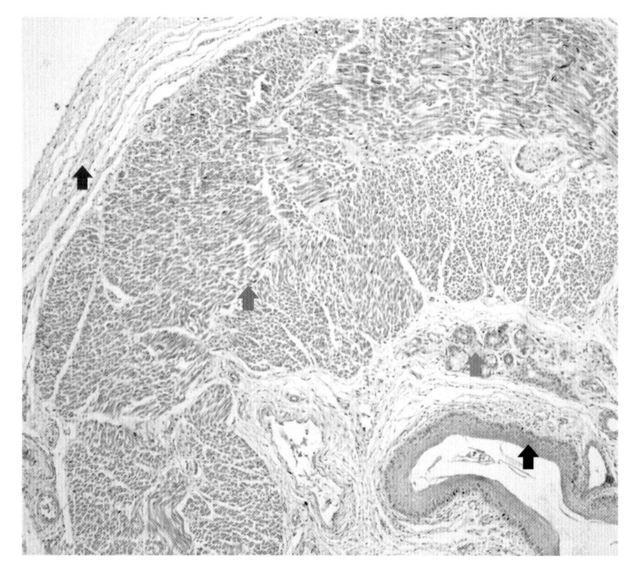

100×

食管：可见角化复层扁平上皮⬆、黏液性和混合性食管腺⬆、发达的肌层⬆、结缔组织外膜⬆

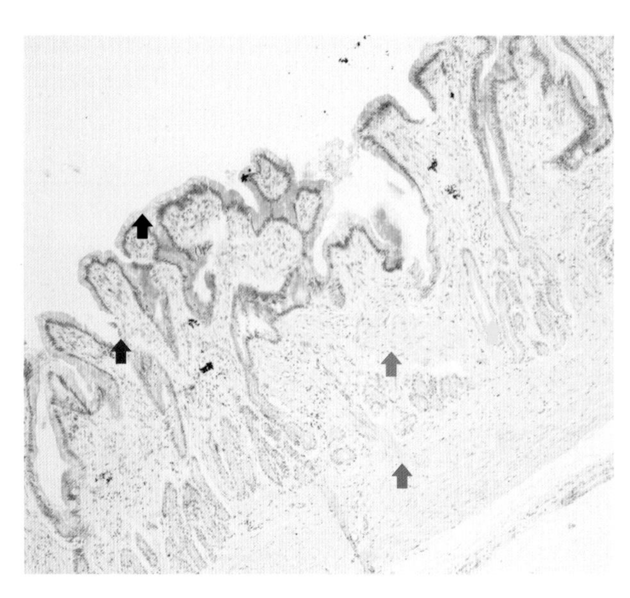

100×

胃：可见黏膜上皮⬆、固有层⬆、黏膜下层⬆、胃小凹⬆、胃腺⬆

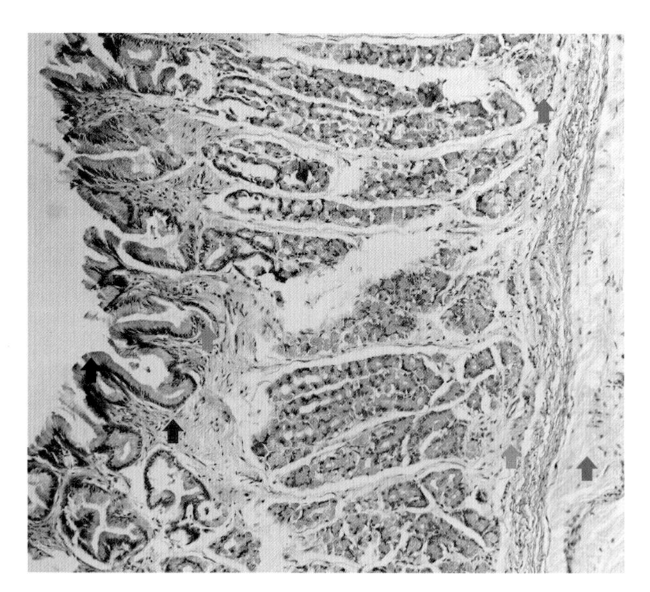

100×

胃：胃底。可见黏膜上皮⬆、固有层⬆、黏膜肌层⬆、黏膜下层⬆、胃小凹⬆、胃底腺⬆

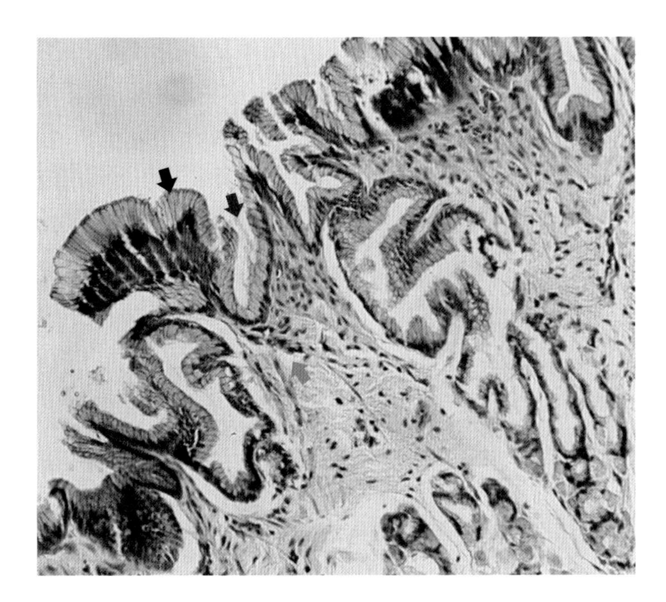

200×

胃：胃底。可见黏膜上皮（表面黏液细胞）⬆、胃小凹⬆、固有层（内含胃底腺）⬆

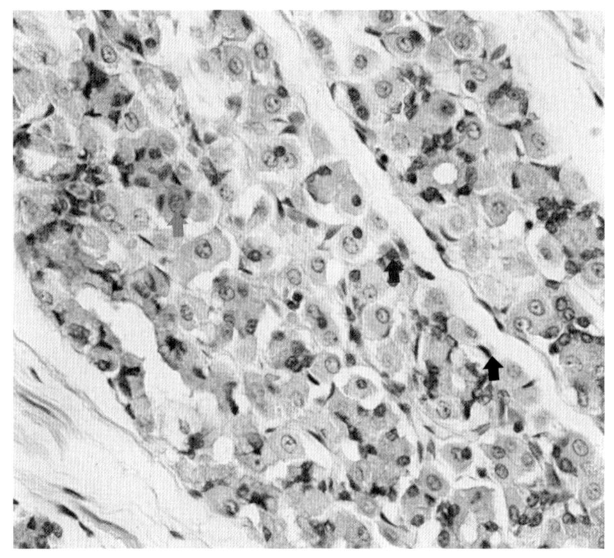

400×

胃：胃底。可见胃底腺的主细胞⬆、壁细胞⬆、颈黏液细胞⬆

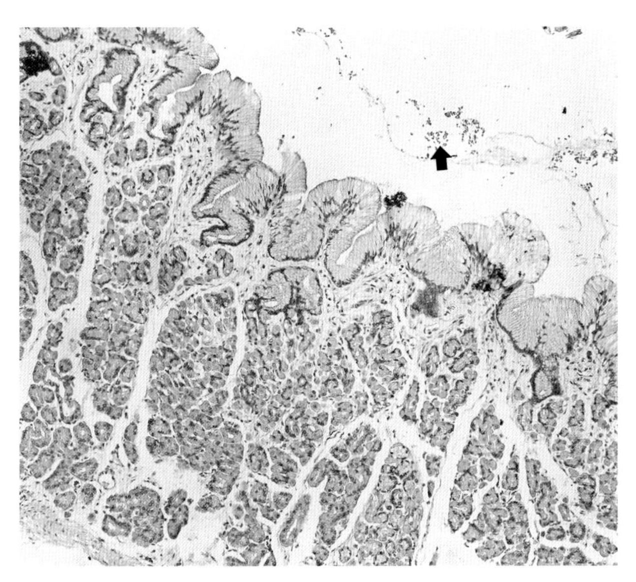

100×

胃：胃表面可见中度出血⬆

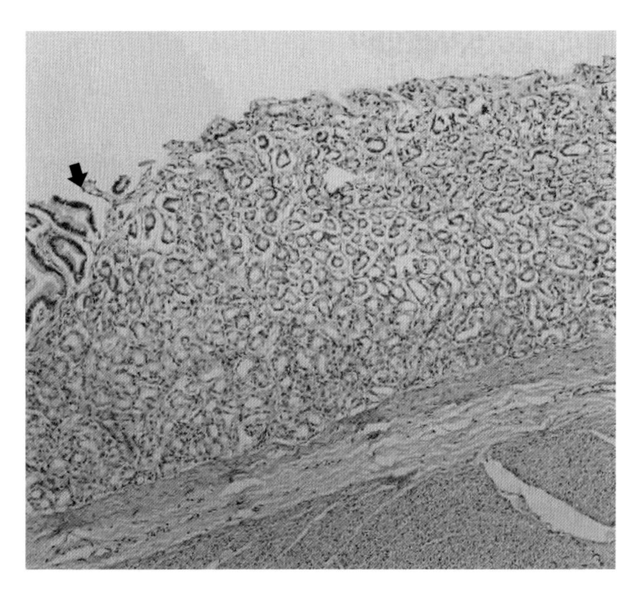

100×

胃：胃上皮不完整或消失⬆

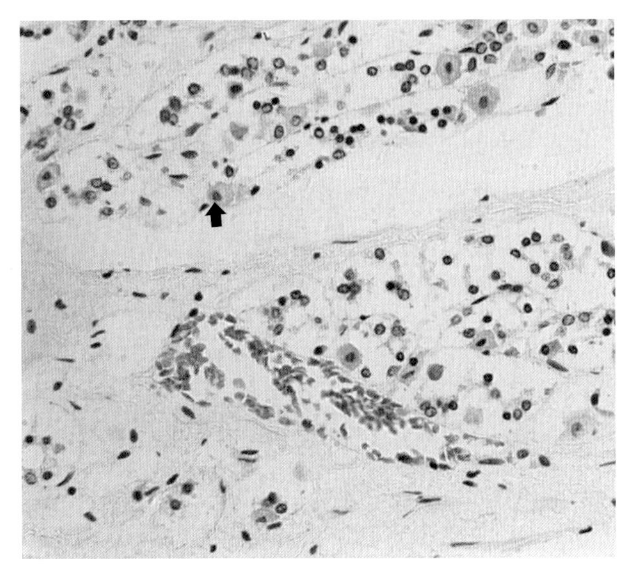

200×

胃：胃腺细胞脱落，数量减少⬆

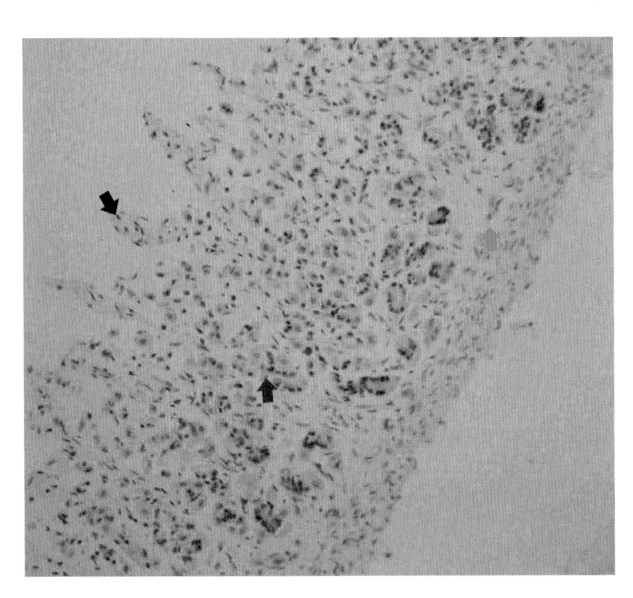

200×

胃：胃黏膜重度坏死⬆，胃腺基本消失⬆，黏膜下结缔组织水肿⬆

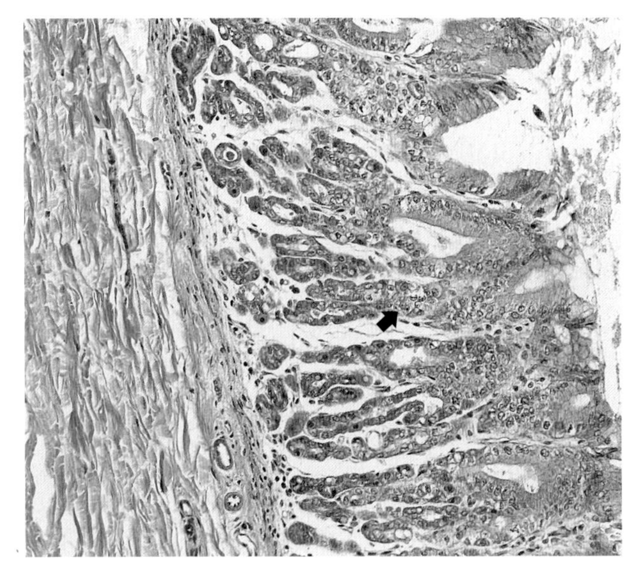

200×

胃：胃腺轻度萎缩⬆

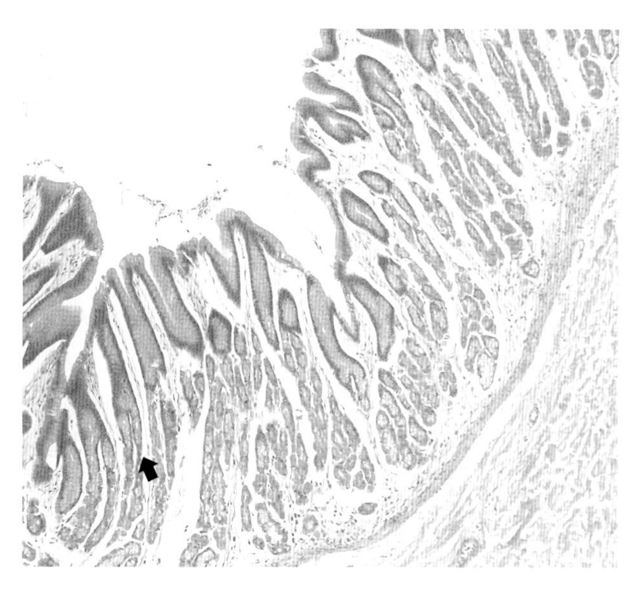

100×

胃：胃幽门部。胃腺轻度萎缩⬆

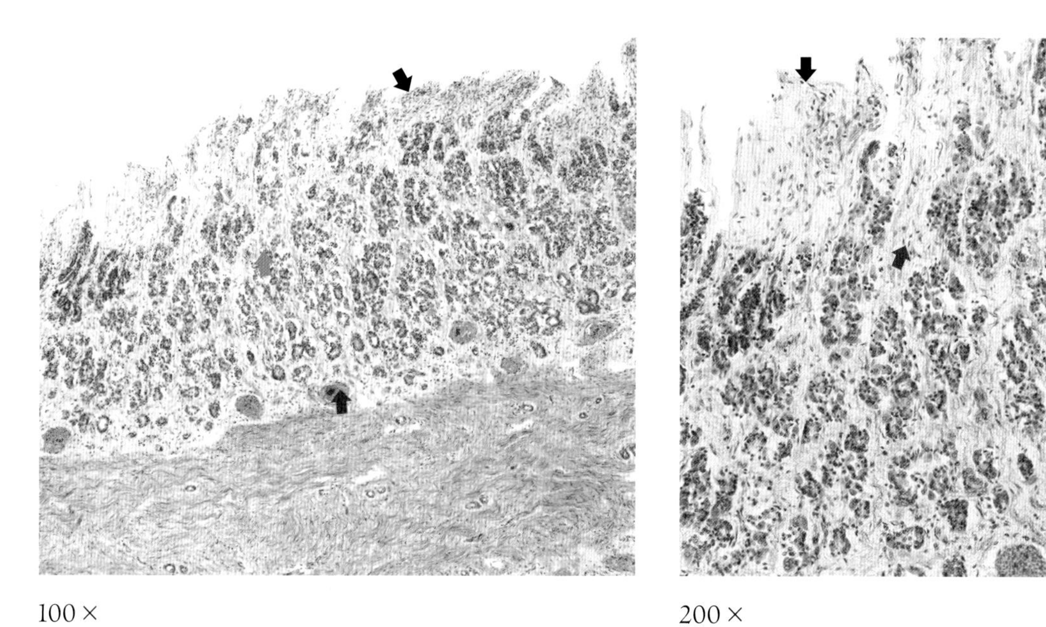

100×

200×

胃：胃腺萎缩，胃黏膜上皮细胞排列紊乱⬆。间质增生、水肿⬆，血管扩张、充血⬆

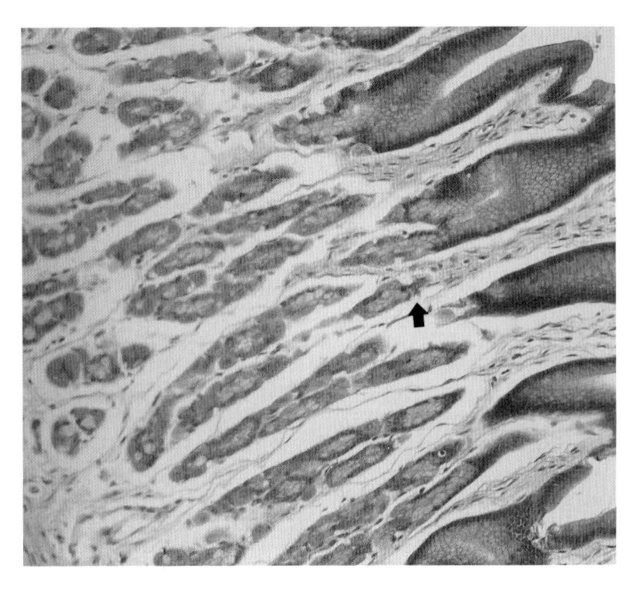

200×

胃：胃幽门部。胃腺轻度萎缩⬆

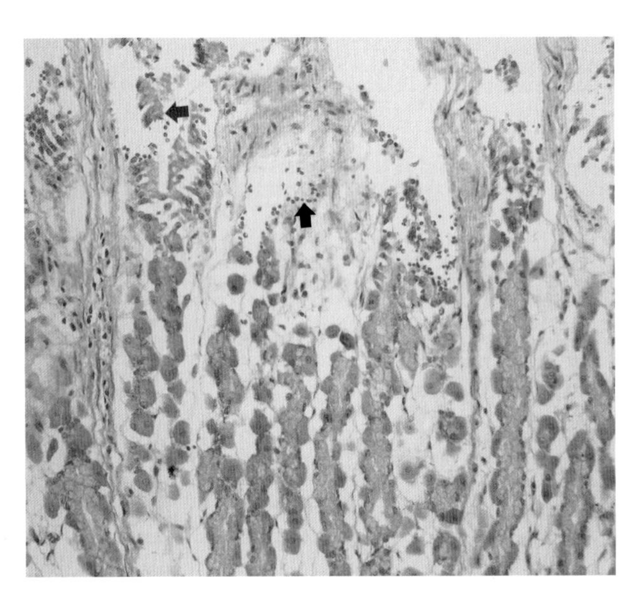

200×

胃：胃黏膜轻度出血⬆，黏膜上皮变性、坏死、脱落⬆

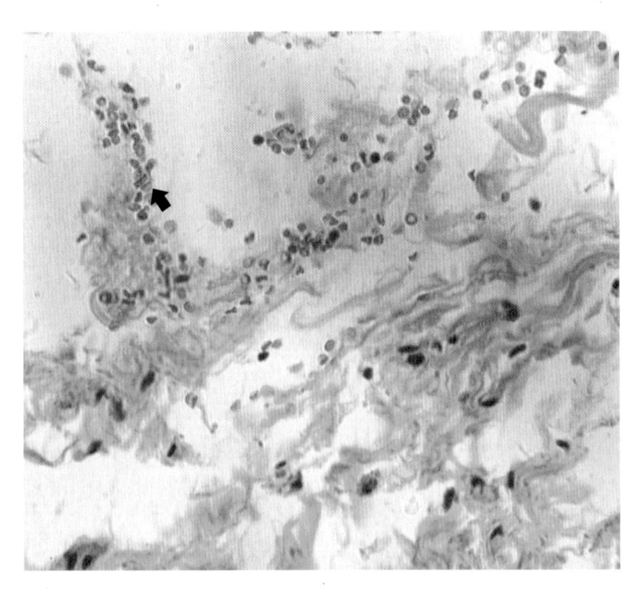

400×

胃：外膜（浆膜）出血⬆

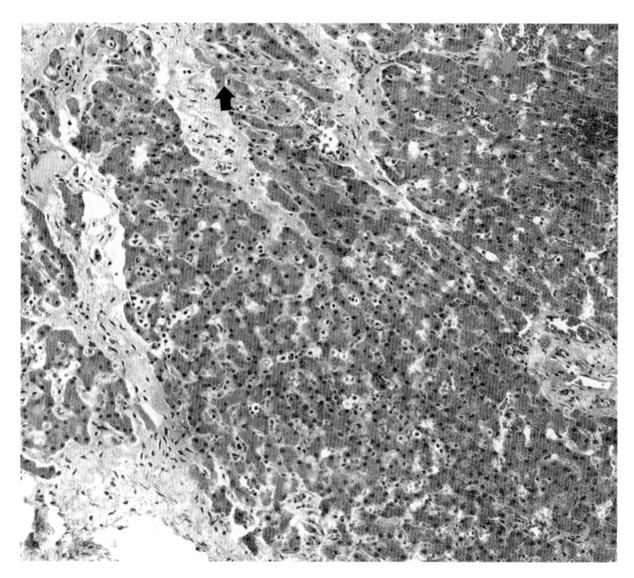

100×

肝脏：肝细胞嗜酸性增强⬆，血窦充血⬆

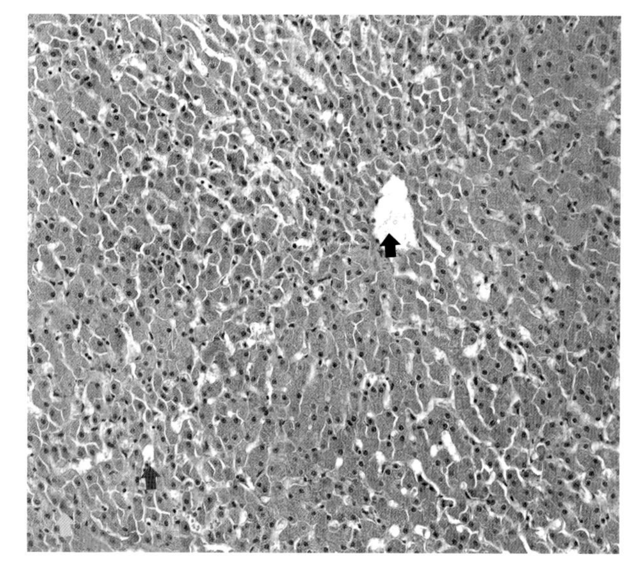

200×

肝脏：可见中央静脉⬆、肝索⬆、肝血窦⬆、肝细胞⬆

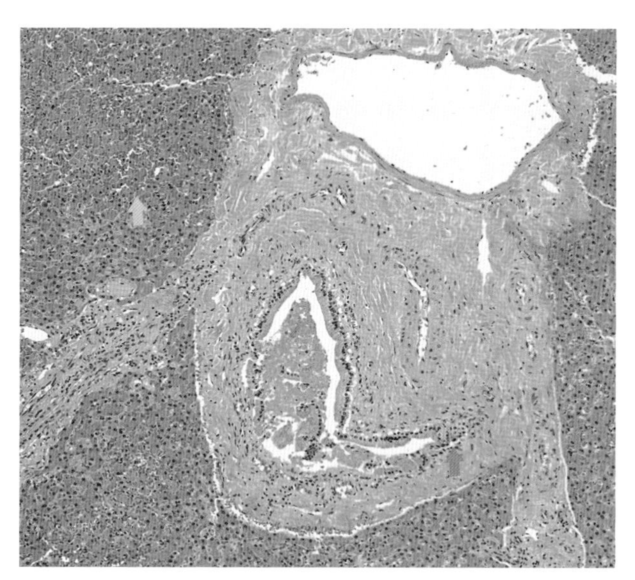

100×

200×

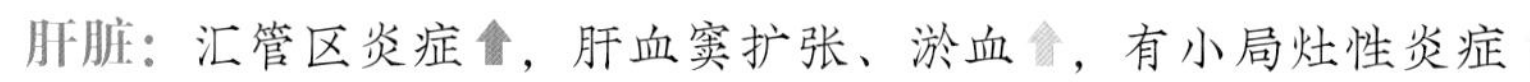

肝脏：汇管区炎症⬆，肝血窦扩张、淤血⬆，有小局灶性炎症⬆

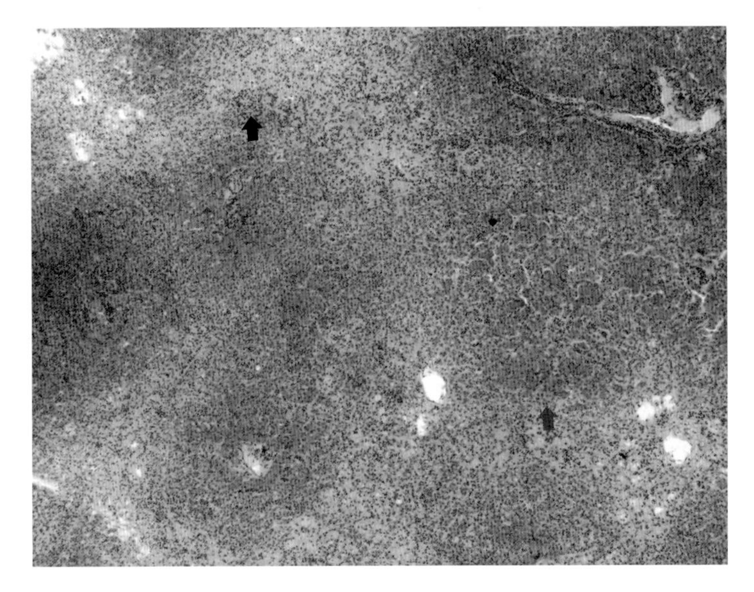

100×

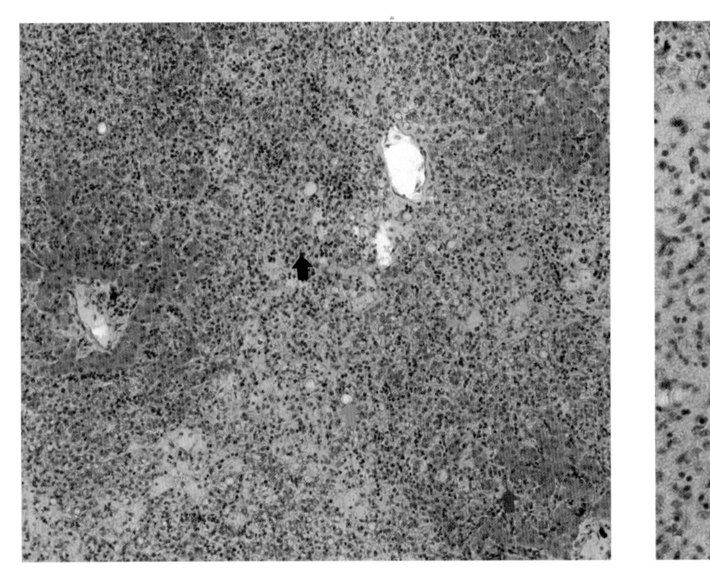

200×

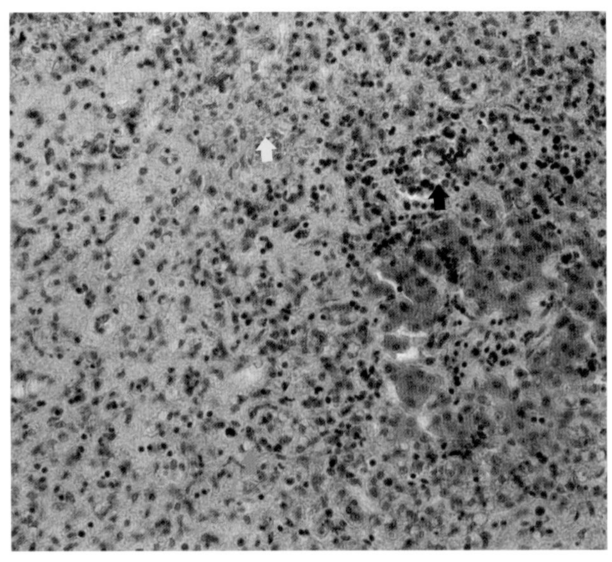

400×

肝脏：肝细胞坏死⬆，坏死区域水肿、染色浅，大量慢性炎性细胞浸润⬆，结缔组织增生并包绕少量仅存肝细胞，形成假小叶结构⬆。可见肝细胞脂肪变性⬆，肝脏淤血、出血、含铁血红素增加。诊断为慢性肝炎

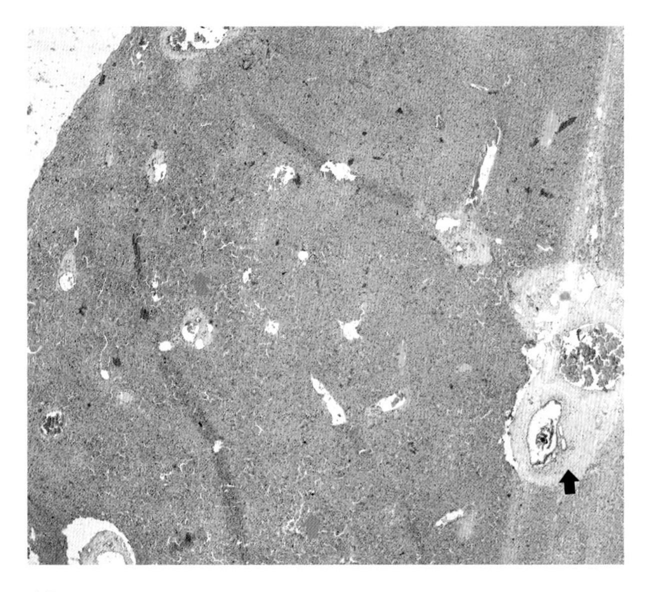

40×

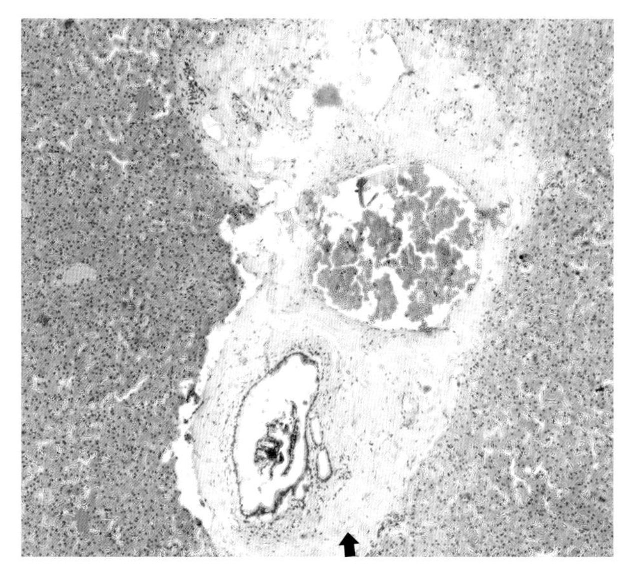

100×

肝脏： 门管区水肿⬆，肝血窦增宽，血窦内充血⬆

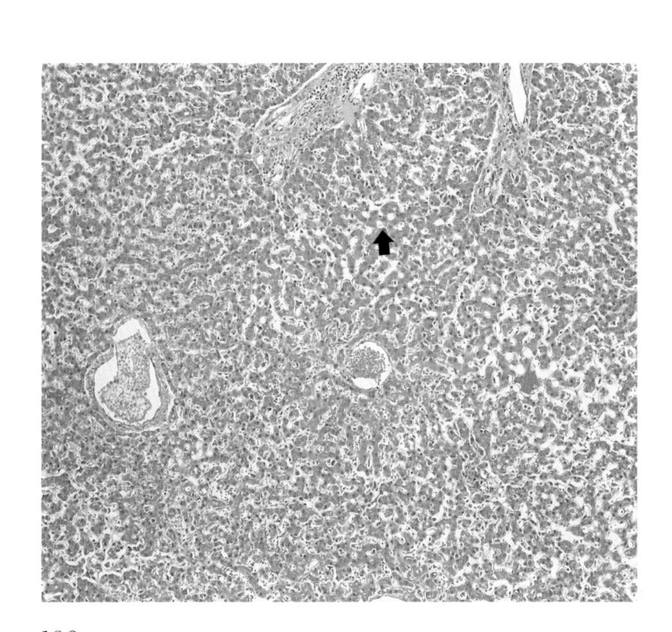

100×

肝脏： 肝索萎缩⬆，肝血窦增宽⬆，炎性细胞浸润⬆

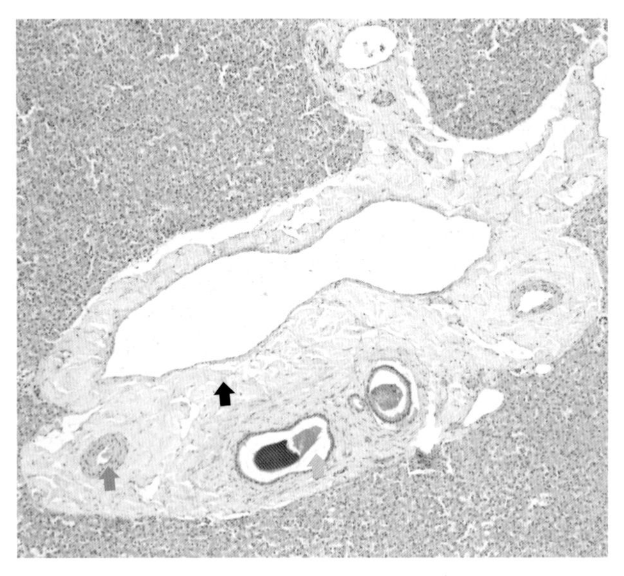

100×

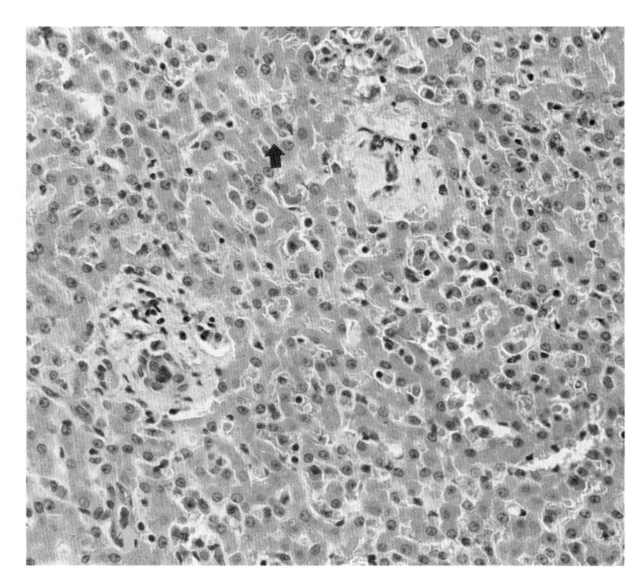

400×

肝脏：门管区间质水肿⬆，血管壁增厚⬆，胆汁淤积，胆栓形成⬆，肝细胞轻度萎缩⬆

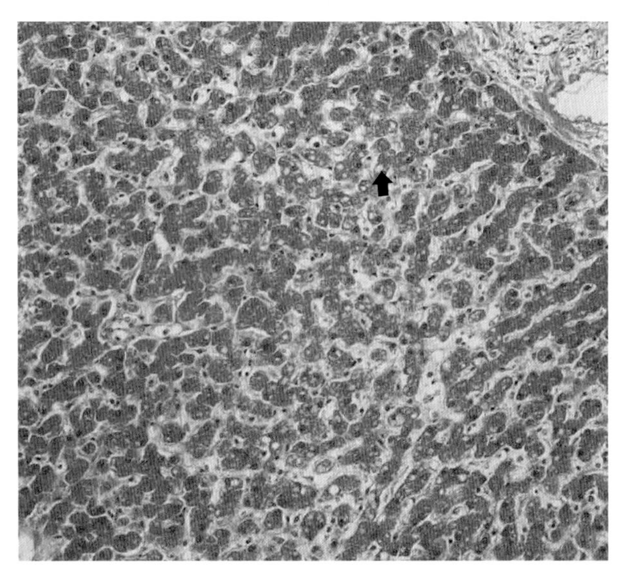

200×

肝脏：肝细胞中度脂肪变性⬆

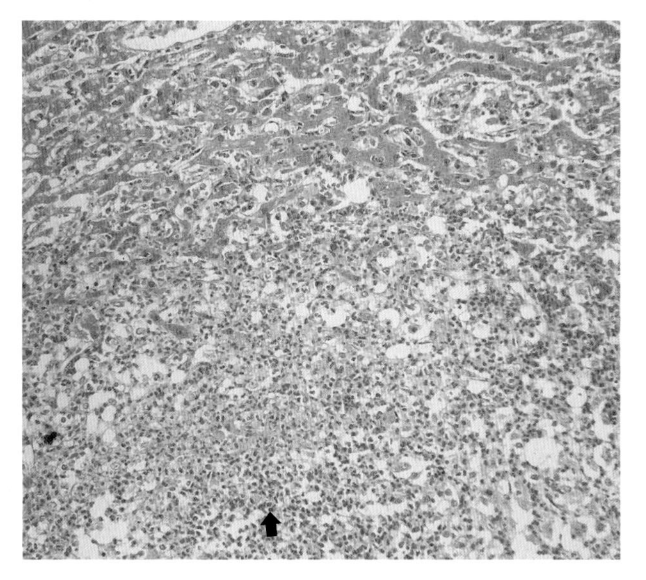

200×

肝脏：化脓坏死灶⬆

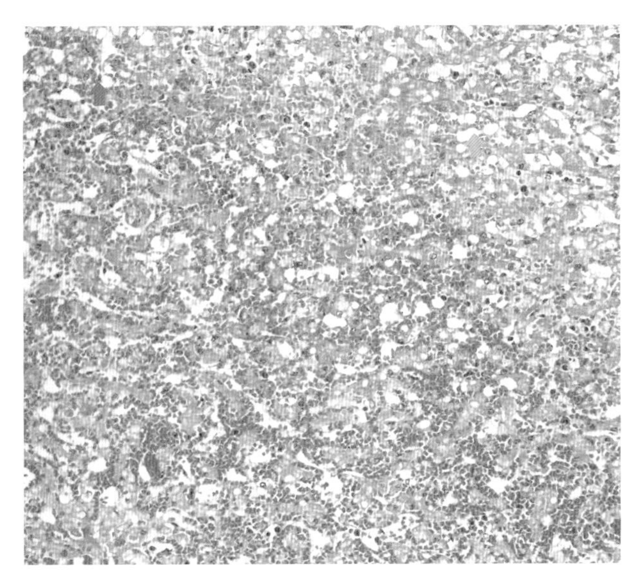

200×

肝脏：出血⬆，肝细胞空泡变性⬆

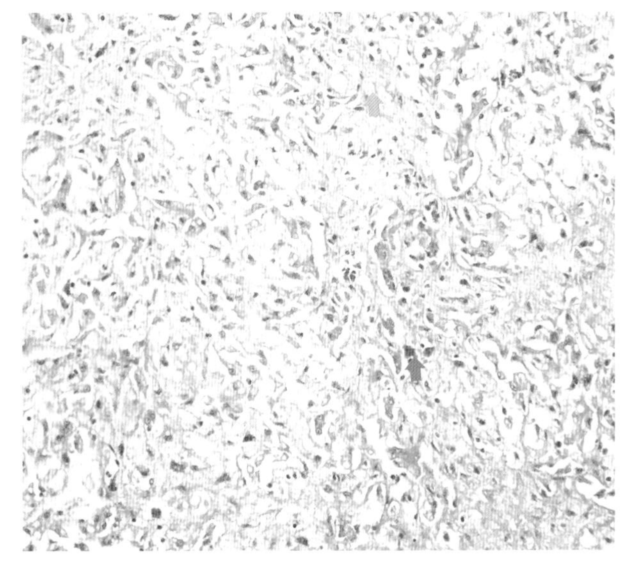

200×

肝脏：肝细胞坏死⬆，纤维化⬆

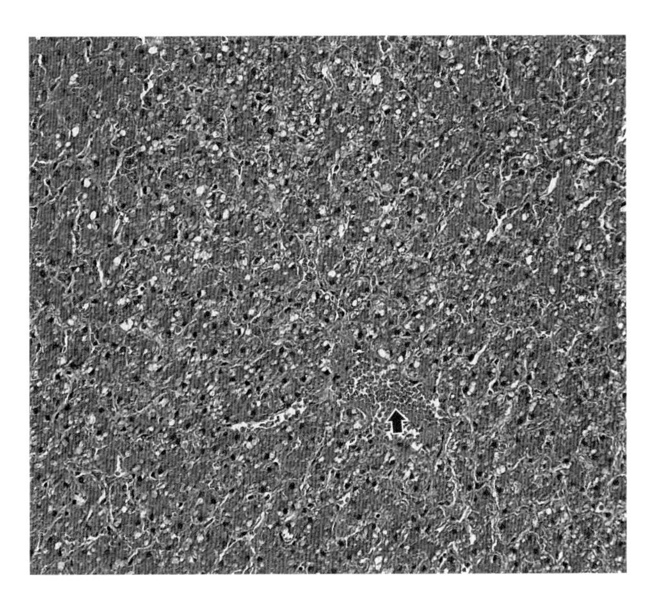

200×

肝脏：肝细胞弥漫性肿胀、颗粒变性、脂肪变性、充血⬆

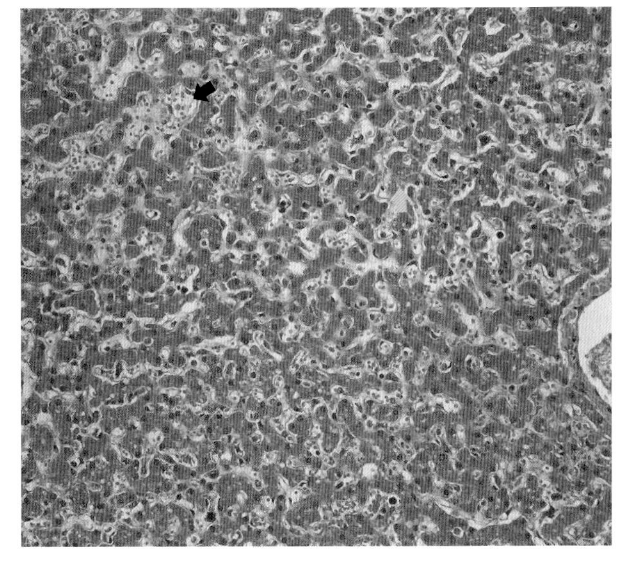

200×

肝脏：肝索萎缩⬆，肝血窦增宽、充血⬆

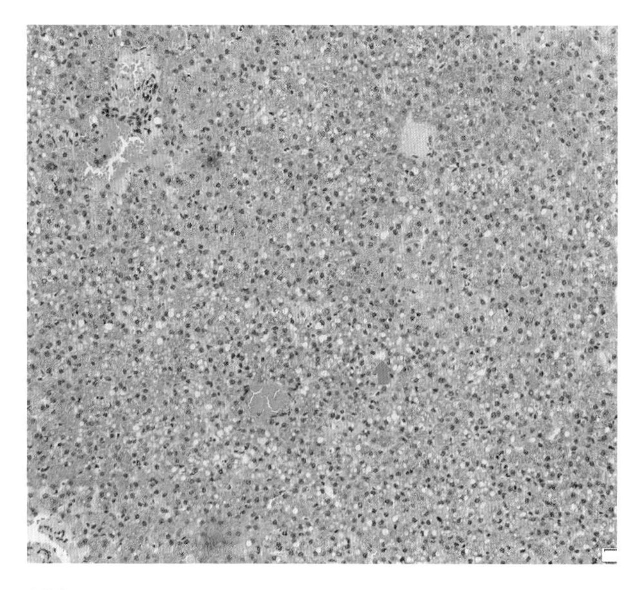

200×

肝脏：肝细胞弥漫性脂肪变性⬆，肝小叶结构不清

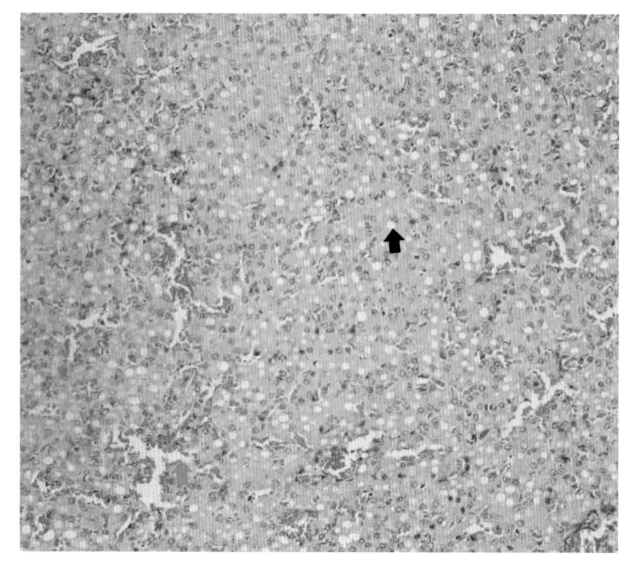

200×

肝脏：肝细胞重度广泛性脂肪变性⬆，充血⬆

200×

肝脏：肝细胞空泡变性⬆，肝血窦充血⬆，肝索结构紊乱甚至消失

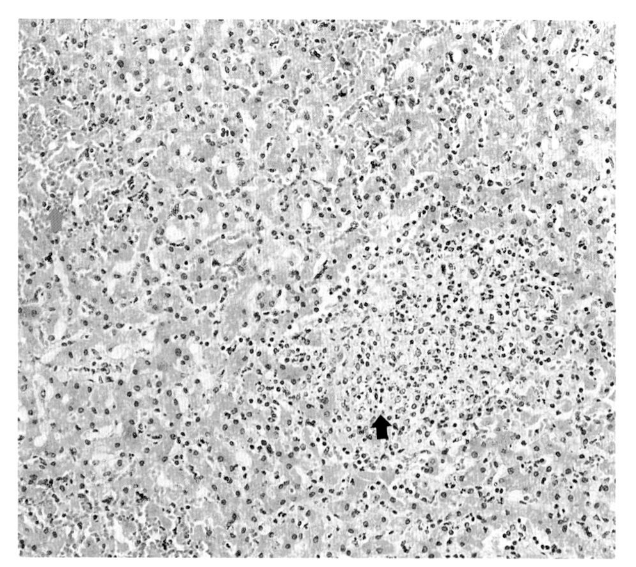

200×

肝脏：肝细胞多灶性坏死⬆，肝脏弥漫性充血⬆

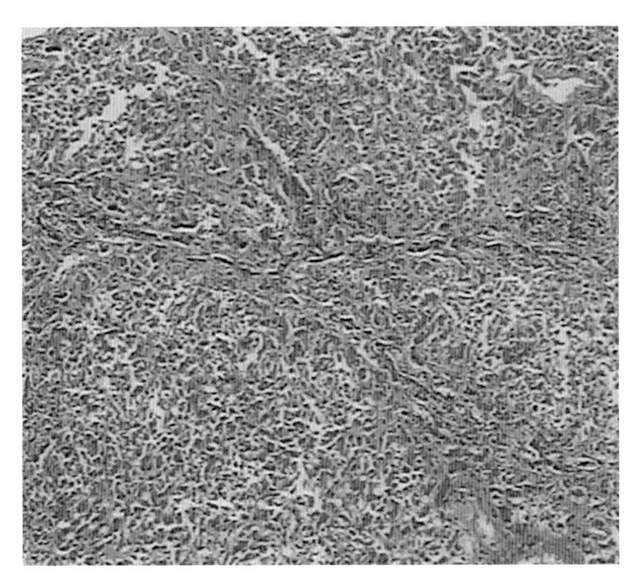

200×

肝脏：慢性重症活动性肝炎，伴早期肝硬化形成

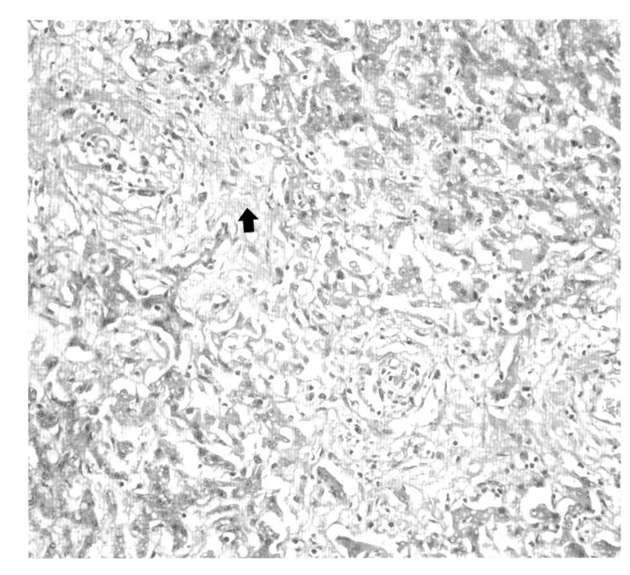

200×

肝脏：灶性血管周围纤维化⬆，肝细胞弥漫性空泡变性⬆

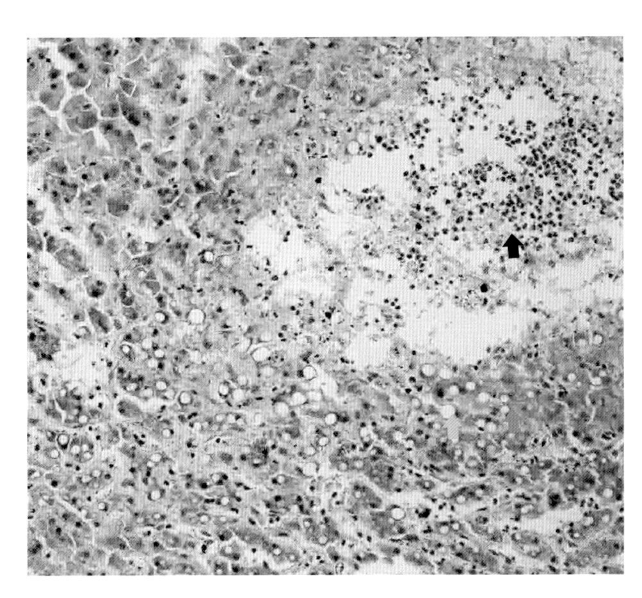

200×

肝脏：化脓坏死灶⬆，肝细胞坏死⬆，重度脂肪变性⬆

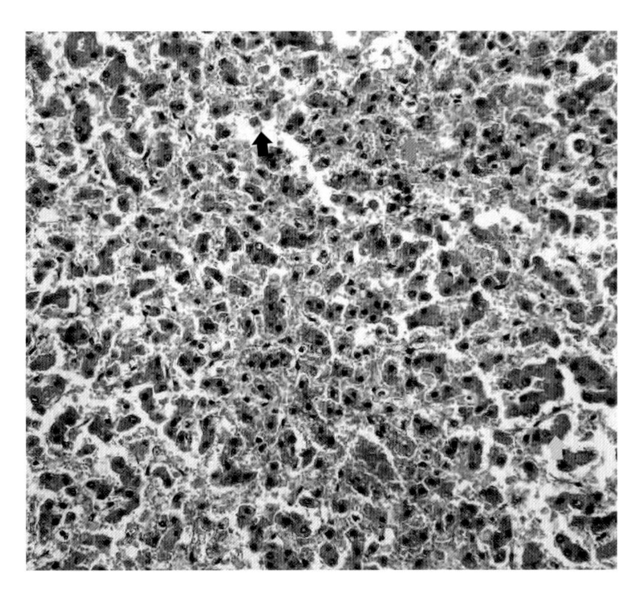

200×

肝脏：肝脏间质水肿⬆，弥漫性出血⬆，肝索结构紊乱，部分肝细胞坏死⬆

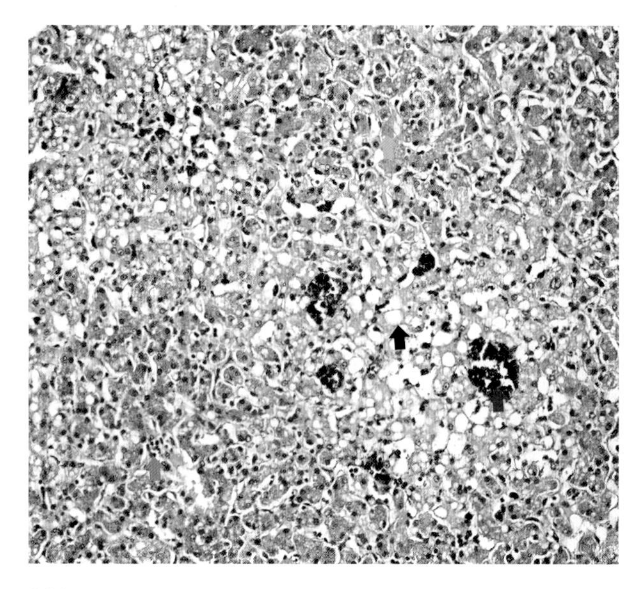

200×

肝脏： 肝细胞严重脂肪变性⬆，部分坏死⬆，多灶性钙化⬆，可见小灶性炎性细胞浸润⬆

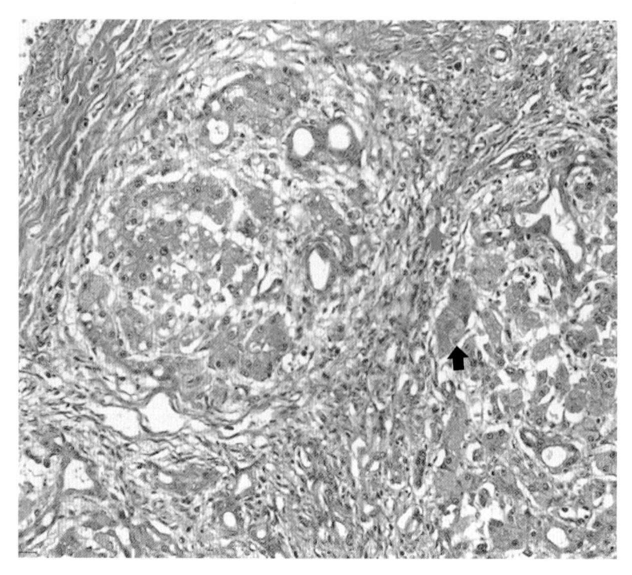

200×

肝脏： 肝细胞坏死⬆，纤维结缔组织增生⬆，形成假小叶

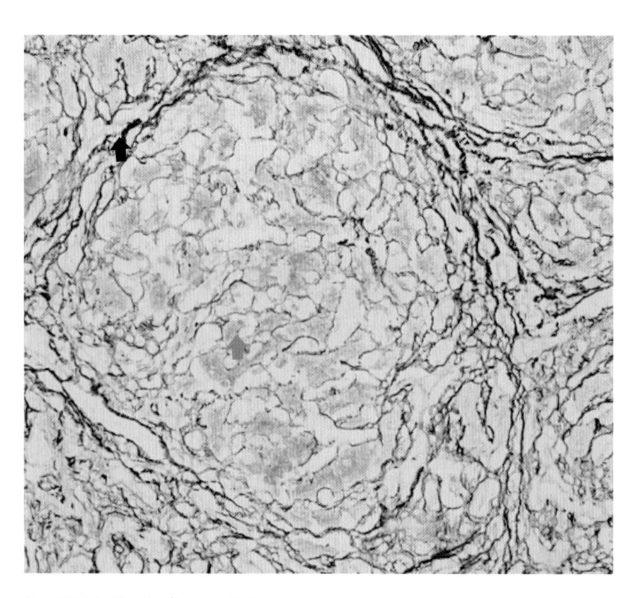

网状纤维染色，200×

肝脏： 纤维组织增生⬆，可见假小叶间肝细胞⬆，特殊染色-网状纤维染色显示网状支架塌陷，假小叶形成

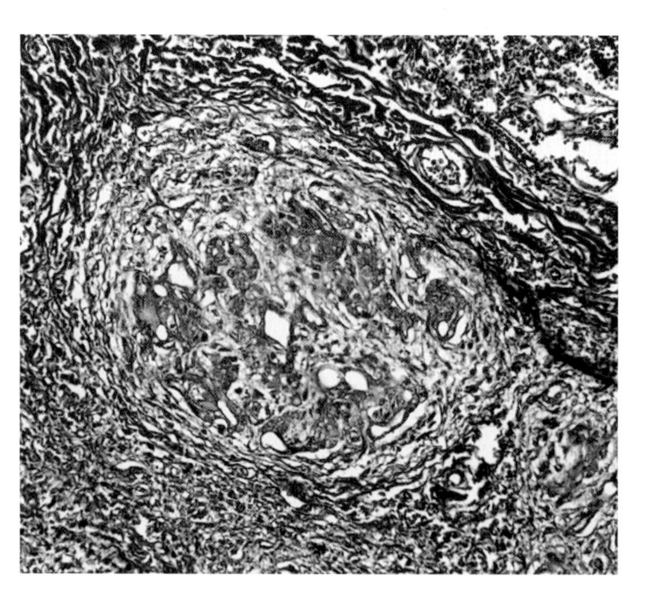

Masson染色，200×

肝脏： Masson染色显示网状支架塌陷，假小叶形成。蓝色代表纤维组织，红色代表肝细胞

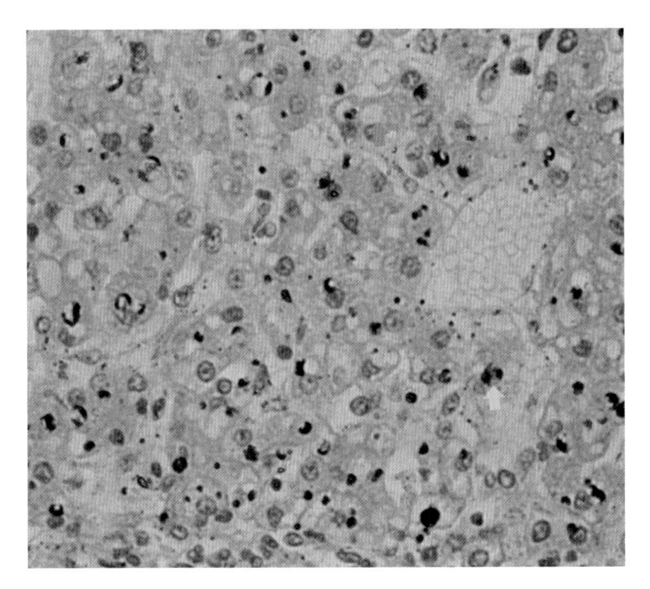

400×

肝脏：大量脂滴沉积⬆，胆汁淤积⬆

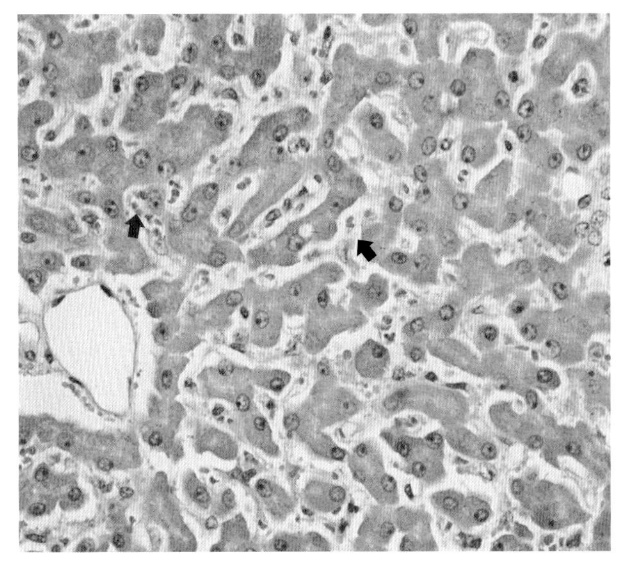

400×

肝脏：肝血窦间隙增宽、水肿⬆，轻度淤血⬆

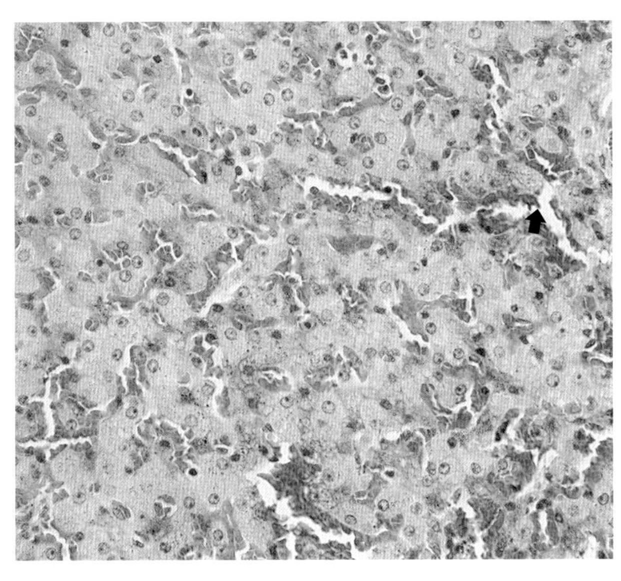

400×

肝脏：弥漫性严重充血⬆

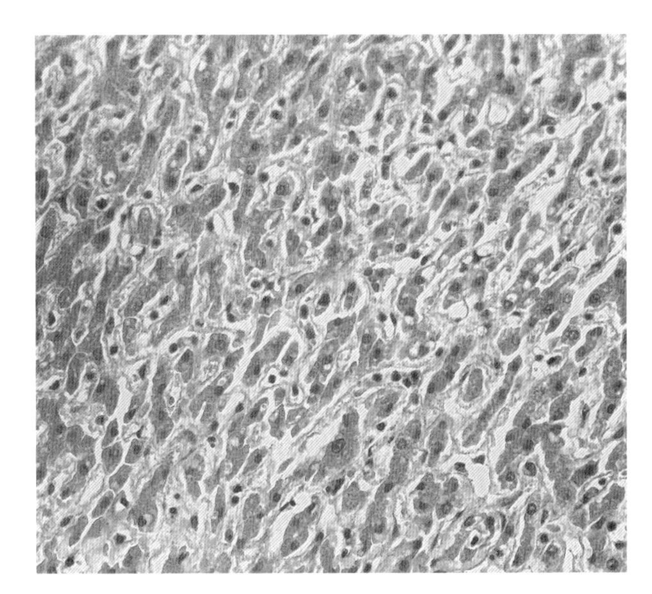

400×

肝脏：肝细胞变性、坏死，失去正常结构

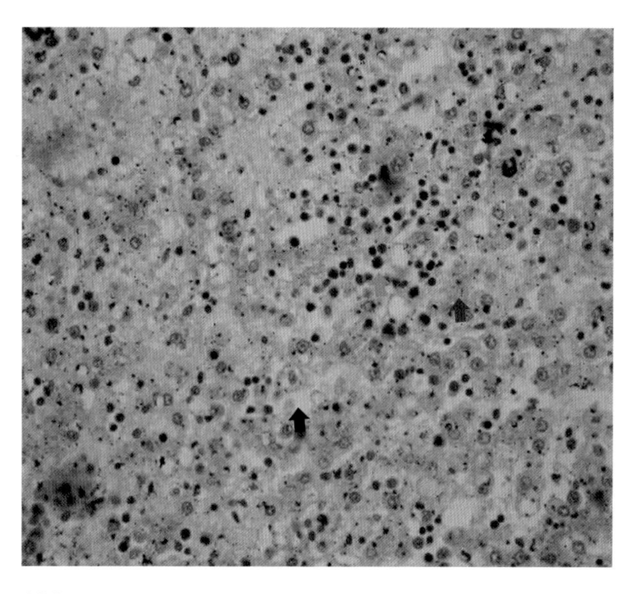

400×

肝脏：肝细胞空泡变性⬆，坏死⬆，炎性细胞浸润⬆

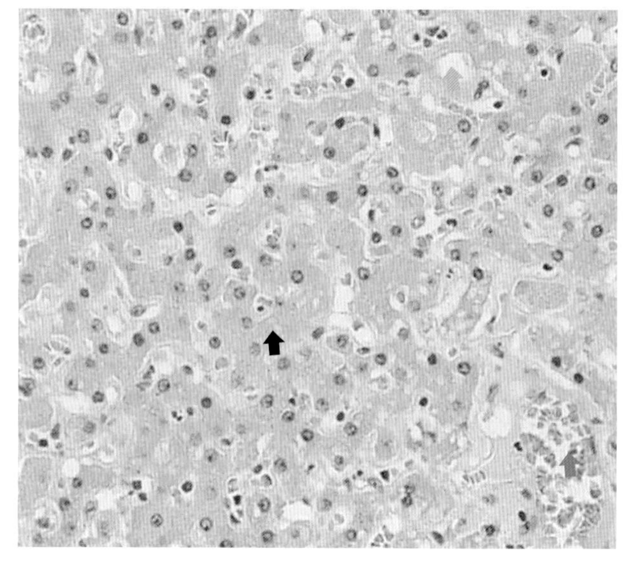

400×

肝脏：肝细胞变性、肿胀⬆，淤血⬆，轻度脂肪变性⬆

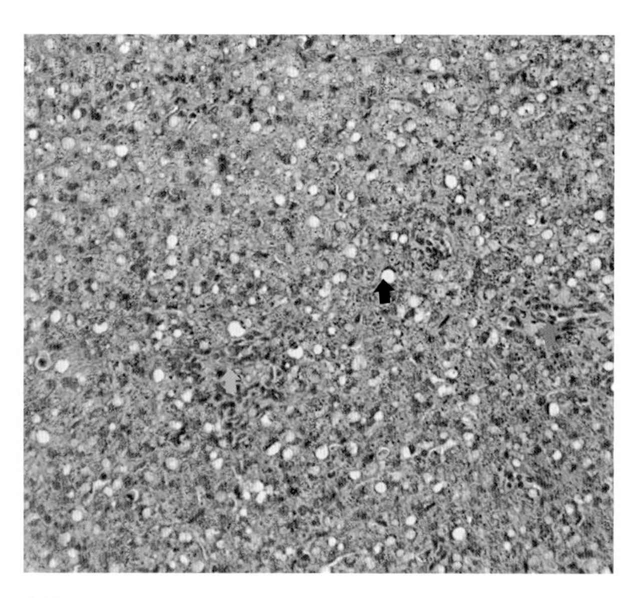

400×

肝脏：弥漫性重度脂肪变性⬆，可见多个炎性灶⬆，胆汁淤积⬆

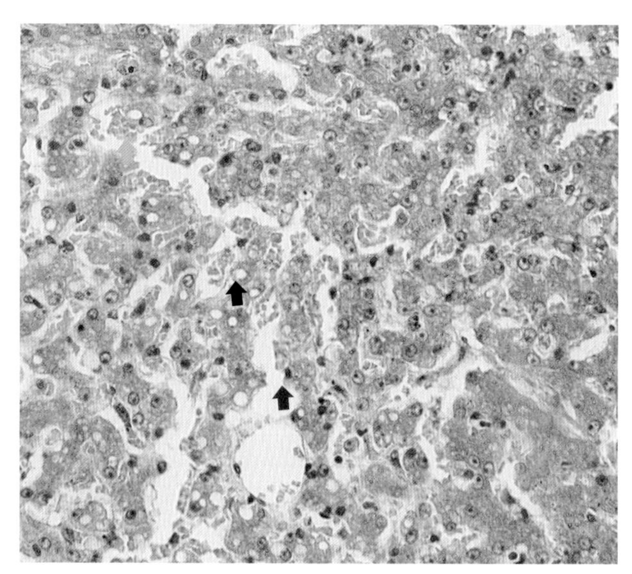

400×

肝脏：中度脂肪变性⬆，出血⬆，肝索紊乱，局部肝血窦增宽⬆

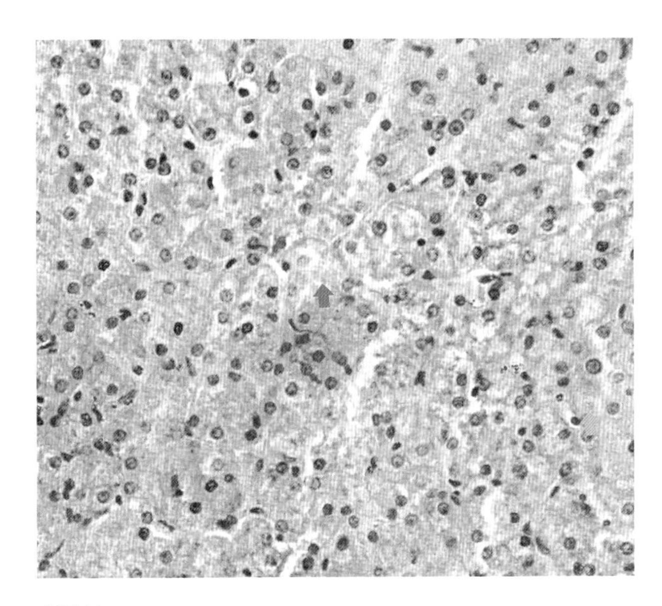

400×

肝脏： 局部肝细胞变性、肿胀⬆，可见少量细胞坏死⬆

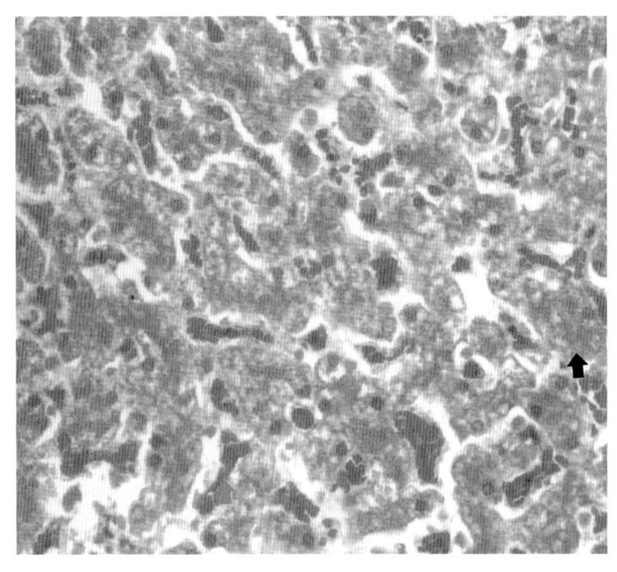

400×

肝脏： 肝细胞重度肿胀、变性⬆，部分细胞坏死，肝血窦中度充血⬆

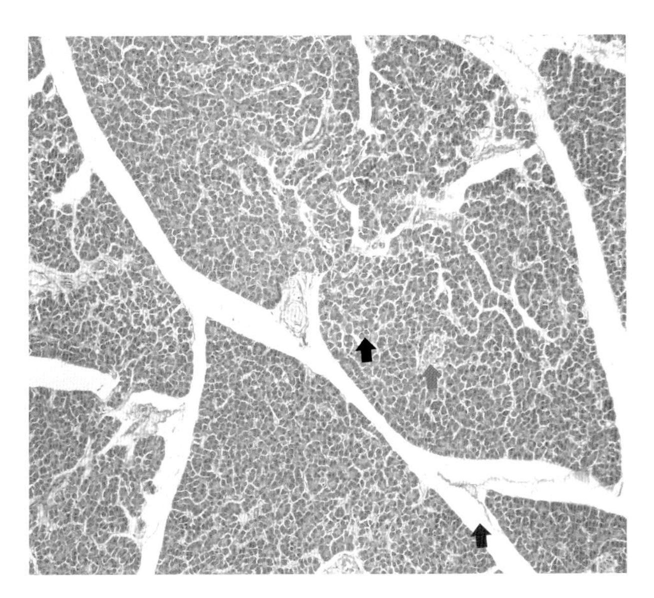

100×

胰腺： 可见小叶间结缔组织⬆将胰腺分为若干小叶，小叶内可见深染的外分泌部⬆和淡染的胰岛⬆

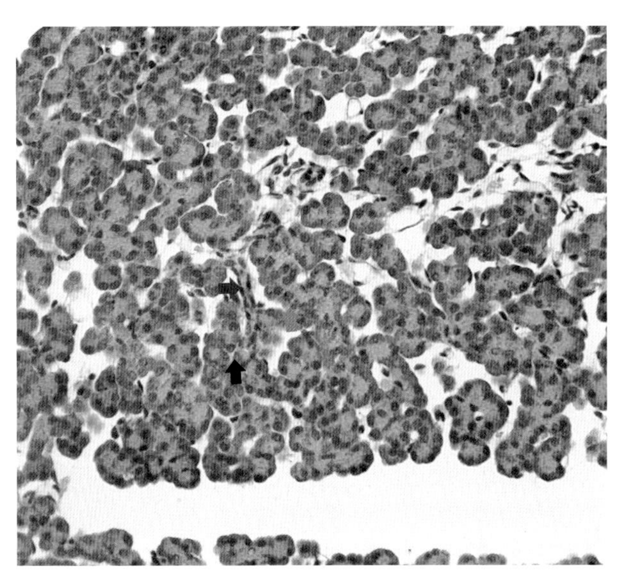

400×

胰腺： 外分泌部的腺泡。可见腺泡细胞⬆、泡心细胞⬆和闰管⬆

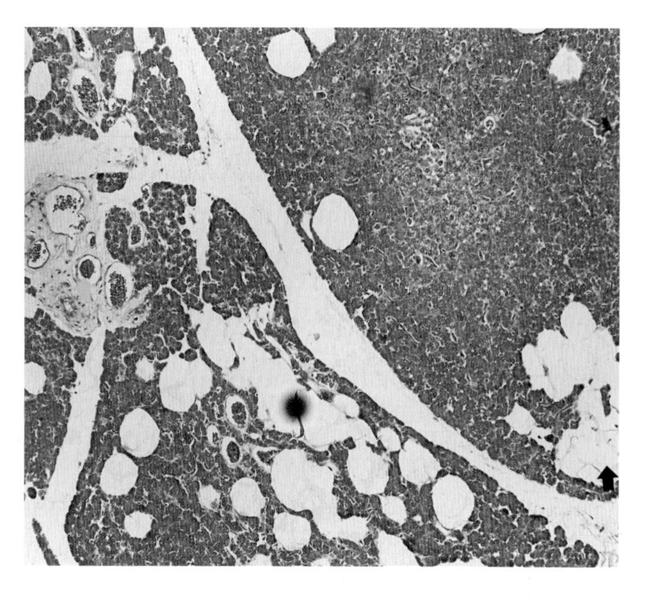

100×

胰腺： 胰腺脂肪浸润⬆，血管充血⬆

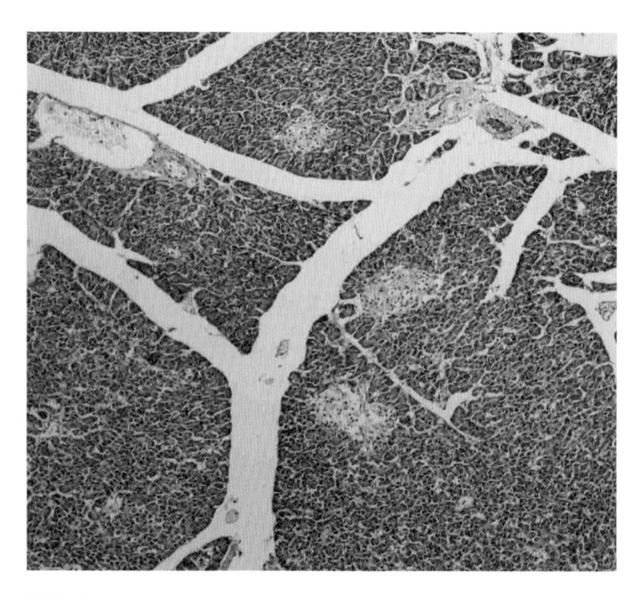

100×

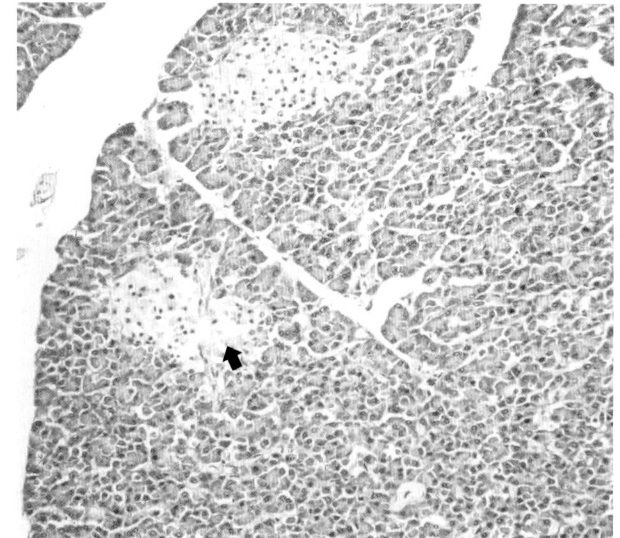

200×

胰腺： 胰岛水肿⬆

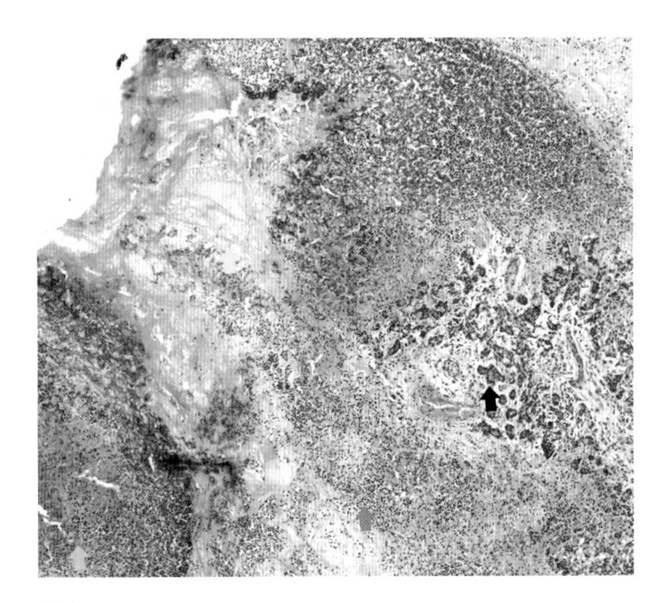

100×

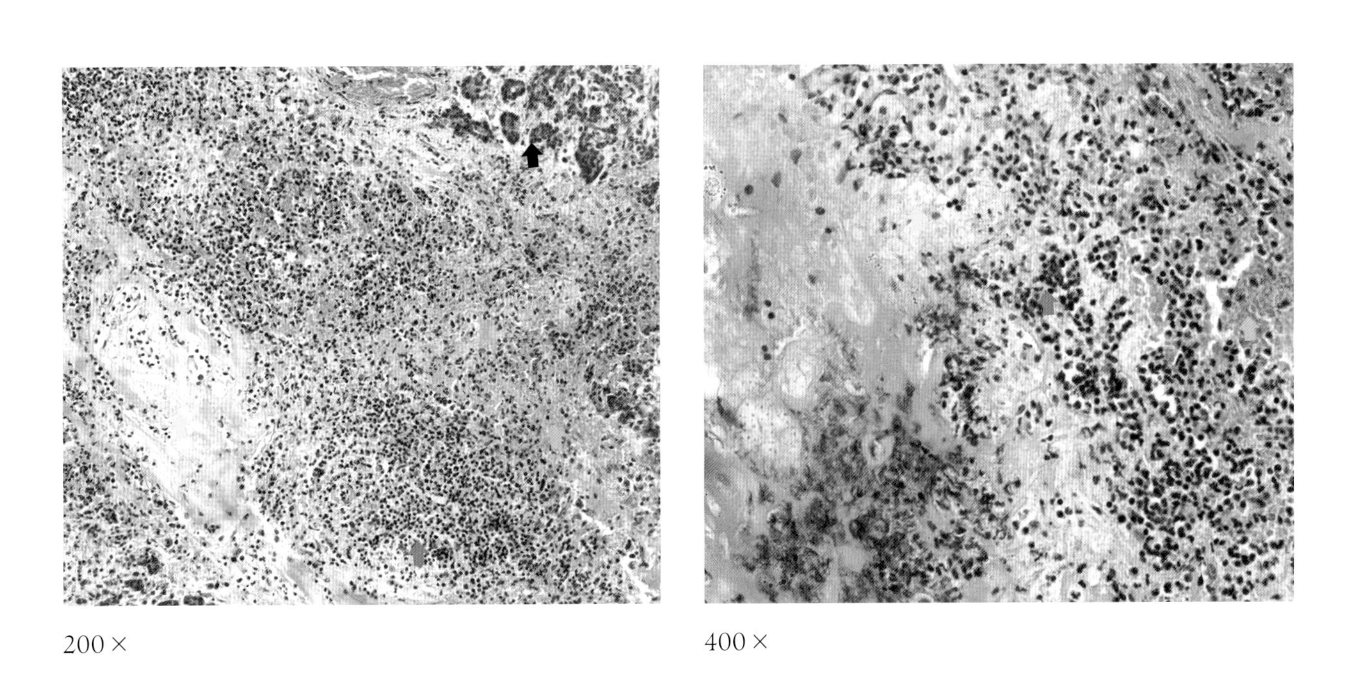

200×　　400×

胰腺： 胰腺整体重度萎缩，腺泡数量显著减少⬆，间质重度水肿、增宽，胰岛水肿、结构松散 ，导管扩张伴上皮脱落，多灶性细胞坏死崩解。可见大量以淋巴细胞、中性粒细胞和单核细胞为主的炎性细胞浸润⬆，并伴随片状出血⬆，符合典型的胰腺炎组织病理特征

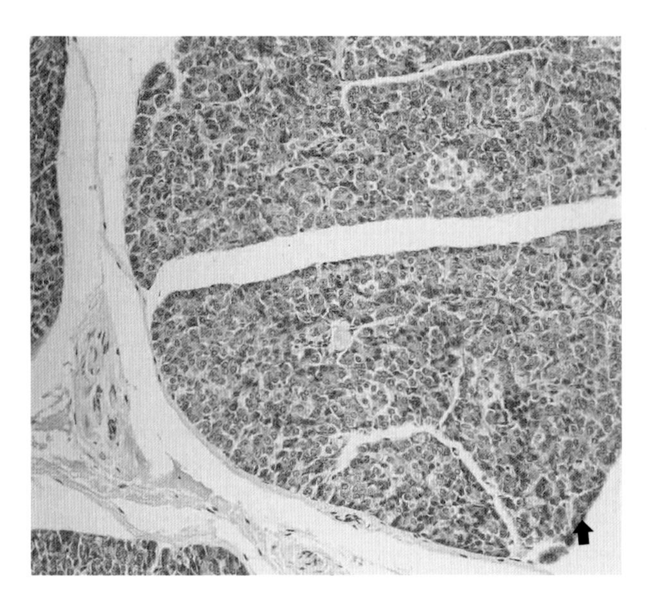

200×

胰腺： 胰腺轻度萎缩⬆

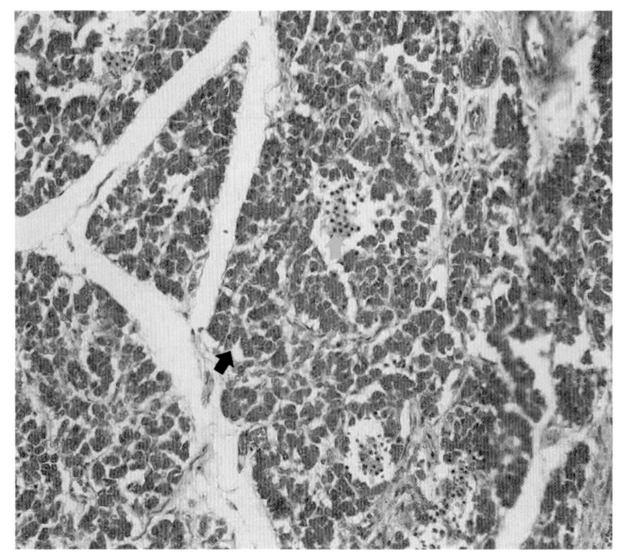

200×

胰腺： 腺泡萎缩，结构略紊乱⬆，胰岛萎缩，伴轻度坏死⬆

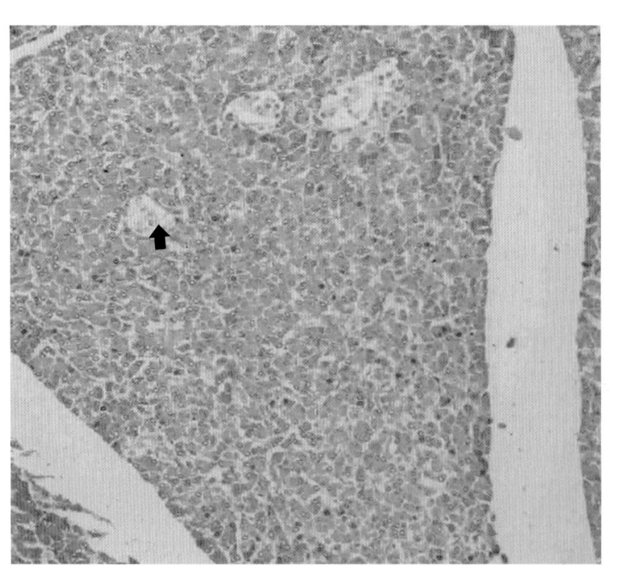

100×

胰腺： 腺泡结构紊乱，部分细胞坏死，胰岛水肿⬆

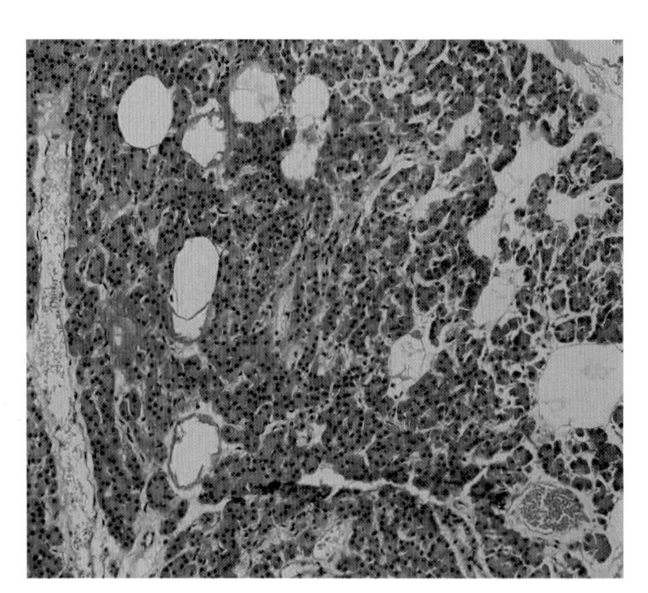

200×

胰腺： 可见散在点状坏死灶，形成空洞

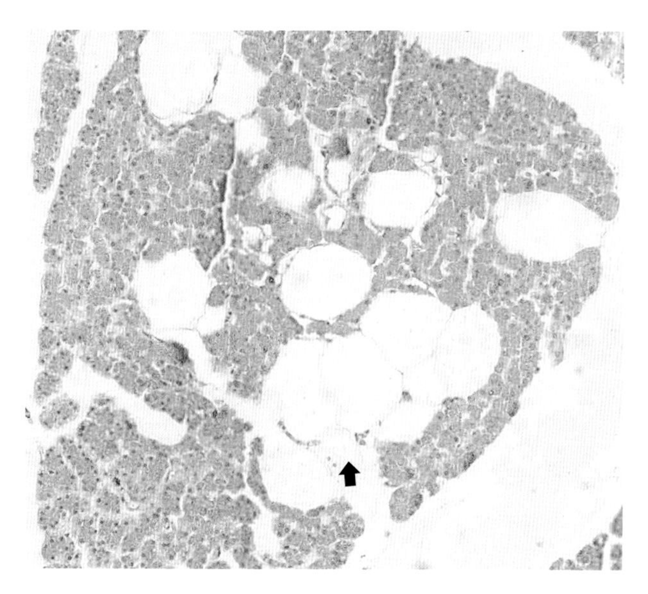

200×

胰腺： 大部分组织坏死、液化并形成空洞，胰岛显著减少⬆

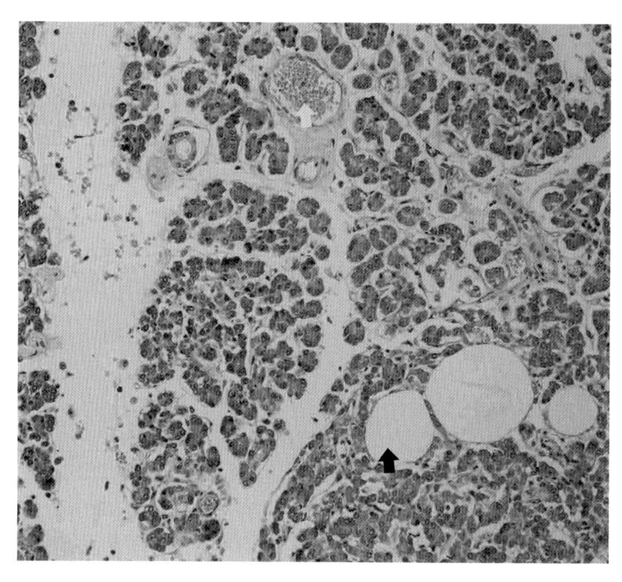

200×

胰腺： 轻度萎缩，可见少量细胞空泡变性并有空洞形成⬆，充血⇧

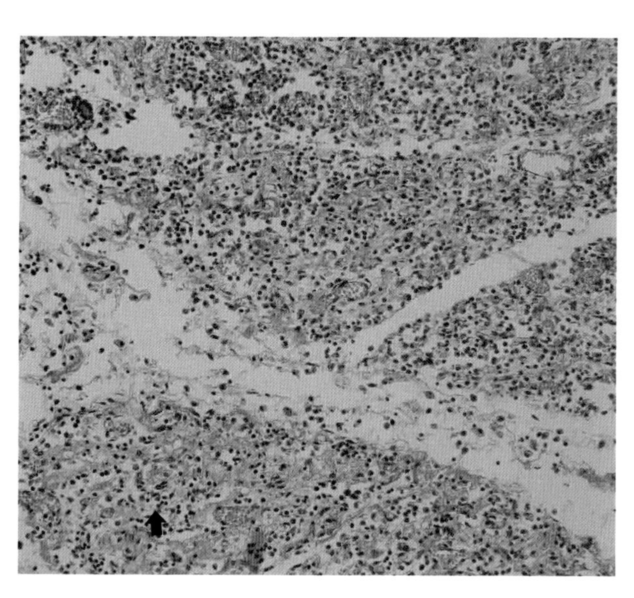

200×

胰腺： 胰腺细胞变性、坏死，腺泡结构消失，细胞数量显著减少，可见大量炎性细胞浸润⬆

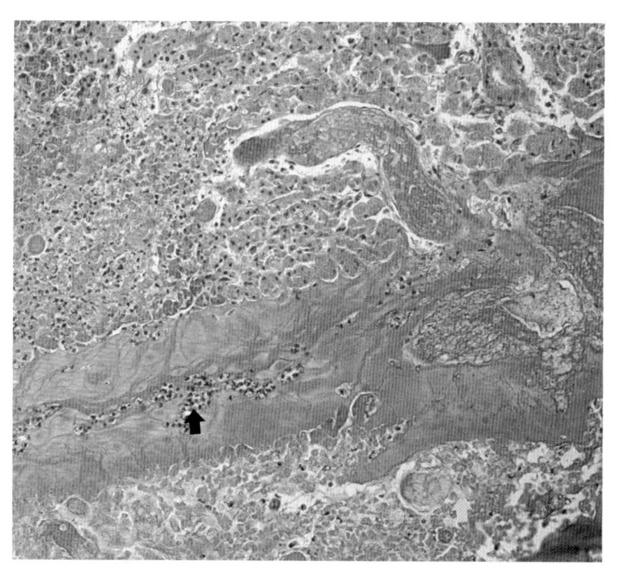

200×

胰腺： 可见大片出血坏死灶，胰腺组织结构被破坏⇧，大量炎性细胞浸润⬆

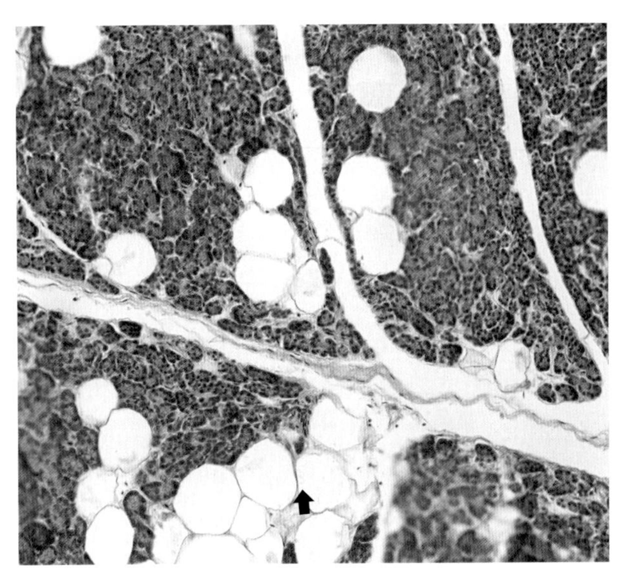

200×

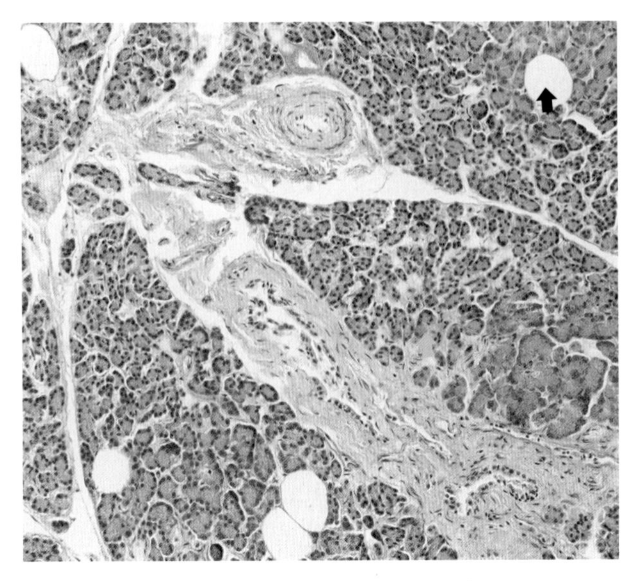

200×

胰腺：胰腺结构清楚，胰岛数量相对较少，体积相对较小，局部腺泡萎缩伴间质增生⬆，大量脂肪浸润⬆

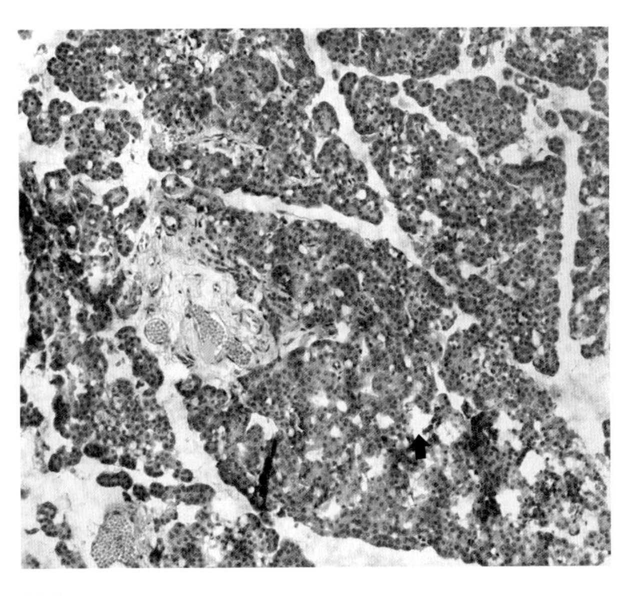

200×

胰腺：整体结构尚存，细胞形态和基本结构未见异常，但有部分区域自溶而形成空洞⬆，局部充血、出血⬆

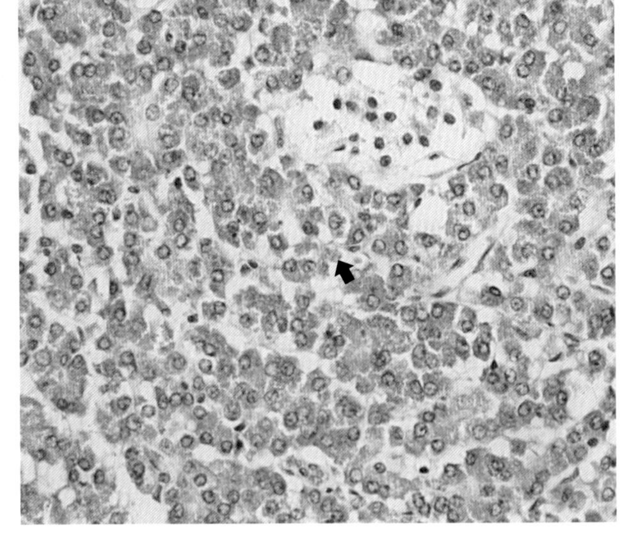

400×

胰腺：水肿、细胞离散⬆

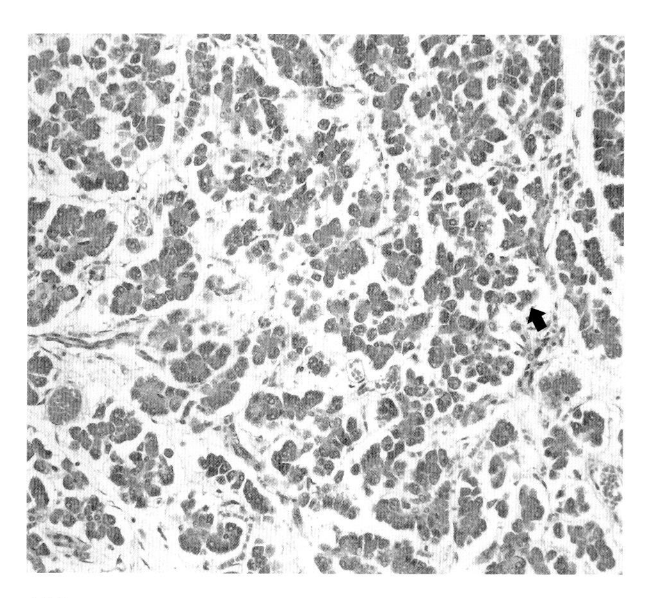

400×

胰腺：腺泡萎缩，间质水肿，结构紊乱⬆

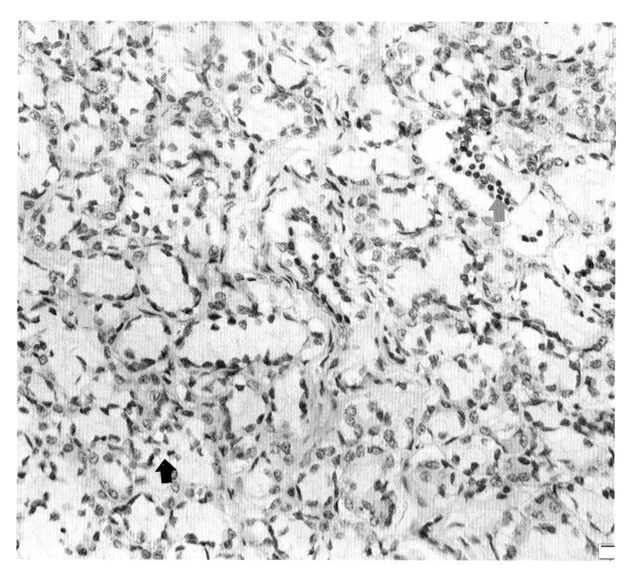

400×

胰腺：局灶性淋巴细胞浸润⬆，纤维结缔组织增生⬆，胰岛坏死、结构消失⬆

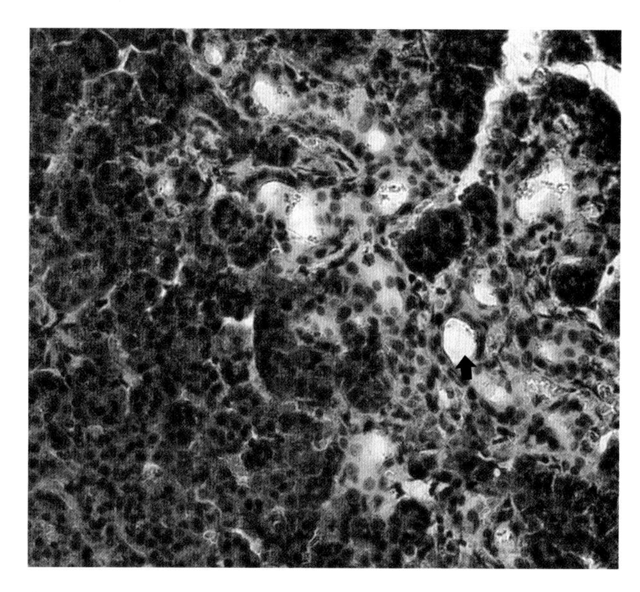

400×

胰腺：可见局灶性坏死，部分区域自溶而形成空洞⬆

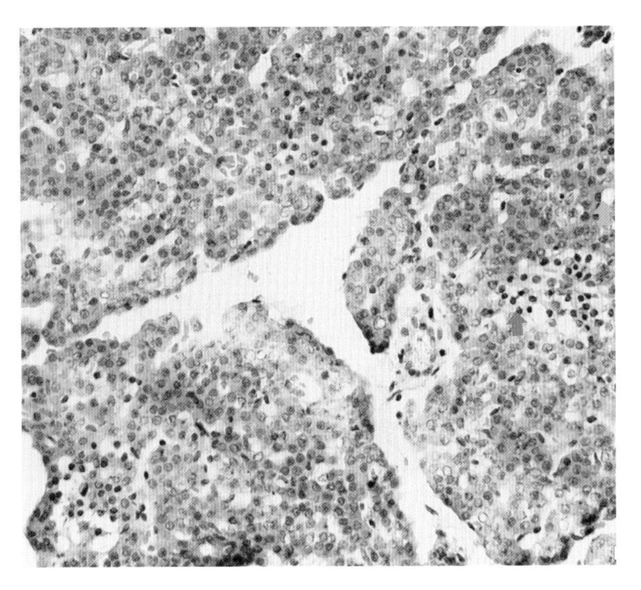

400×

胰腺： 淋巴细胞浸润⬆，中度空泡变性⬆

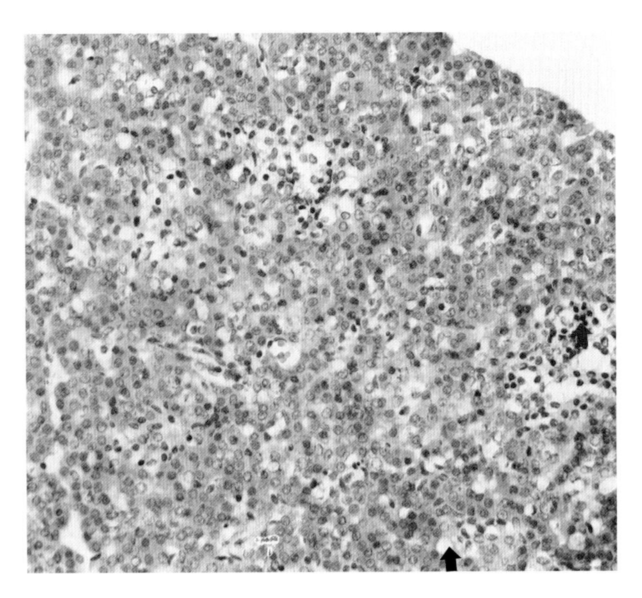

400×

胰腺： 胰岛水肿，与周围腺泡界限不清，淋巴细胞浸润⬆，中度空泡变性⬆

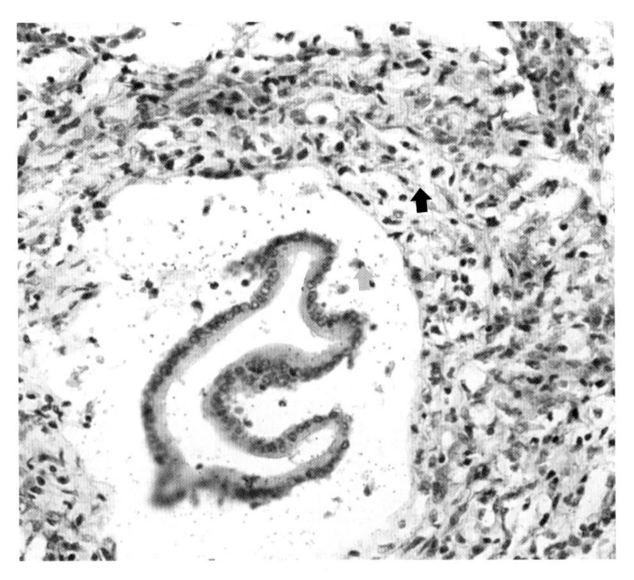

400×

胰腺： 胰腺萎缩，腺泡数量显著减少，间质水肿、增宽⬆，胰岛水肿，结构松散，导管扩张伴上皮脱落⬆

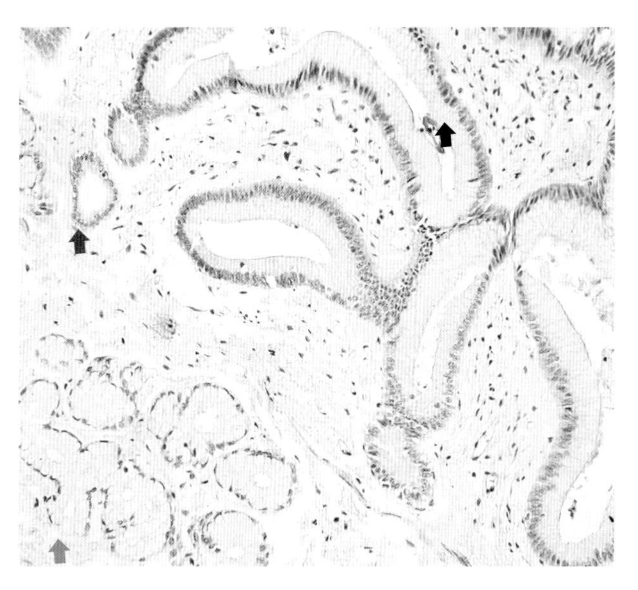

200×

十二指肠：可见黏膜上皮（单层柱状上皮）⬆、固有层（内含小肠腺）⬆、黏膜下层（内含十二指肠腺）⬆

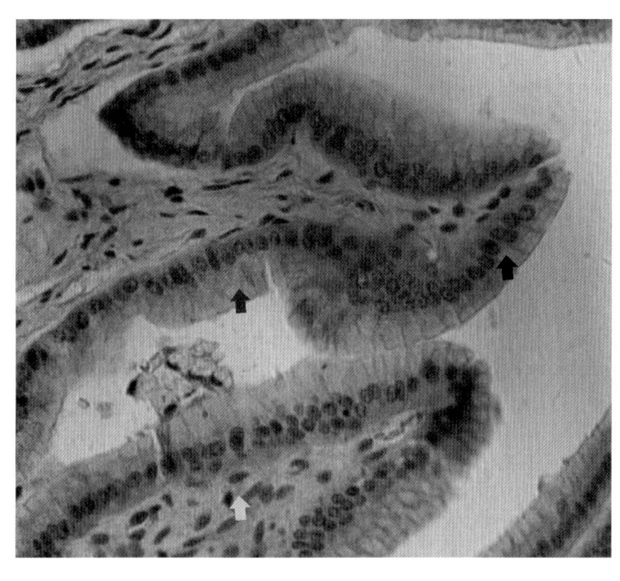

400×

十二指肠：可见肠绒毛⬆、黏膜上皮、固有层（疏松结缔组织）⬆，黏膜上皮为单层柱状上皮（吸收细胞⬆、杯状细胞⬆）

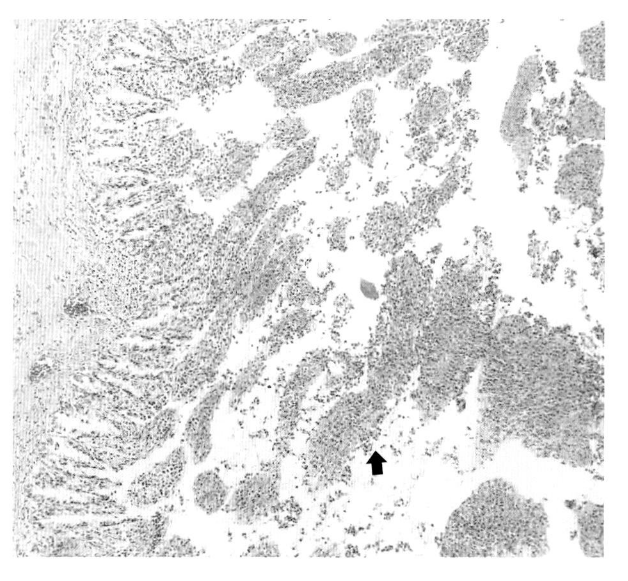

100×

十二指肠：肠黏膜糜烂⬆

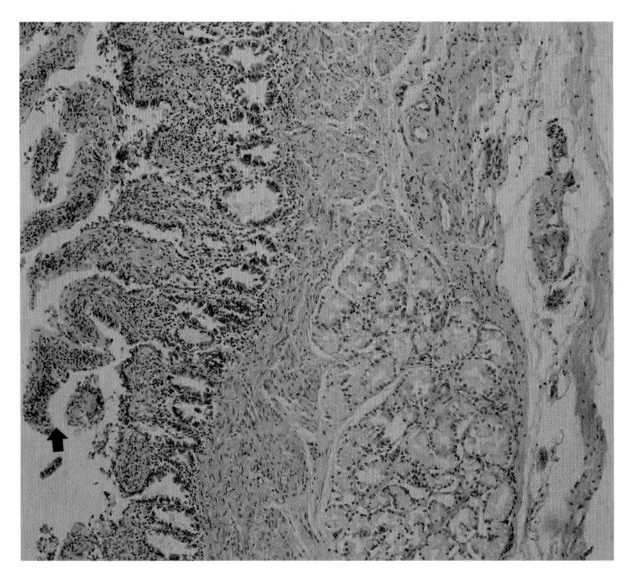

100×

十二指肠：肠黏膜上皮细胞轻度糜烂性坏死⬆

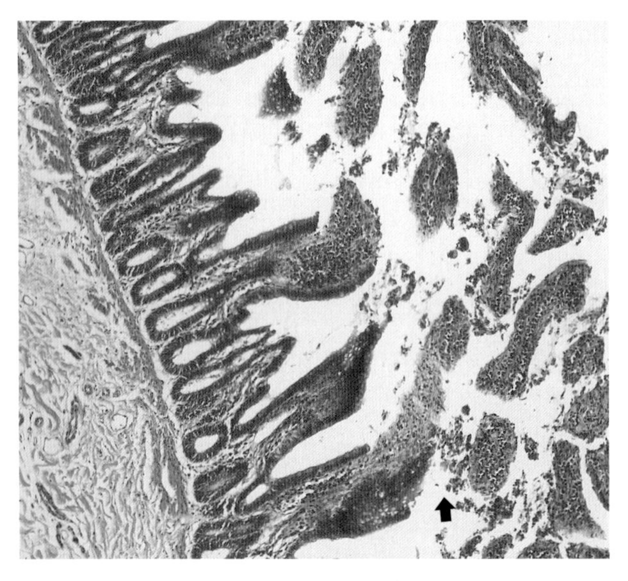

100×

十二指肠：后段。肠黏膜轻度糜烂（无十二指肠腺）⬆

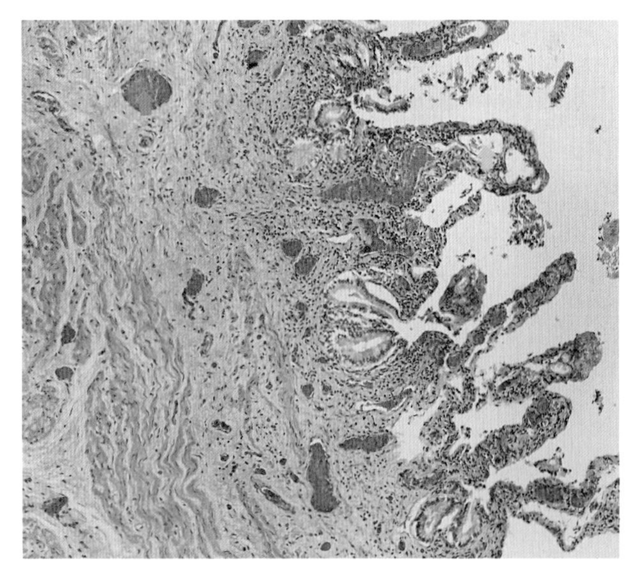

100×

十二指肠：肠绒毛萎缩、坏死、糜烂⬆，固有层及黏膜下层血管充血⬆

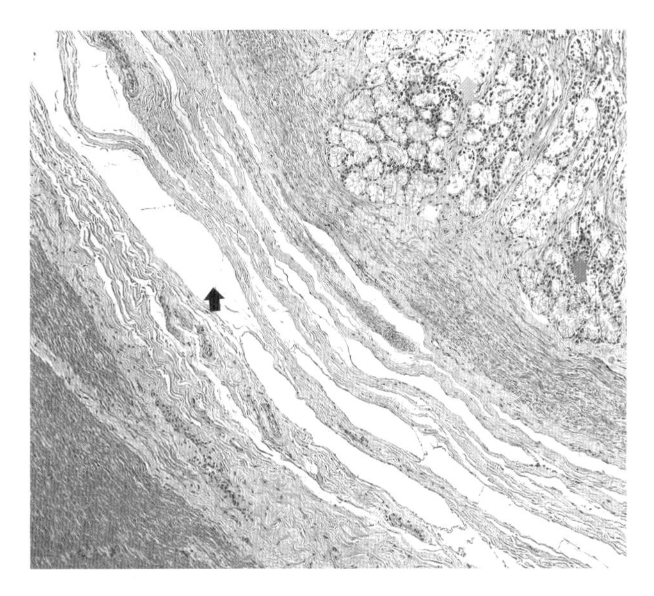

100×

十二指肠：肠黏膜坏死，伴炎性细胞浸润⬆。肠道自溶导致肠腺细胞脱落⬆，黏膜下层水肿⬆

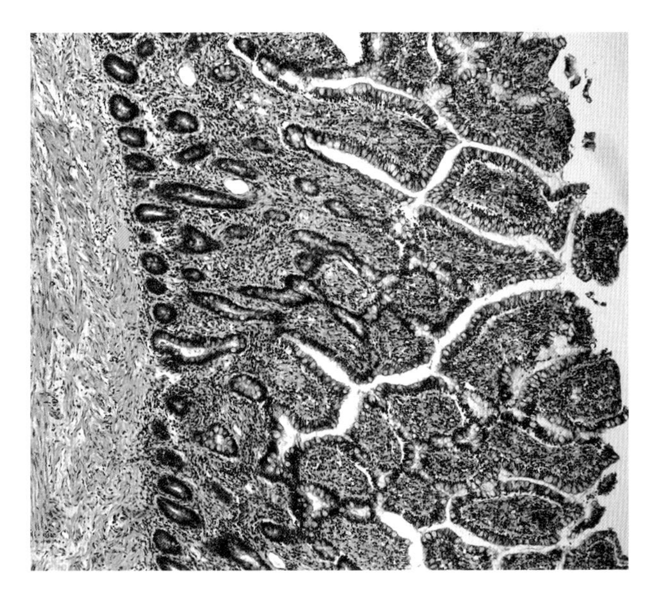

100×

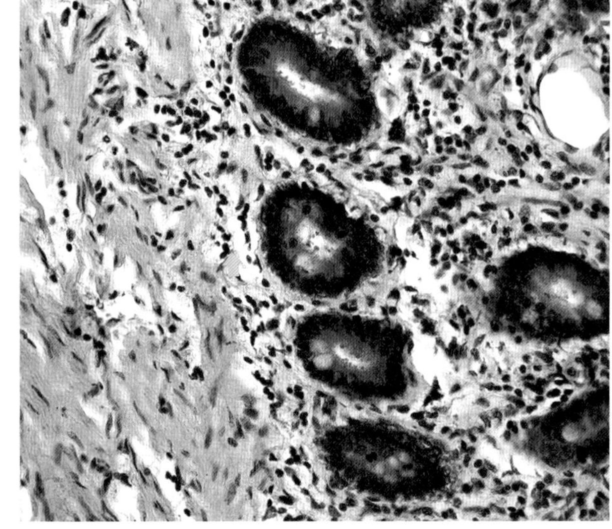

400×

十二指肠：固有层及黏膜下层炎性细胞浸润⬆

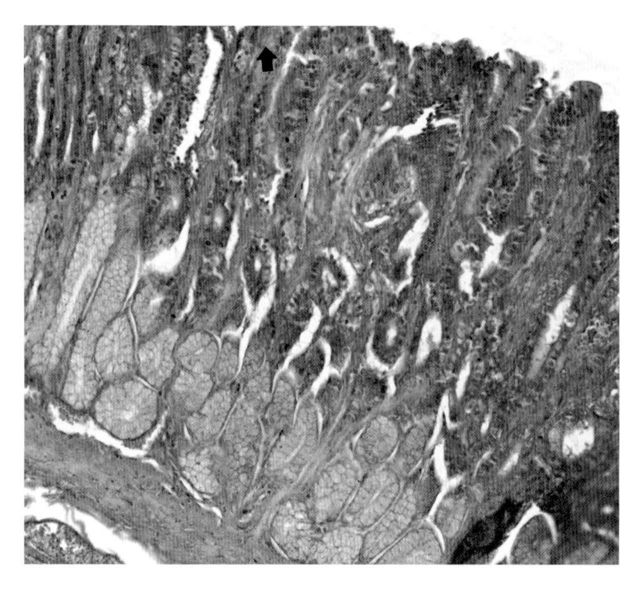

200×

十二指肠：肠黏膜绒毛顶端轻度坏死⬆

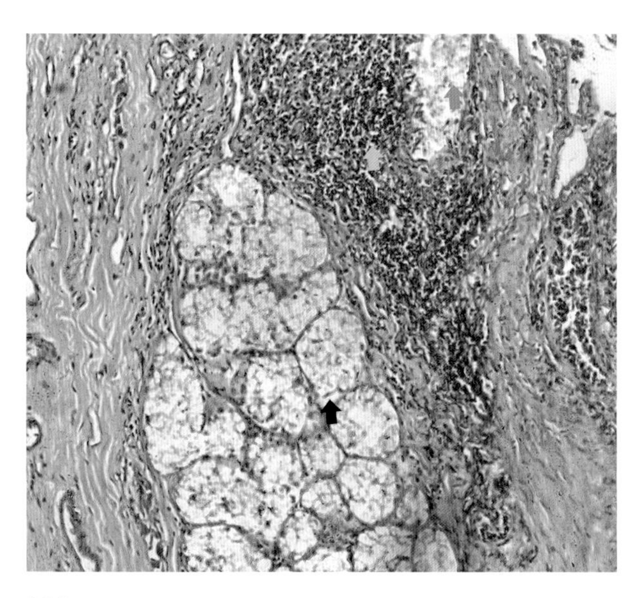

200×

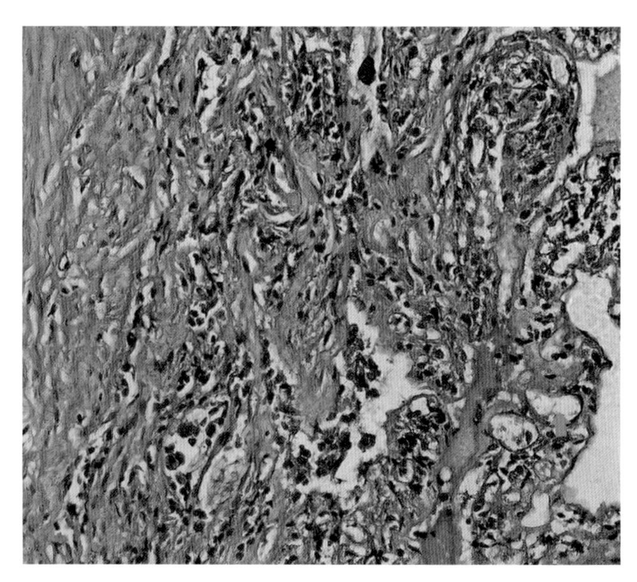

400×

十二指肠：肠腺水肿⬆，肠黏膜上皮细胞空泡变性并脱落⬆。肠绒毛坏死且几乎不可见完整组织，肠黏膜有大量炎性细胞浸润⬆。排除自溶影响，肠道应有慢性炎症

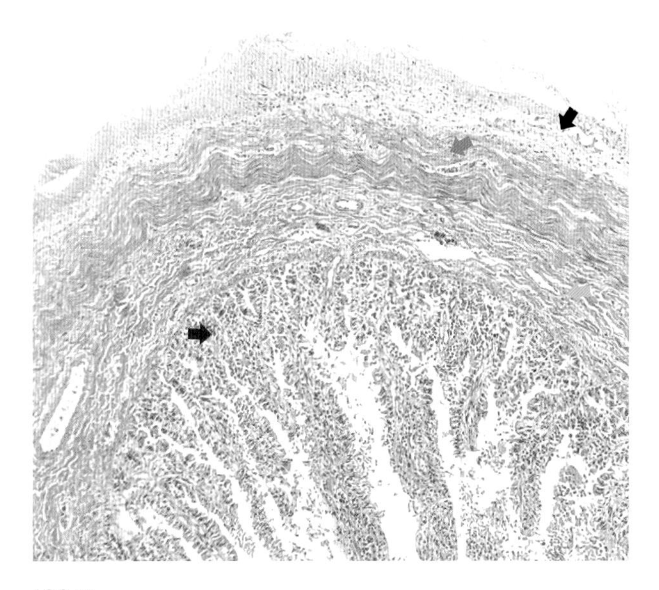

100×

空肠： 可见空肠黏膜⬆、内环行肌⬆、外纵行肌⬆、浆膜⬆

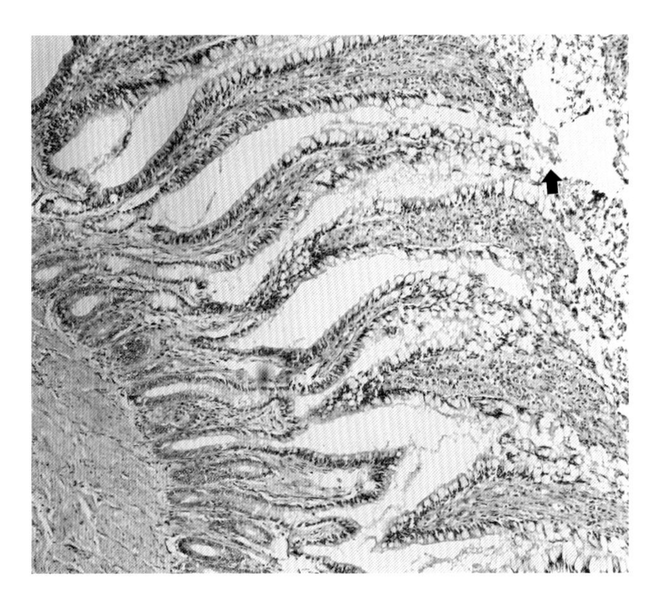

100×

空肠： 前段。肠黏膜上皮轻度糜烂⬆

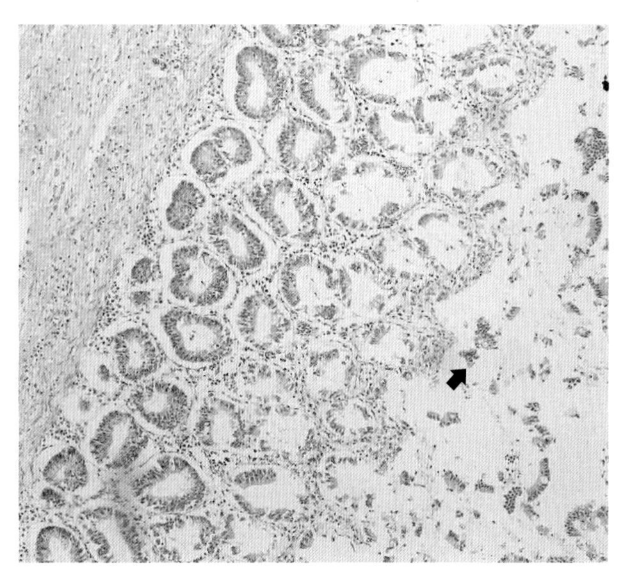

100×

空肠： 肠绒毛自溶性坏死、脱落、糜烂⬆

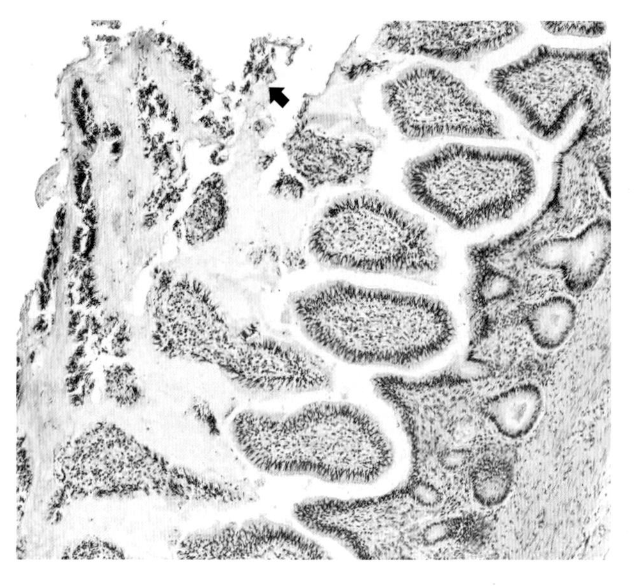

100×

空肠：肠绒毛顶端坏死、脱落⬆

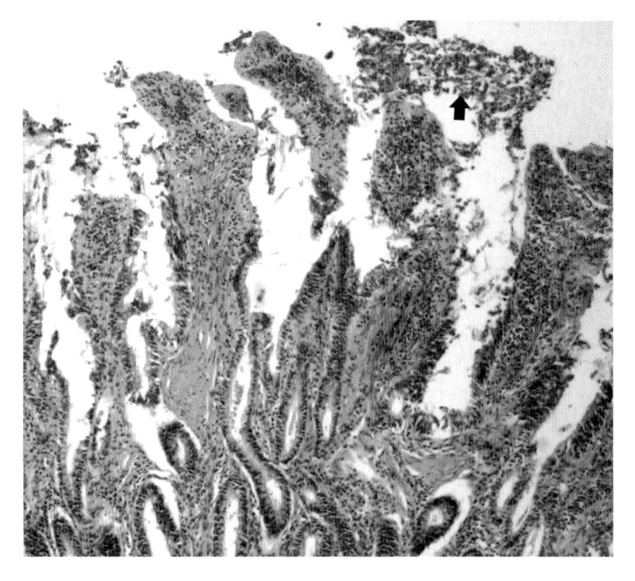

100×

空肠：肠黏膜轻度坏死、脱落⬆

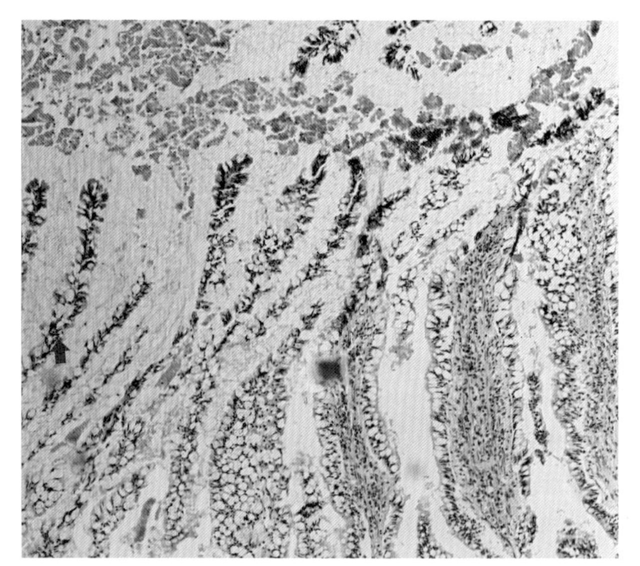

100×

空肠：中段。肠绒毛顶端萎缩⬆

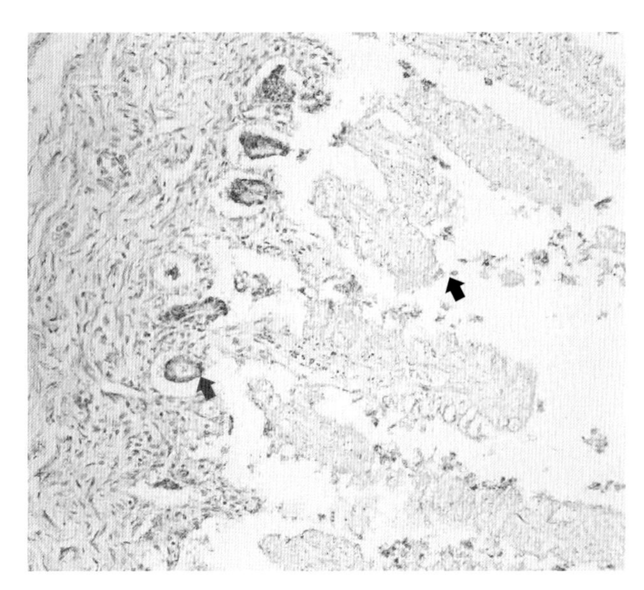

200×

空肠：肠绒毛坏死⬆，肠腺严重萎缩减少⬆

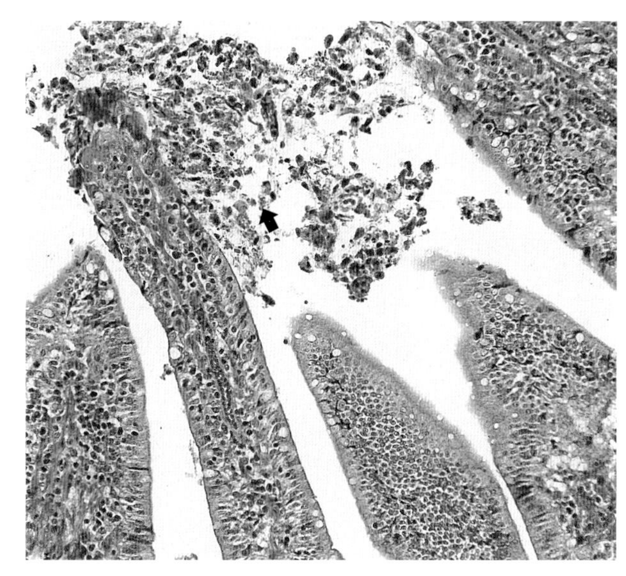

200×

空肠：肠绒毛轻度稀疏、轻度脱落⬆

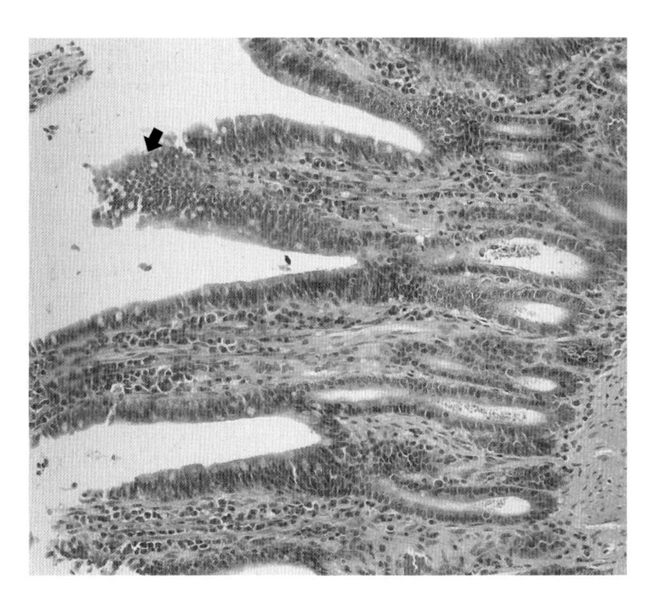

200×

空肠：肠黏膜轻度糜烂⬆

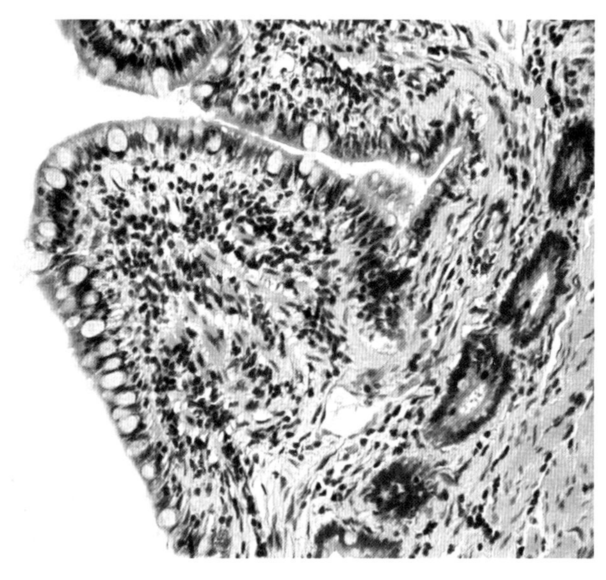

400×

空肠：固有层及黏膜下层炎性细胞浸润⬆

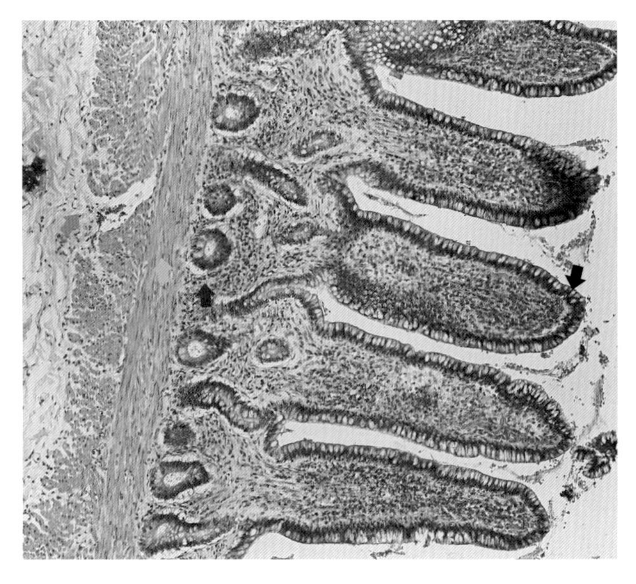

100×

回肠： 可见肠绒毛↑、黏膜上皮、固有层（小肠腺）↑、黏膜肌层↑、黏膜下层↑。黏膜上皮为单层柱状上皮（吸收细胞、杯状细胞）

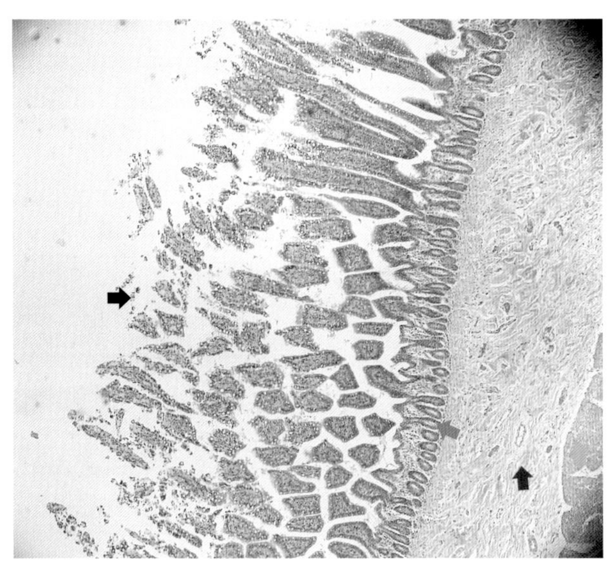

40×

回肠： 可见黏膜上皮，轻度糜烂↑。具有完整的固有层（内含小肠腺↑）、黏膜下层↑、肌层↑

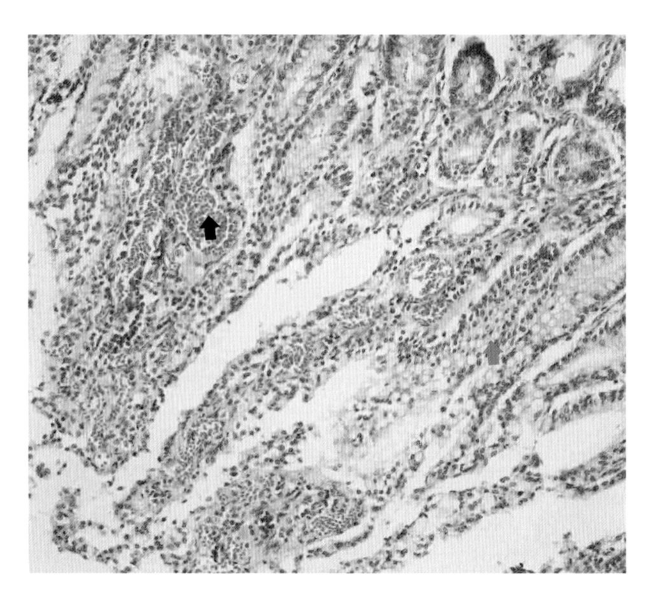

200×

回肠： 肠绒毛中度充血↑、坏死↑

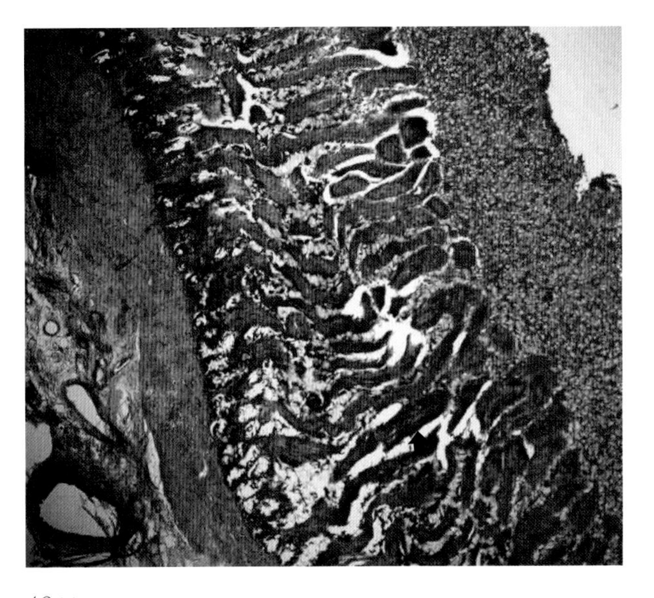

40×

小肠：肠绒毛凝固性坏死及矿化⬆

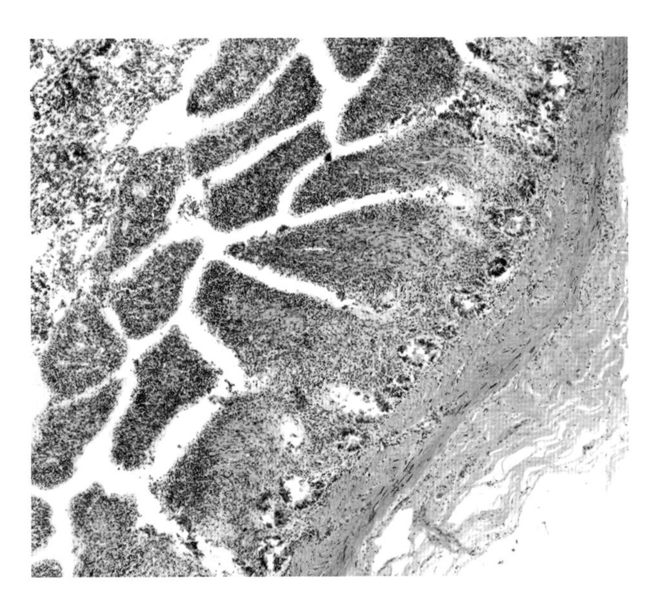

100×

小肠：肠腺萎缩，肠绒毛上皮细胞增生

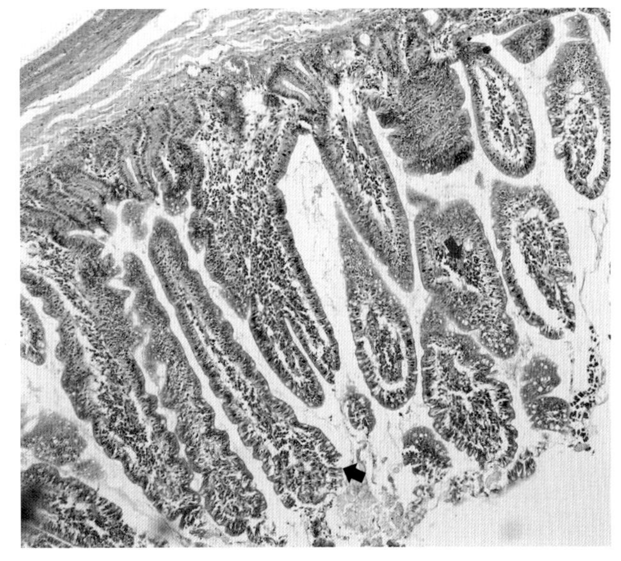

100×

小肠：肠绒毛轻度脱落⬆、出血⬆

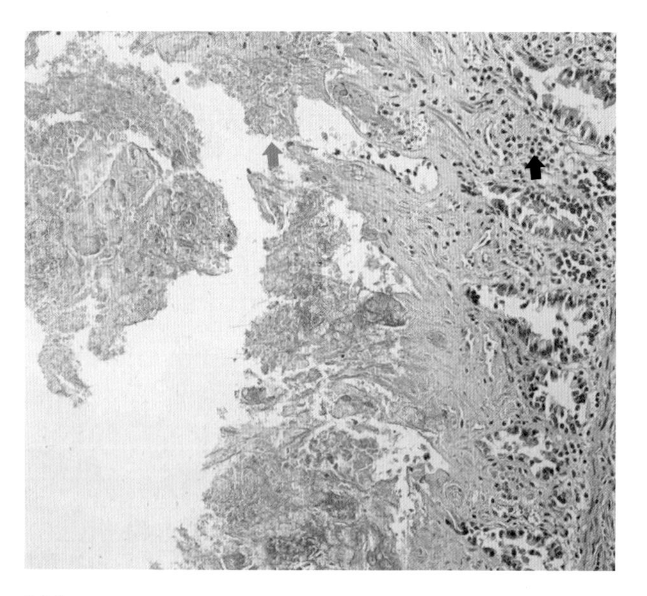

200×

小肠： 肠黏膜及固有层大量炎性细胞浸润↑，肠腺结构紊乱，肠黏膜坏死、脱落↑

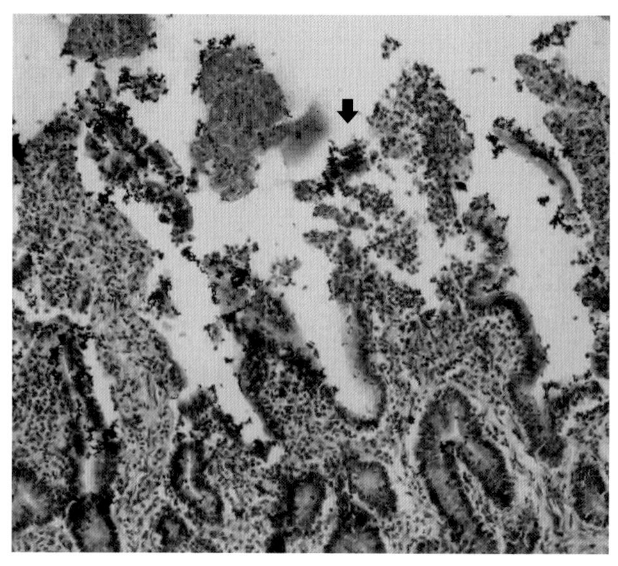

200×

小肠： 肠绒毛顶端坏死、脱落↑

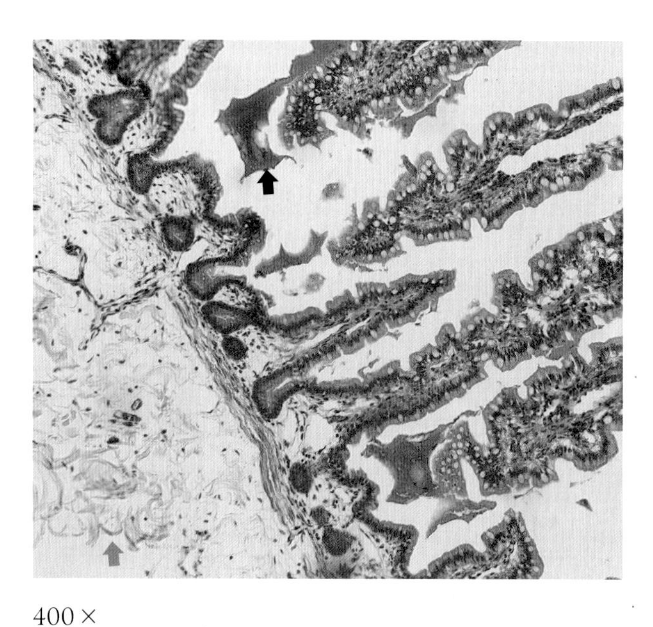

400×

小肠： 肠腔血液积滞↑，肠壁水肿↑

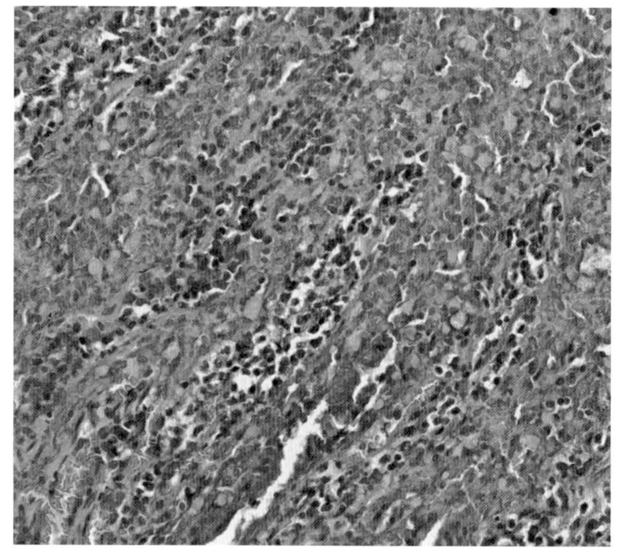

400×

小肠： 肠黏膜无明显腺管样结构，癌组织实体状，部分呈梁索状，形成不完整的腺腔，疑似低分化腺癌

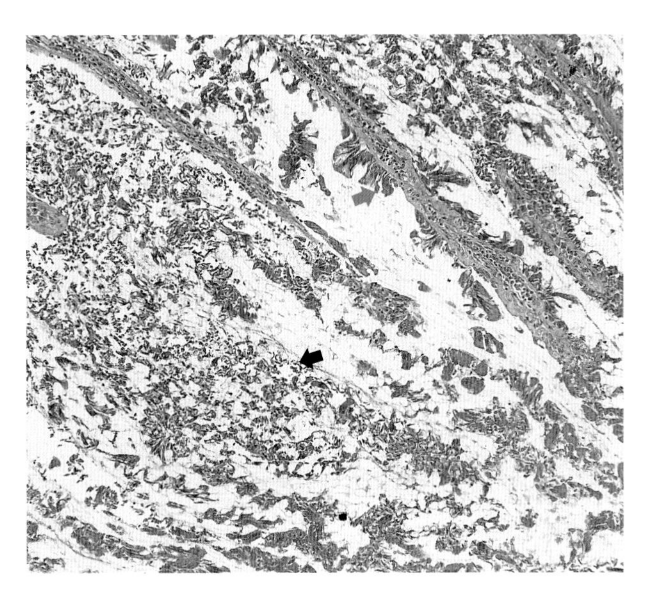

100×

小肠：肠黏膜疑似自溶性坏死⬆，上皮细胞变性、脱落⬆

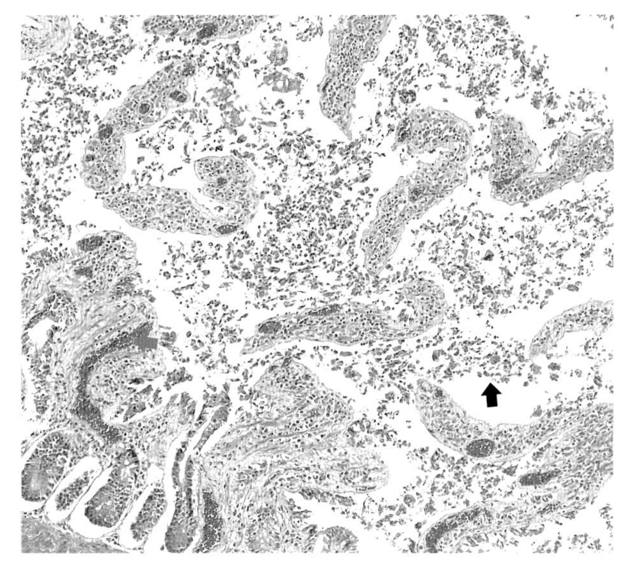

100×

小肠：肠绒毛坏死、结构破坏⬆、充血⬆

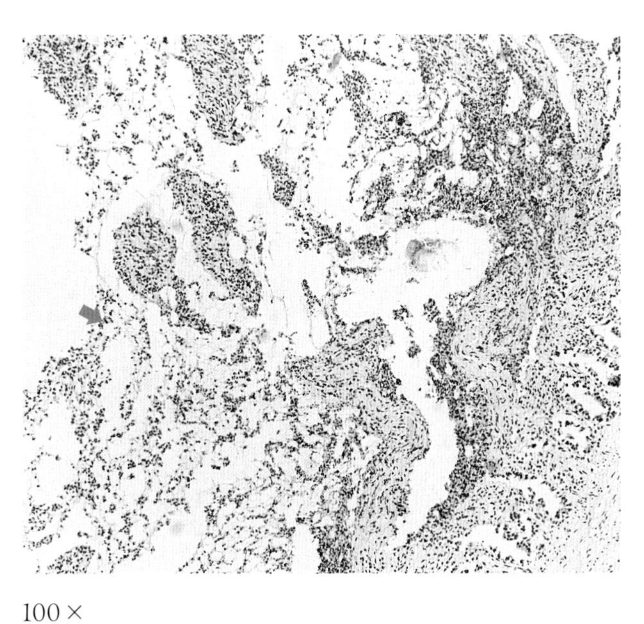

100×

小肠：肠黏膜坏死⬆

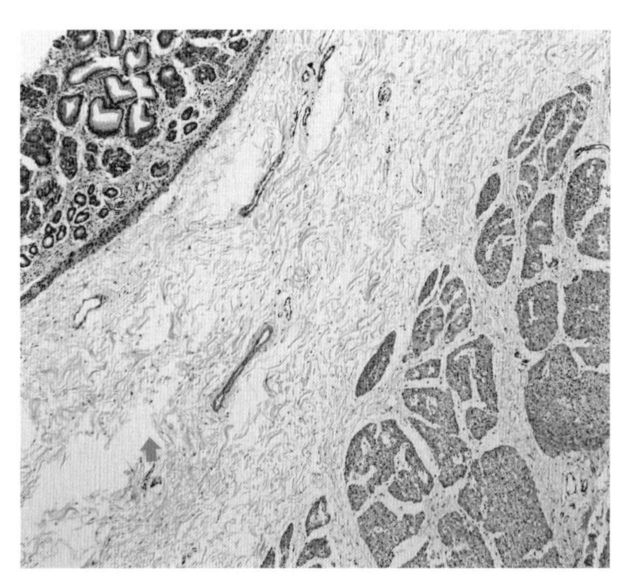

100×

小肠：肠壁水肿，黏膜下层疏松、增宽⬆

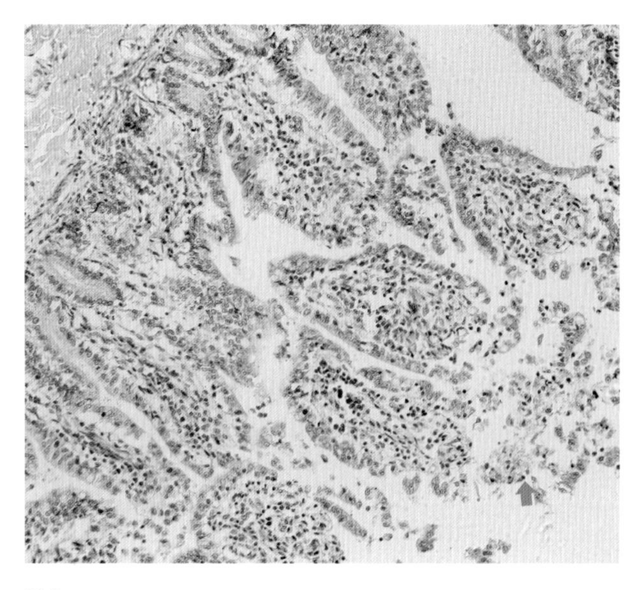

100×

小肠：肠绒毛顶端上皮细胞坏死、脱落⬆

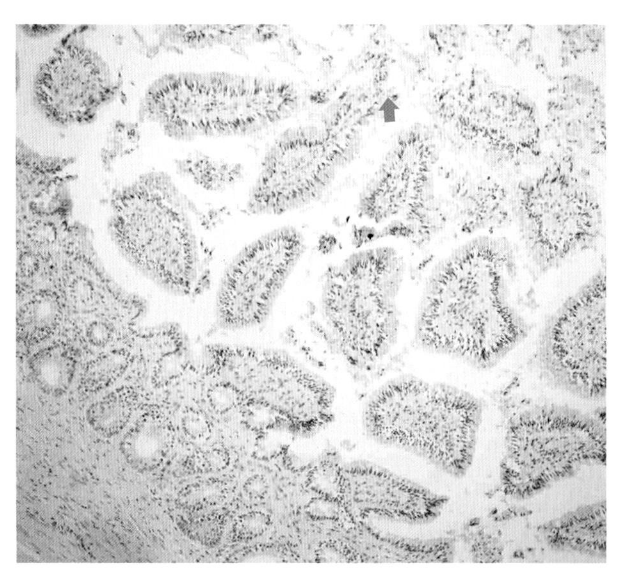

200×

小肠：肠绒毛及黏膜顶端上皮细胞坏死、脱落⬆

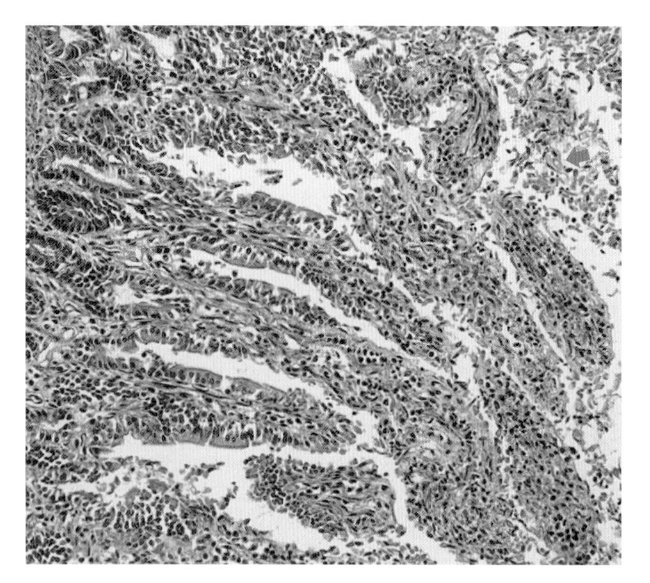

200×

小肠：肠黏膜坏死、脱落⬆

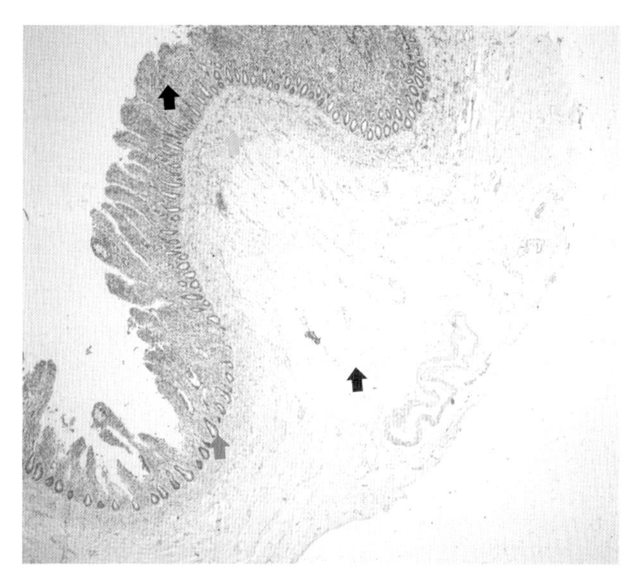

40×

结肠：可见完整的黏膜⬆（黏膜上皮、固有层）、黏膜下层⬆和肌层⬆（厚），固有层可见大肠腺⬆

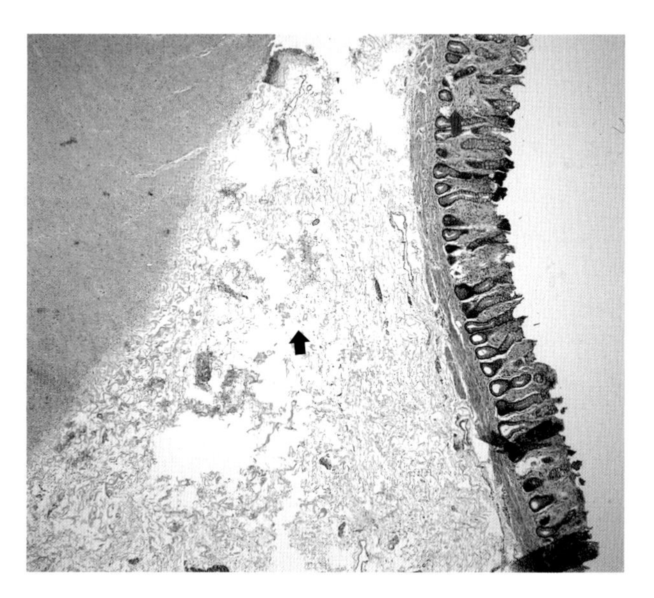

40×

结肠：肠上皮萎缩，肠腺数量减少，固有层增生，黏膜下层水肿⬆，炎性细胞浸润⬆

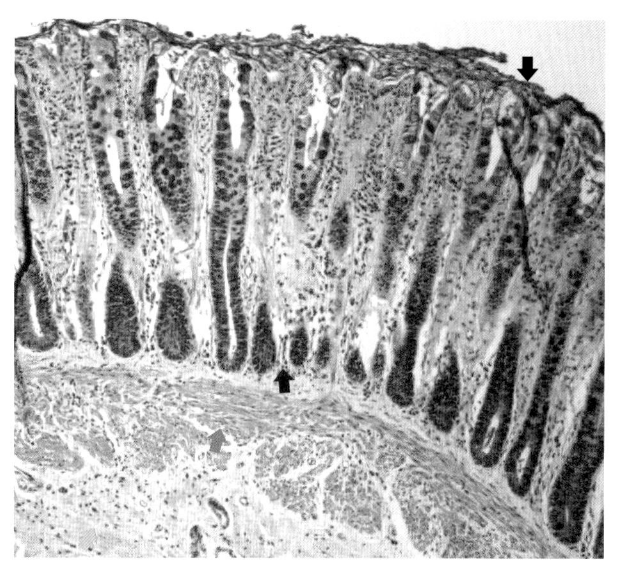

100×

结肠：可见黏膜上皮⬆、固有层⬆（内含大肠腺）、黏膜肌层⬆、黏膜下层⬆

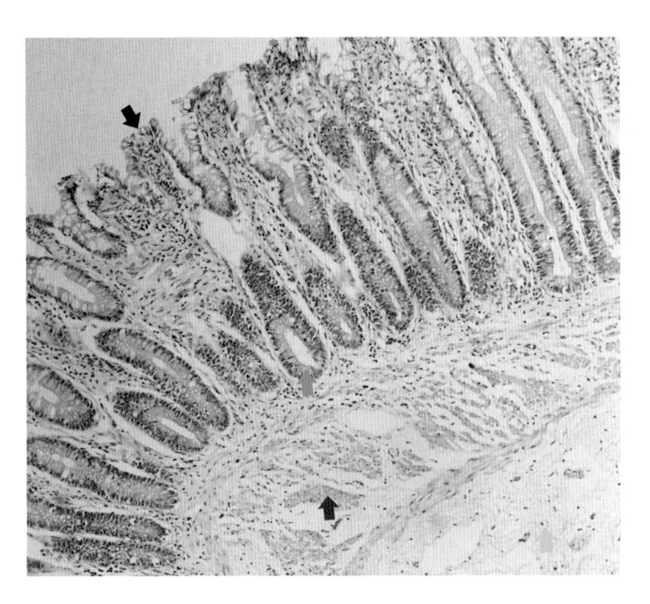

100×

结肠： 可见黏膜上皮⬆（柱状细胞、杯状细胞）、固有层（内含大肠腺⬆）、黏膜肌层⬆、黏膜下层⬆

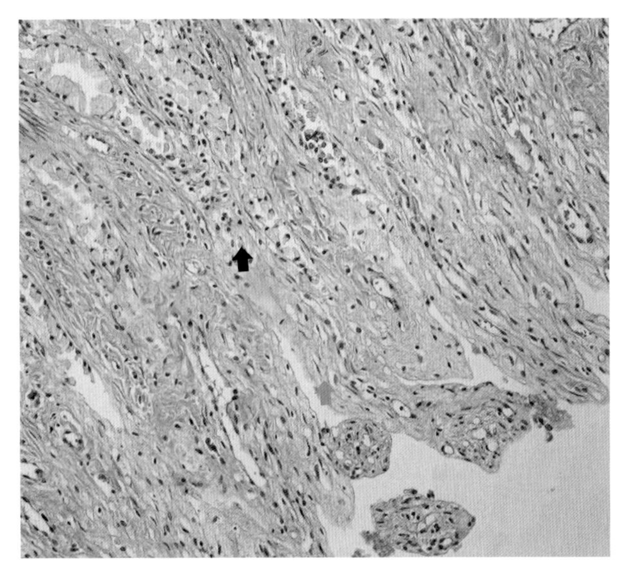

200×

结肠： 黏膜层结构疏松紊乱，上皮细胞变性、坏死⬆，固有层裸露，纤维结缔组织增生⬆

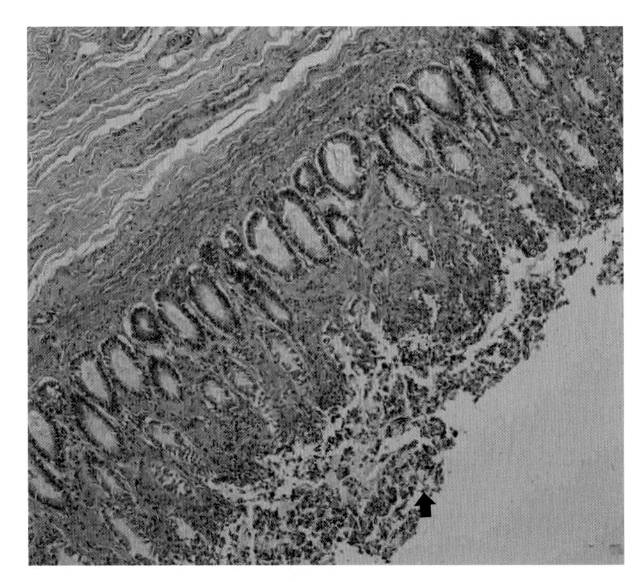

100×

直肠： 肠黏膜顶端上皮细胞坏死、脱落⬆

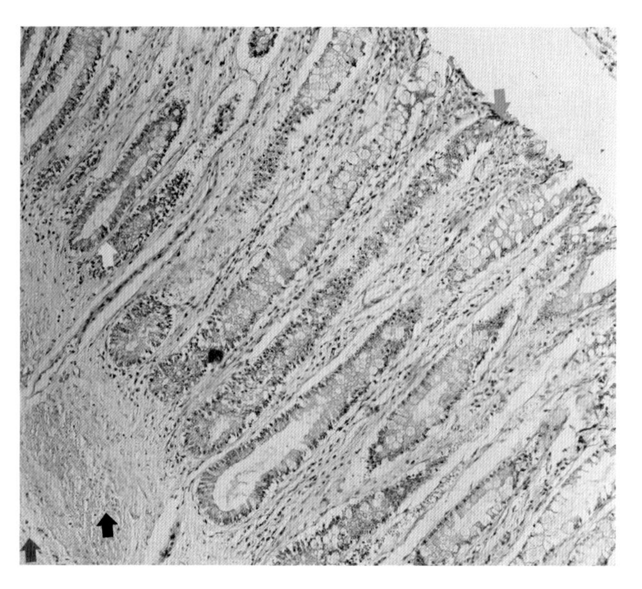

100×

直肠： 可见黏膜上皮⬆、固有层（内含大肠腺⬆）、黏膜肌层⬆、黏膜下层⬆

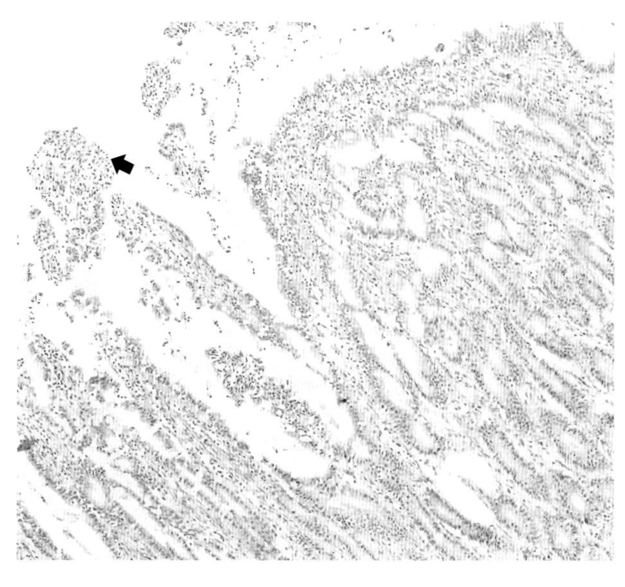

100×

大肠： 肠黏膜上皮细胞轻度坏死、脱落⬆

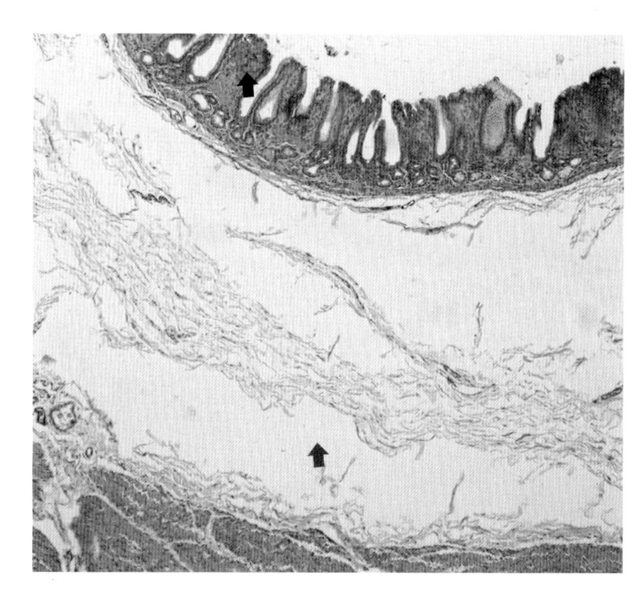

100×

大肠： 肠黏膜出血⬆，黏膜下水肿⬆

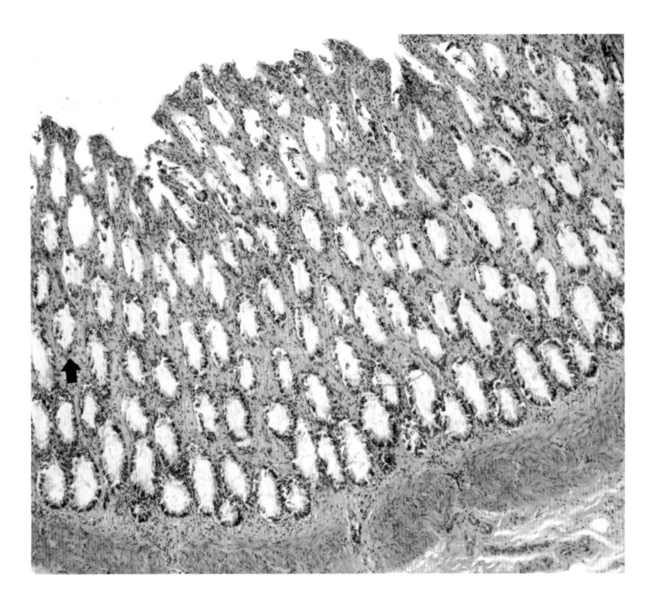

100×

大肠：肠腺萎缩，肠腺上皮细胞排列疏松，黏膜间质增生⬆

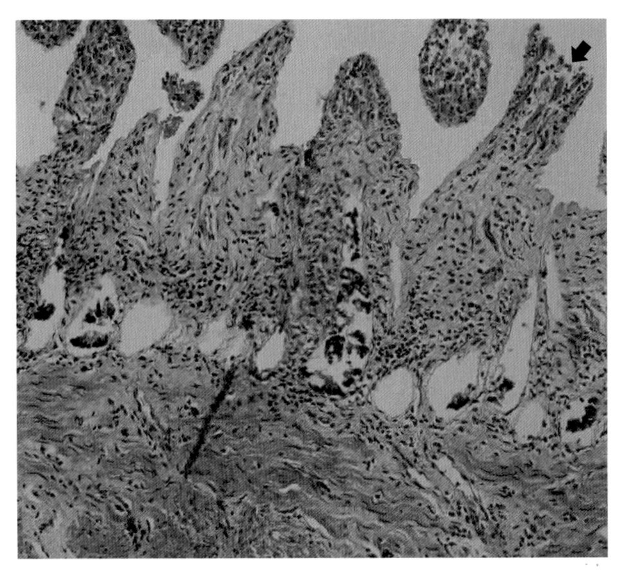

200×

大肠：肠腺可见上皮细胞坏死、脱落⬆，固有层裸露

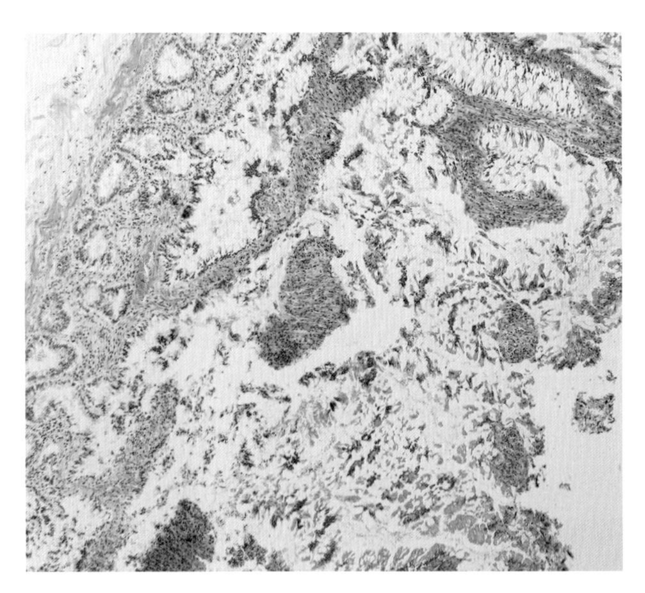

100×

肠道：黏膜上皮自溶性坏死，绒毛结构崩解

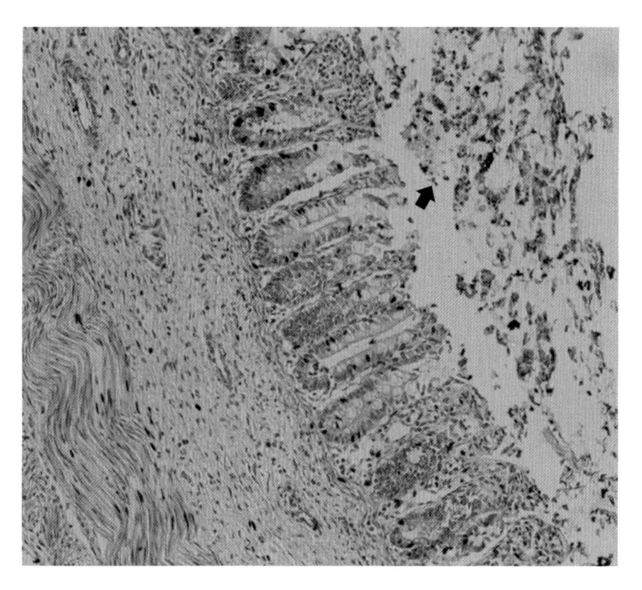

100×

肠道：黏膜上皮坏死、脱落⬆

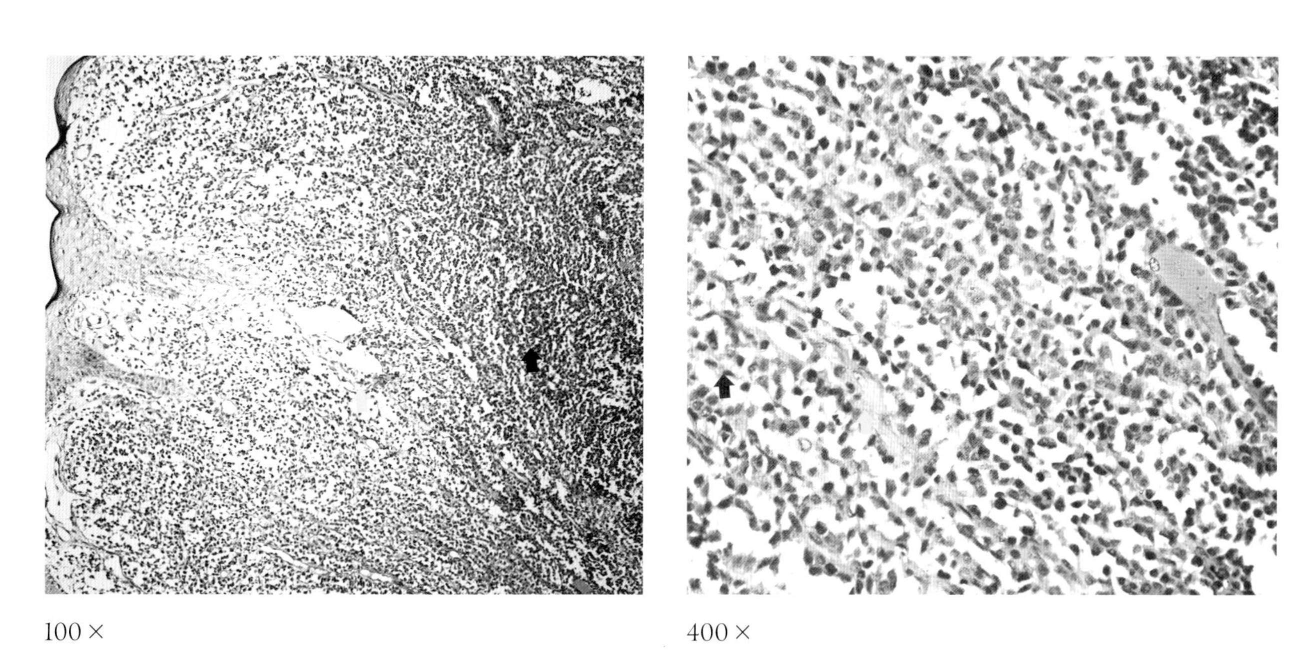

100× 400×

肛门：可见大量圆形或类圆形细胞呈巢状或索状增生⬆，在其周边有纺锤形细胞增生⬆，并伴有胶原纤维形成 ，肿瘤细胞异型性不明显，细胞分裂象少见，初步诊断为卵巢粒层细胞和卵泡膜细胞瘤转移

第三章

Chapter 3

呼吸系统

呼吸系统由呼吸道（鼻、咽、喉、气管、支气管等）和肺组成。

气管由黏膜、黏膜下层和外膜组成。黏膜包括上皮和固有层，上皮为假复层纤毛柱状上皮，固有层为结缔组织；黏膜下层为疏松结缔组织，可见较多的混合腺；外膜由透明软骨环和结缔组织构成。

肺是机体与外界进行气体交换的器官。肺表面被覆浆膜，肺分为实质和间质，实质是肺内支气管的各级分支至肺泡，间质是肺各级分支管道之间的结缔组织。实质可分为导气部和呼吸部，导气部包括肺叶支气管、肺段支气管、小支气管、细支气管和终末细支气管，呼吸部包括呼吸性细支气管、肺泡管、肺泡囊和肺泡。导气部管壁完整，由黏膜、黏膜下层和外膜组成，随着导气部逐渐分支，黏膜上皮逐渐由假复层纤毛柱状上皮过渡为单层柱状上皮，上皮内杯状细胞逐渐由多到少甚至无，固有层内平滑肌逐渐由少到多，黏膜下层内混合腺逐渐由多到少甚至无，外膜内软骨片逐渐由多变少甚至无。呼吸部管壁不完整，有肺泡的开口处，随着呼吸部逐渐分支，管壁的肺泡开口越多，黏膜上皮由单层柱状逐渐变为单层立方、单层扁平的肺泡上皮，固有层内平滑肌逐渐由多到少甚至无。肺泡由扁平的Ⅰ型肺泡细胞和圆形的Ⅱ型肺泡细胞构成。相邻肺泡之间有薄层结缔组织构成的肺泡隔，相邻肺泡间有肺泡孔。

呼吸系统常见的病理损伤主要集中在肺脏。其主要病理变化如下：

细支气管管壁充血、水肿、炎性细胞浸润，细支气管上皮细胞变性、坏死、增生。

肺泡壁增宽，肺泡壁毛细血管扩张、充血、水肿、出血、炎性细胞浸润；肺泡壁上皮细胞变性、坏死、脱落。

肺泡腔萎陷、扩张，腔内充满浆液、纤维素性渗出液间杂炎性细胞。

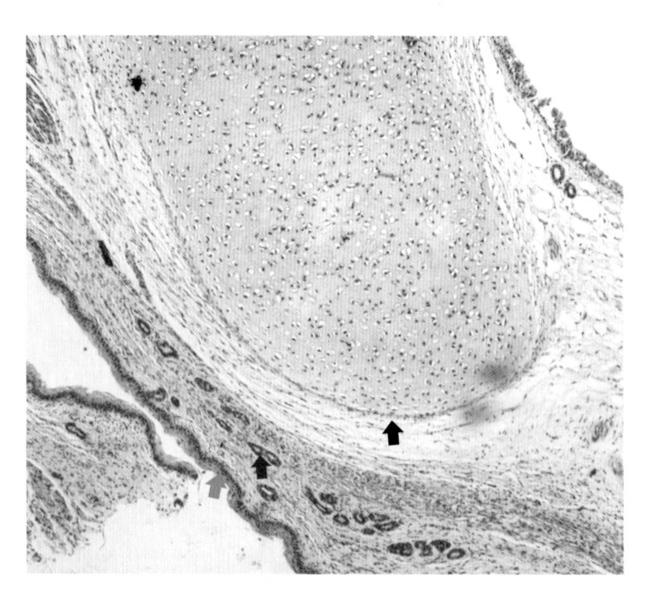

100×

气管：由内向外依次为黏膜（假复层纤毛柱状上皮⬆）、黏膜下层（内含混合腺⬆）和外膜（内含透明软骨环⬆）

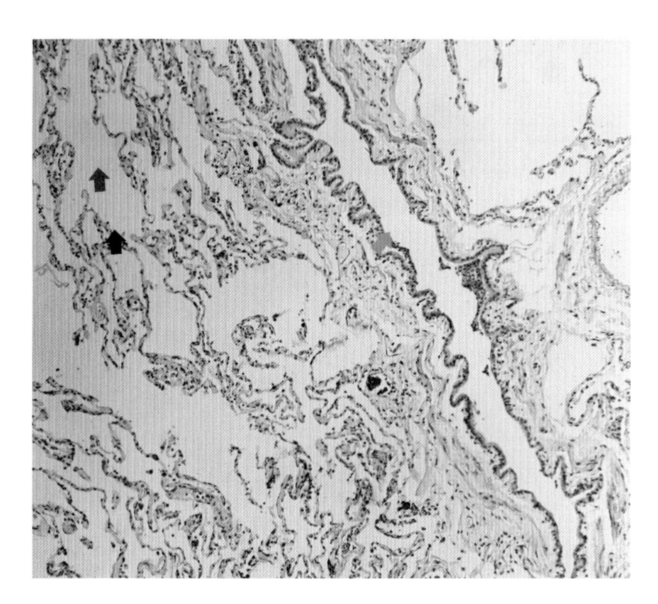

100×

肺：可见呼吸性细支气管⬆、肺泡管⬆、肺泡⬆

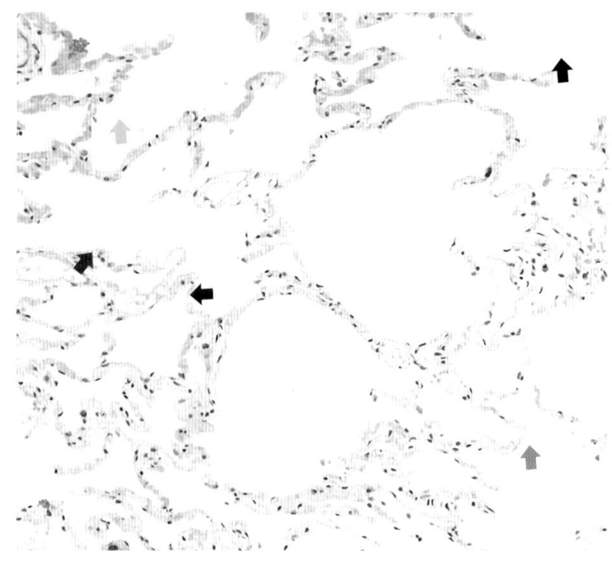

200×

肺：可见肺泡管⬆、肺泡囊⬆、肺泡（Ⅰ型⬆、Ⅱ型⬆肺泡细胞）、肺泡隔⬆

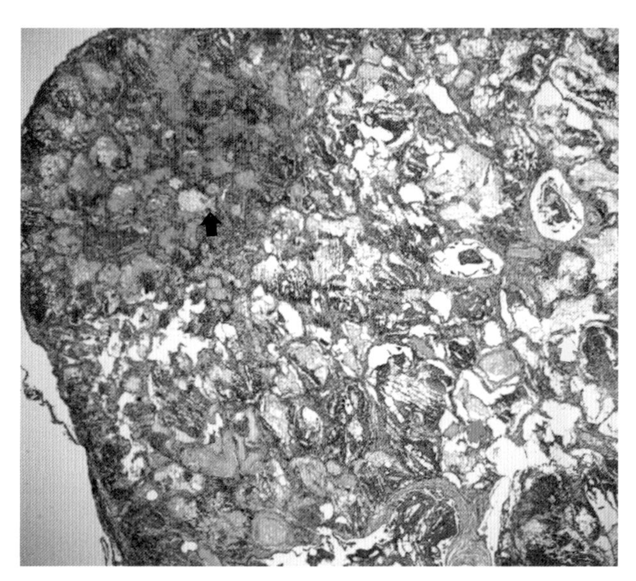

40×

肺：肺塌陷，肺泡数量较少，且部分肺泡腔内蓄积大量均质红染的浆液性物质⬆，部分区域肺泡腔内蓄积丝状淡染物质⬆。支气管上皮部分脱落（可能为自溶）

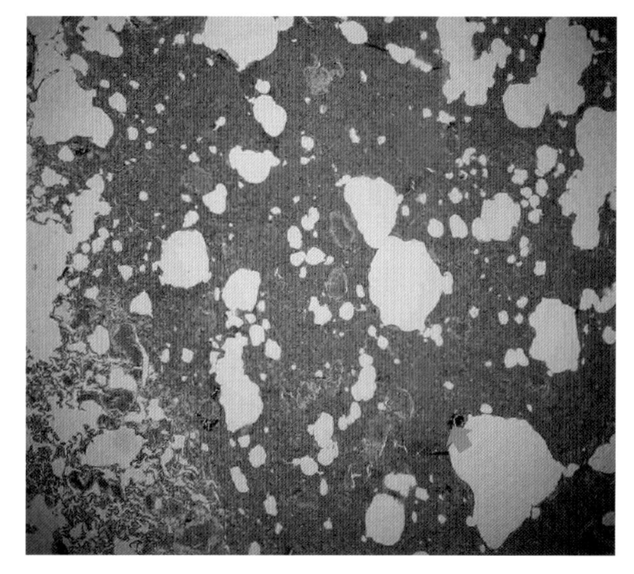

40×

肺：肺组织大部分实变，肺泡消失，充满红染物质，可见灶状异物沉积⬆

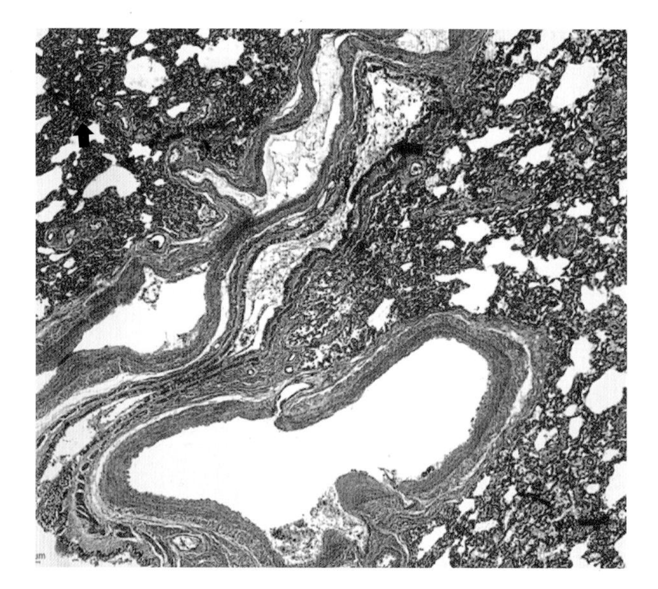

40×

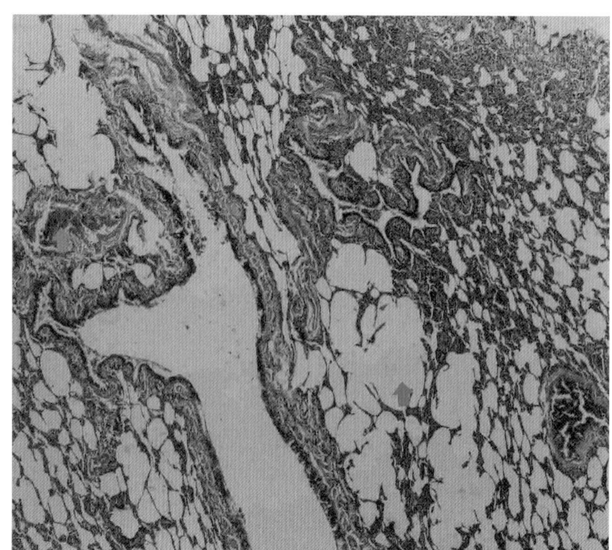

40×

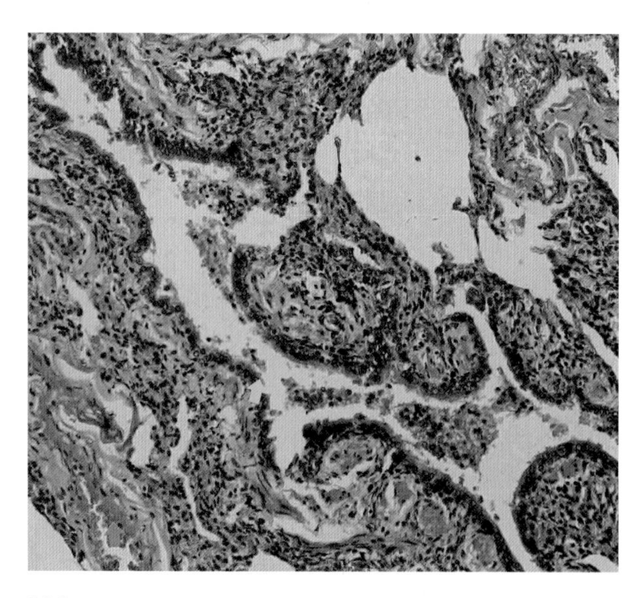

200×

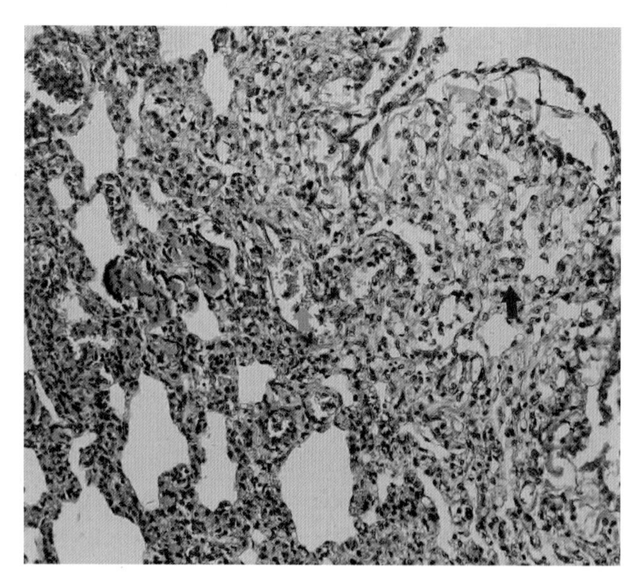

200×

肺： 肺泡隔增厚⬆；肺大部分萎缩，充血⬆；局部代偿性肺过度充气⬆；肺泡上皮细胞肿胀、坏死、脱落⬆；支气管上皮坏死、脱落⬆

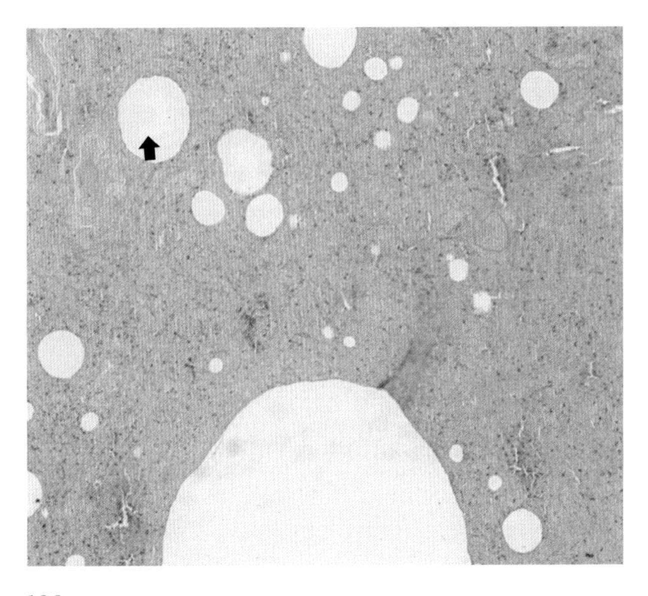

100×

肺： 肺组织实变，出现大量空洞，可能由肺泡融合形成⬆

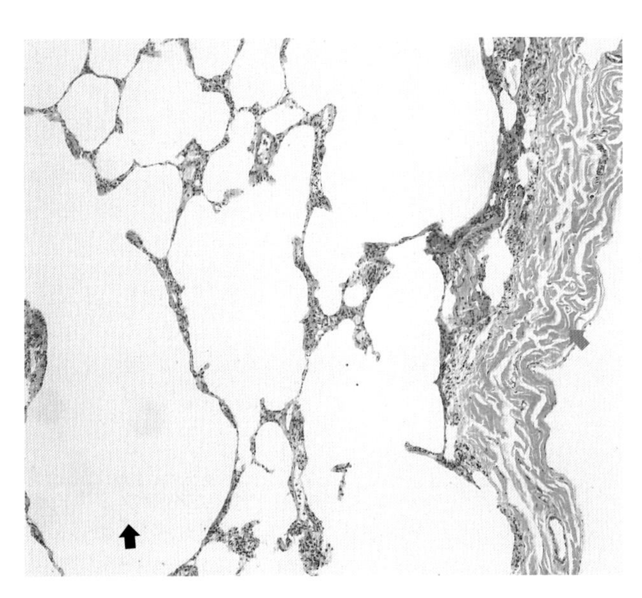

100×

肺： 肺泡气肿⬆，被膜增厚⬆

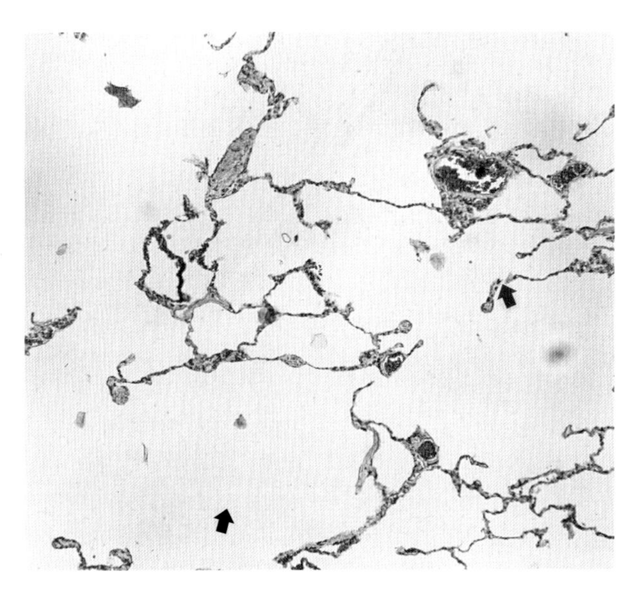

100×

肺： 肺泡气肿，肺泡融合⬆，肺泡隔变薄、部分断裂⬆

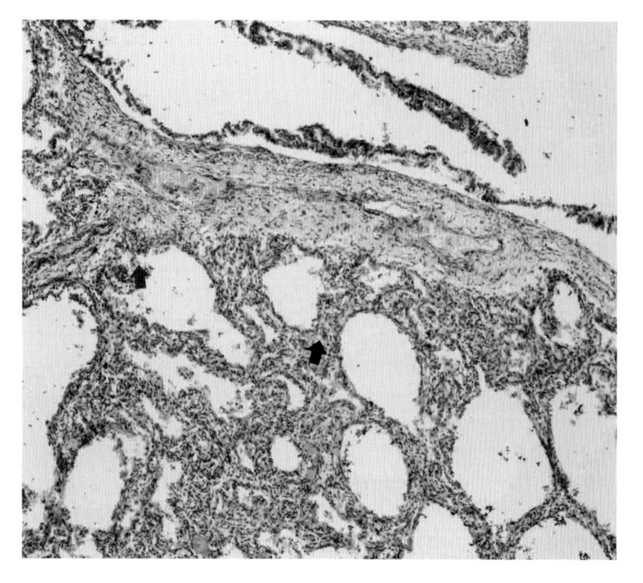

100×

肺： 肺组织萎缩，肺泡隔增厚⬆，支气管上皮脱落⬆

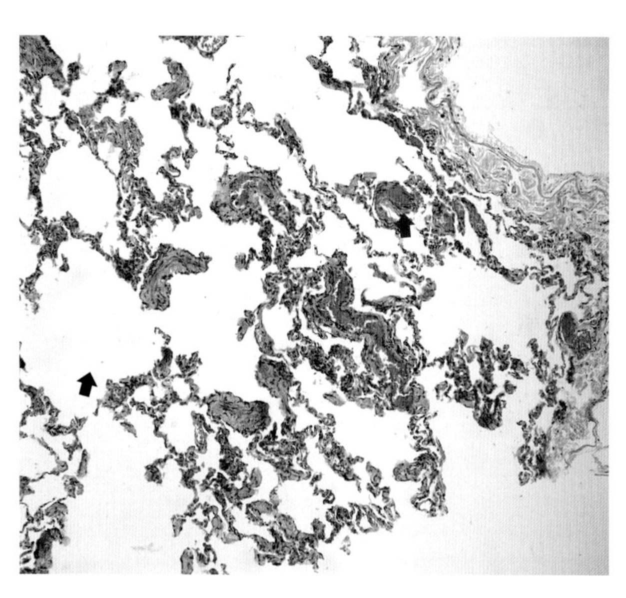

100×

肺： 部分肺泡扩张甚至融合⬆，局灶性充血、出血⬆

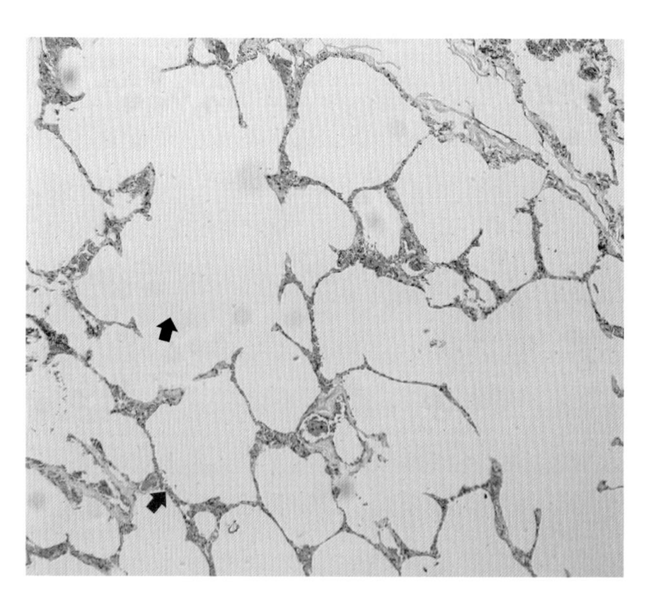

100×

肺： 肺泡气肿⬆，肺泡隔变薄、充血⬆

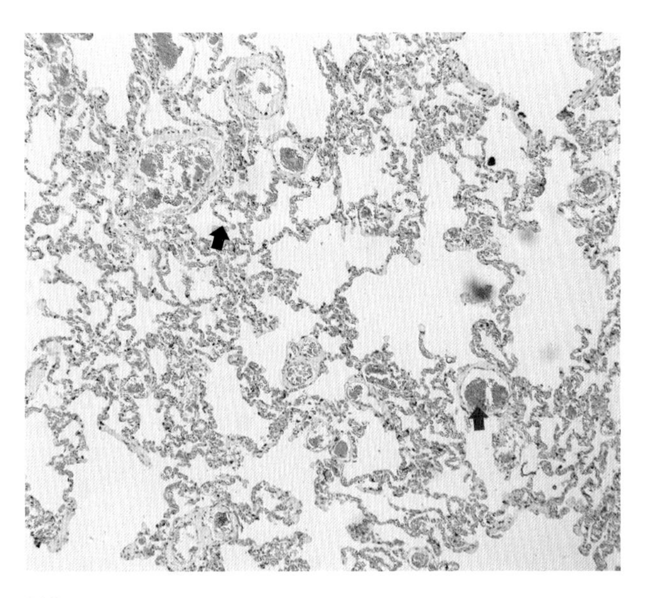

100×

肺：局部肺泡萎缩⬆，肺泡壁毛细血管严重充血⬆

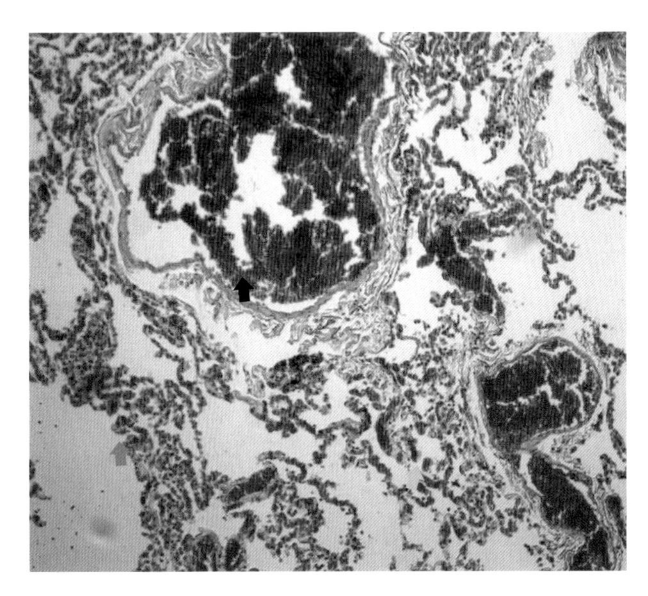

100×

肺：肺充血严重⬆，局部肺泡气肿⬆，可见部分肺泡隔断裂⬆

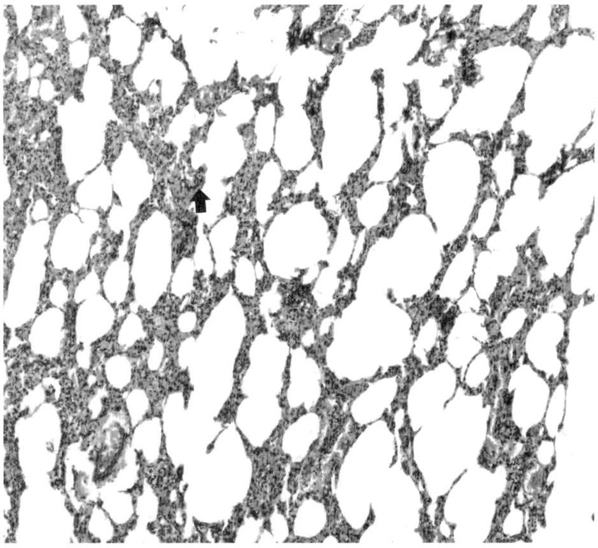

100×

肺：肺组织轻度萎缩，严重充血⬆

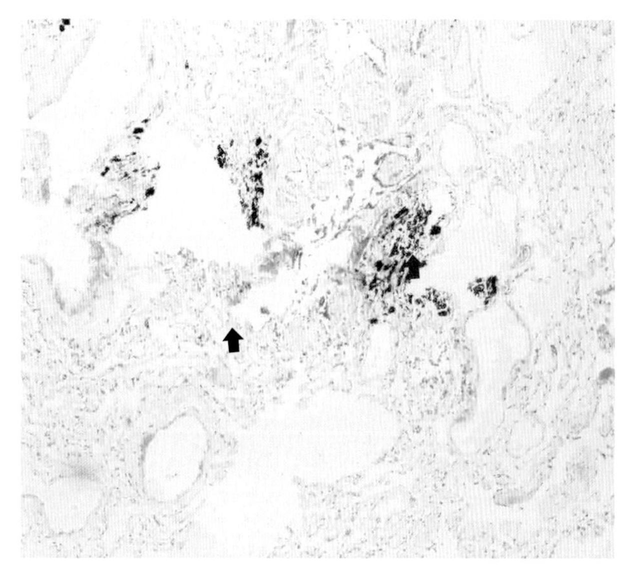

100×

肺： 肺组织萎缩，间质水肿⬆，可见钙化灶⬆

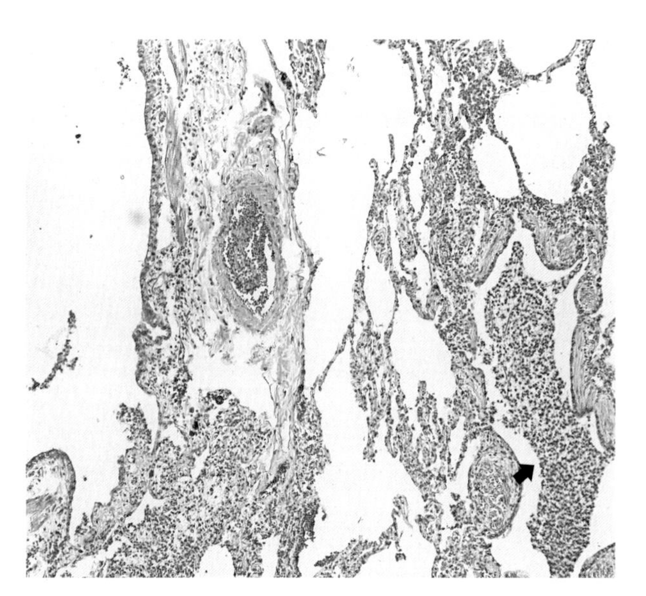

100×

肺： 支气管肺炎。细支气管及附近组织有许多以嗜中性粒细胞为主的炎性细胞浸润⬆

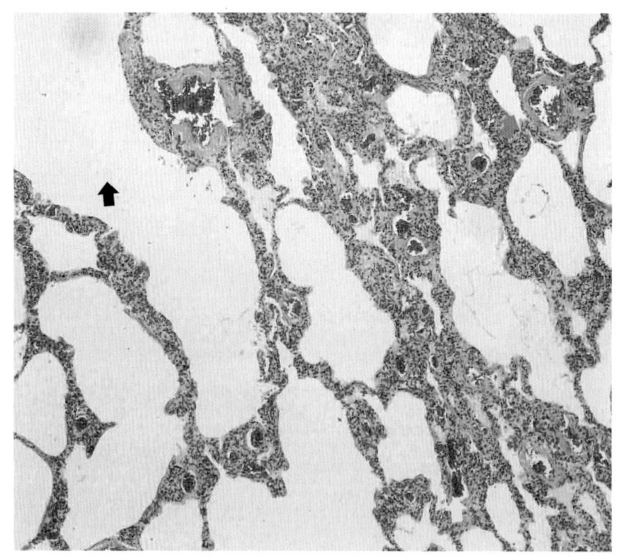

肺： 部分肺泡腔增大伴有明显扩张气肿（肺气肿）⬆，部分肺泡萎陷⬆，肺泡壁毛细血管充血⬆

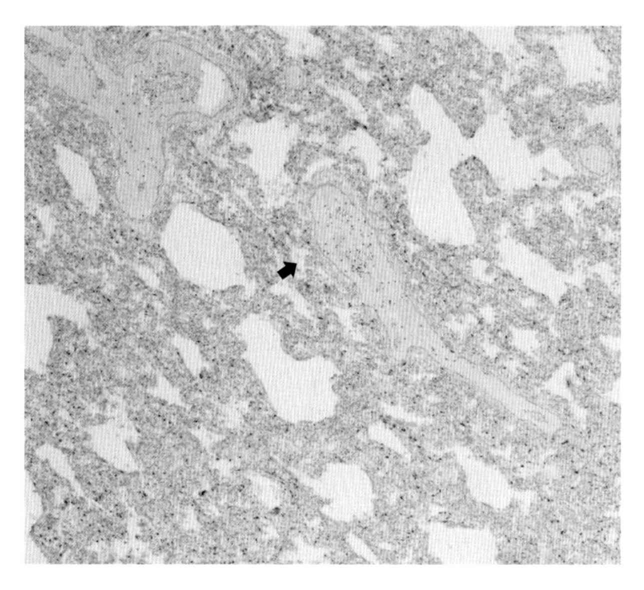

40×

肺：肺不张。肺泡减少甚至消失⬆

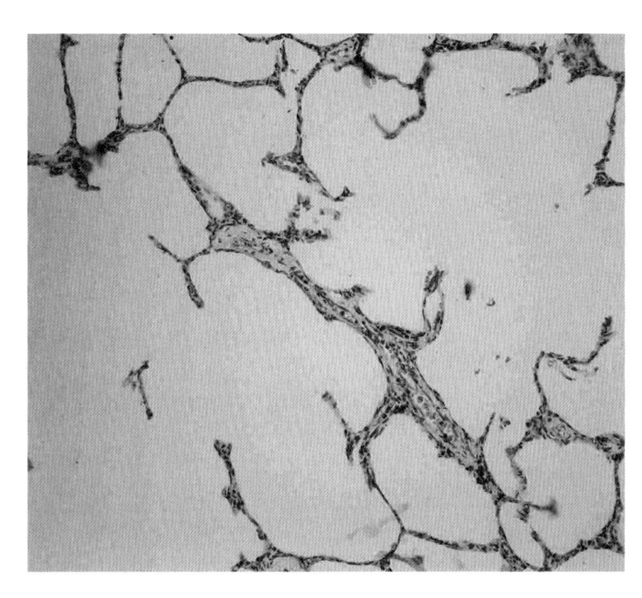

200×

肺：肺气肿

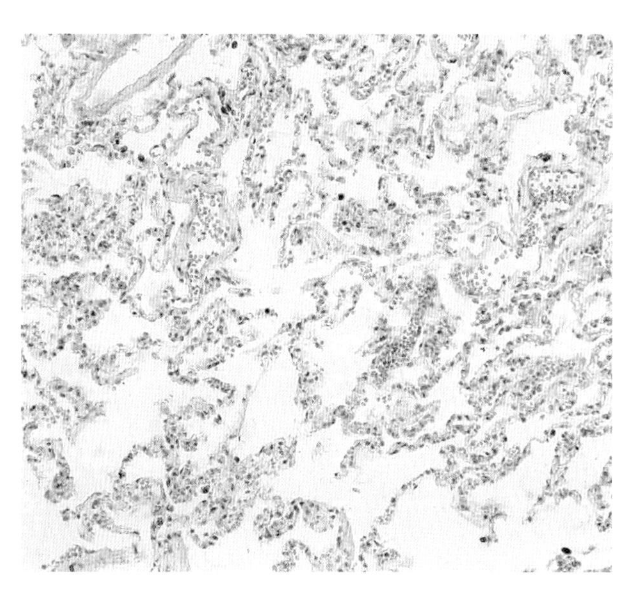

200×

肺：肺组织弥漫性中度萎缩、出血

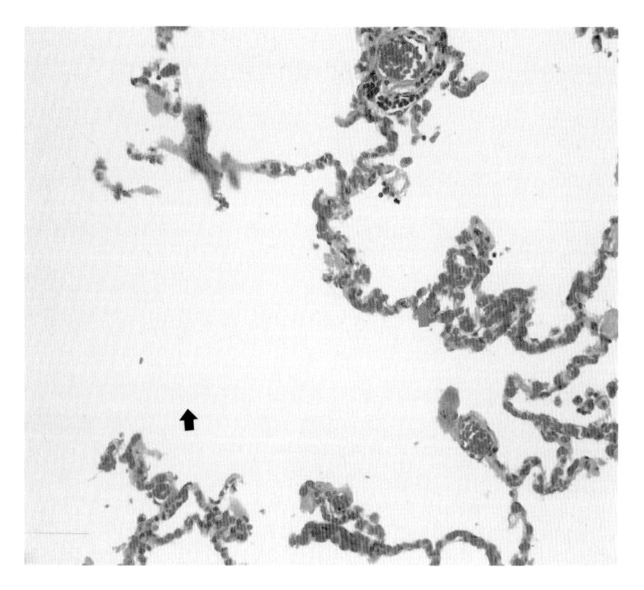

200×

肺：肺泡气肿⬆伴肺泡隔充血⬆

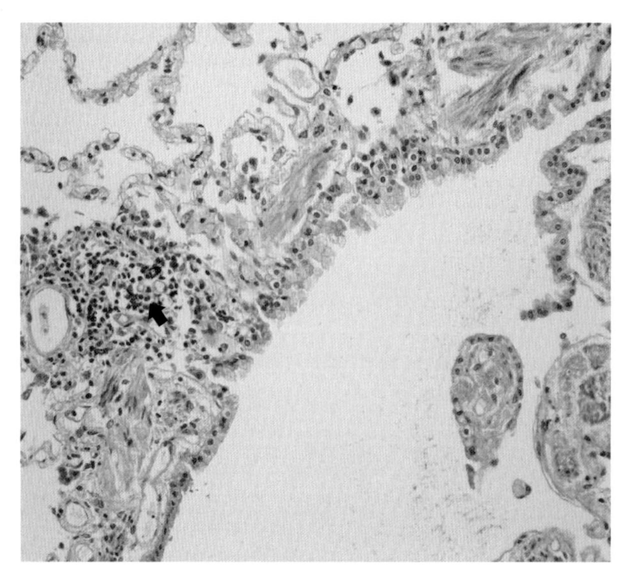

200×

肺：细支气管炎⬆

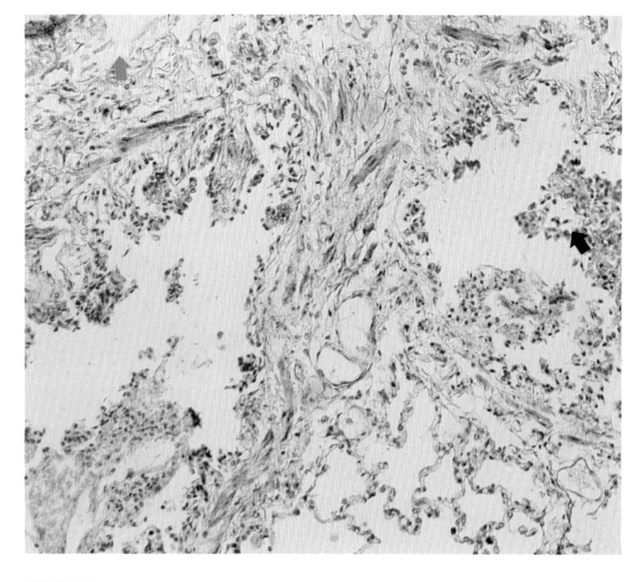

200×

肺：支气管上皮脱落⬆，间质水肿⬆

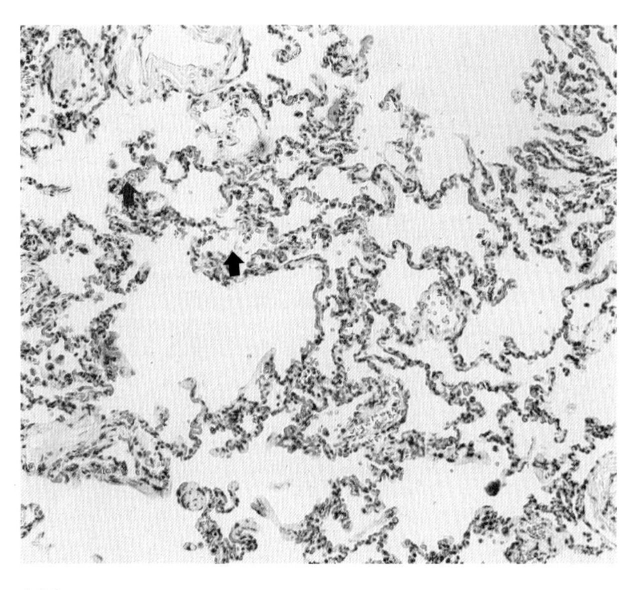

200×

肺：肺组织轻度萎缩、充血⬆、出血⬆，少量浆液性渗出

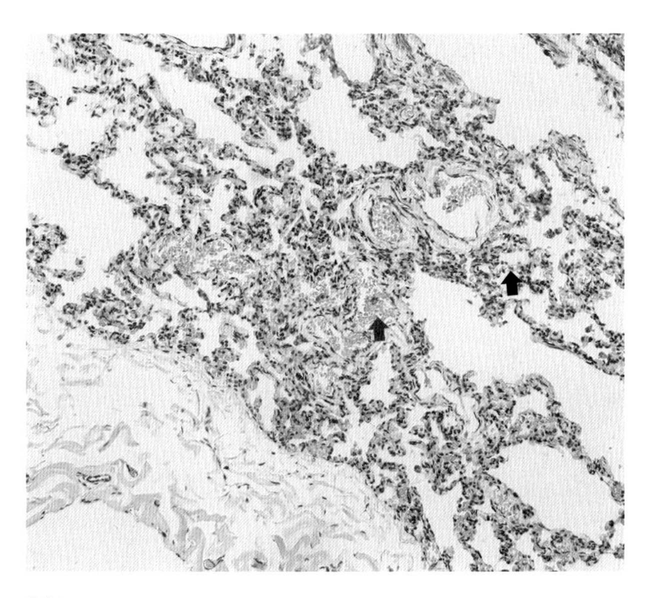

200×

肺：肺泡壁毛细血管充血⬆，局部肺泡萎缩⬆

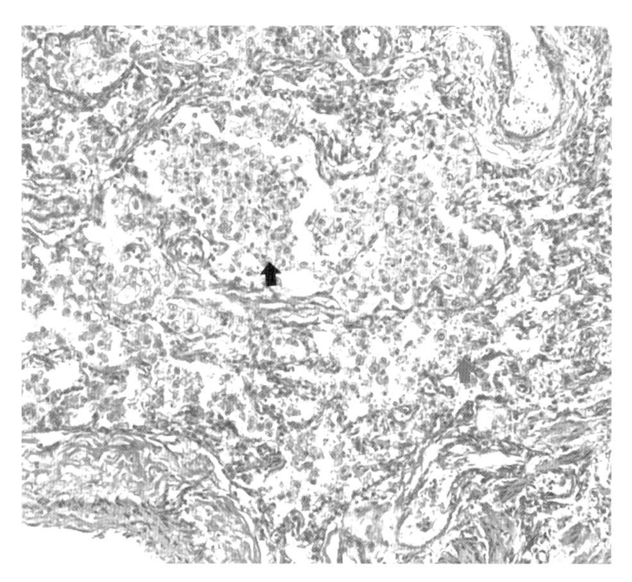

200×

肺：出血⬆，肺泡腔内出现大量吞噬细胞（泡沫状巨噬细胞）⬆

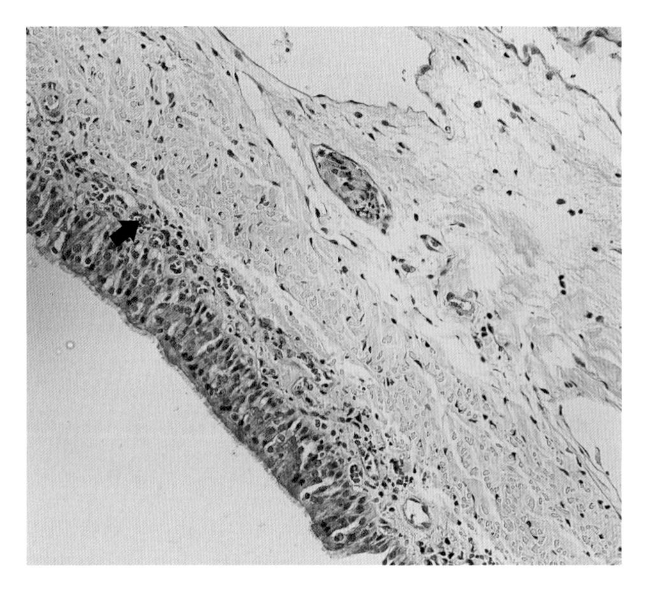

200×

肺：气管略微扩张，皱褶消失，黏膜下出血⬆

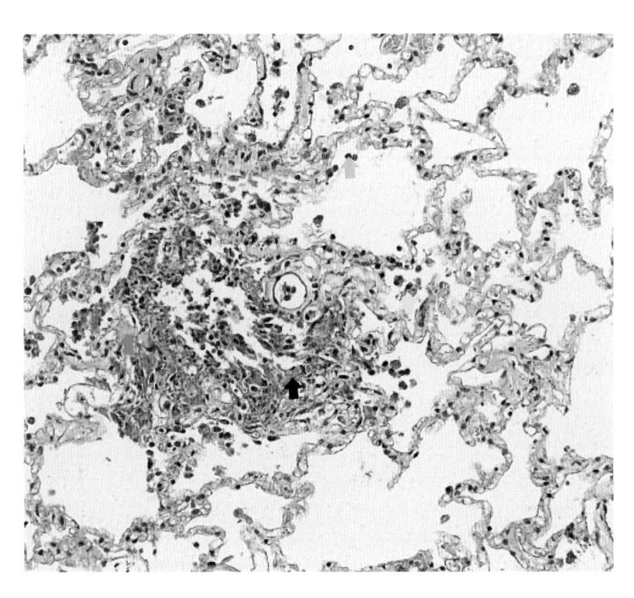

200×

肺：肺组织泡沫样变。肺泡隔充血⬆、水肿⬆、出血⬆、少量炎性细胞浸润⬆

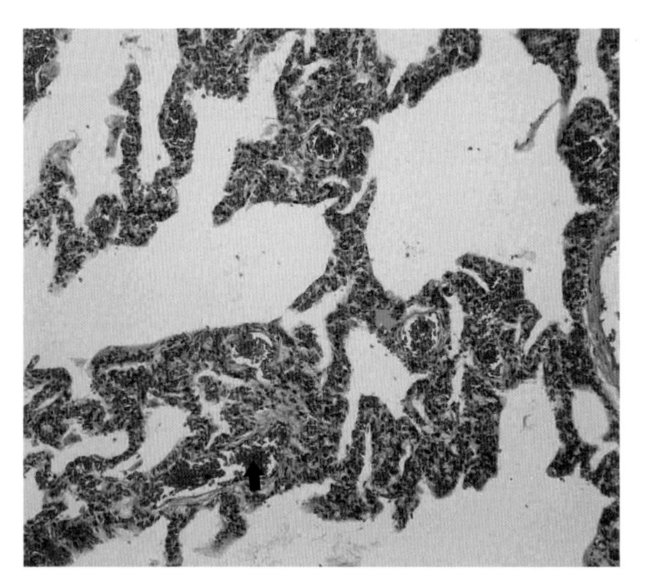

200×

肺：肺泡壁毛细血管严重充血⬆，肺泡隔增宽⬆，局部肺泡塌陷

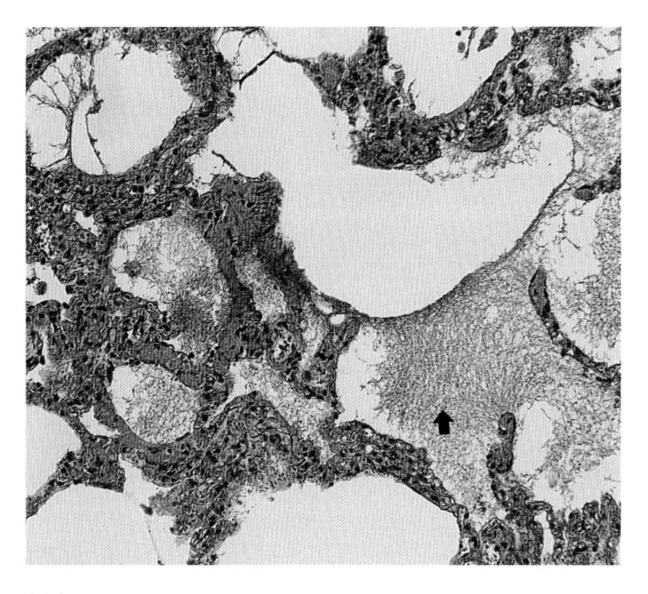

200×

肺：肺泡大部分水肿，肺泡腔内可见大量红色丝状纤维素性渗出物⬆

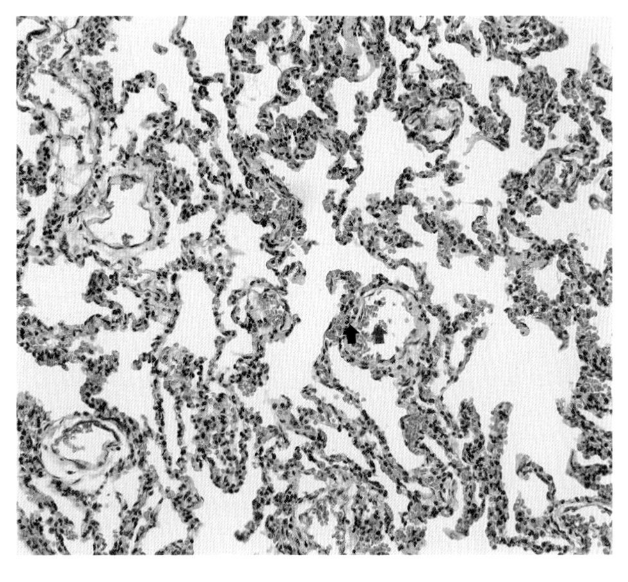

200×

肺：肺组织大部分萎缩、充血⬆、出血⬆

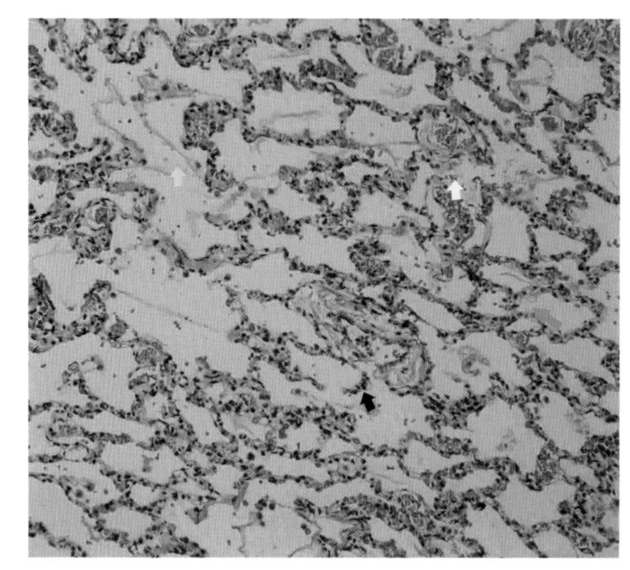

200×

肺：肺泡隔变薄⬆，上皮细胞脱落⬆，可见纤维素性渗出⬆，肺出血

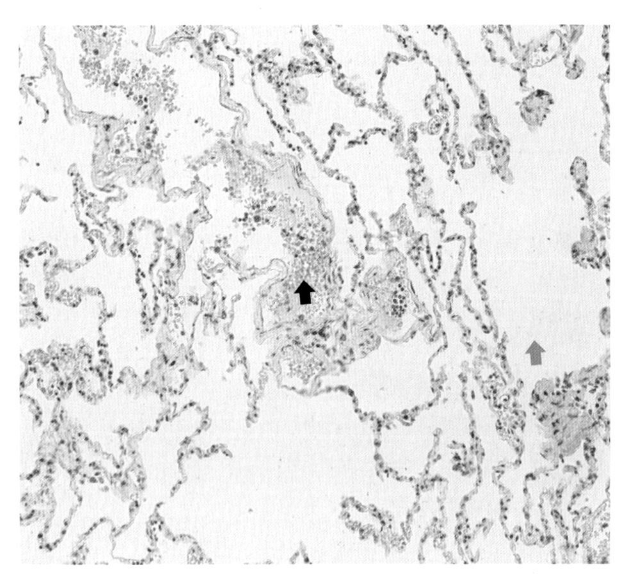

200×

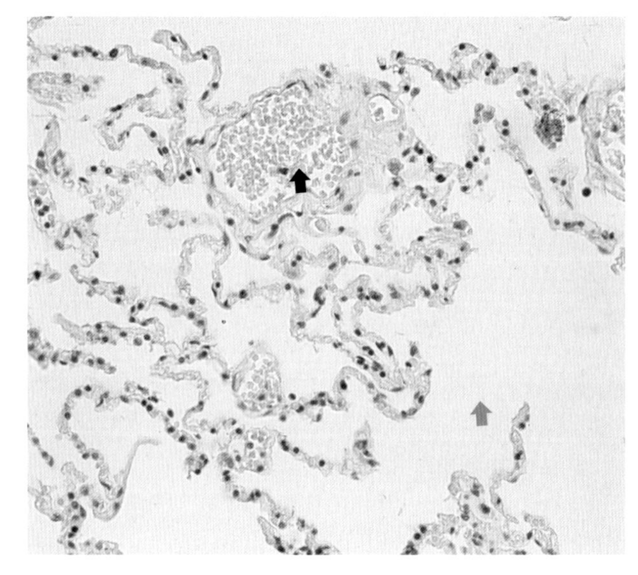

400×

肺：结构清楚，所有血管扩张、充血⬆，轻度气肿⬆

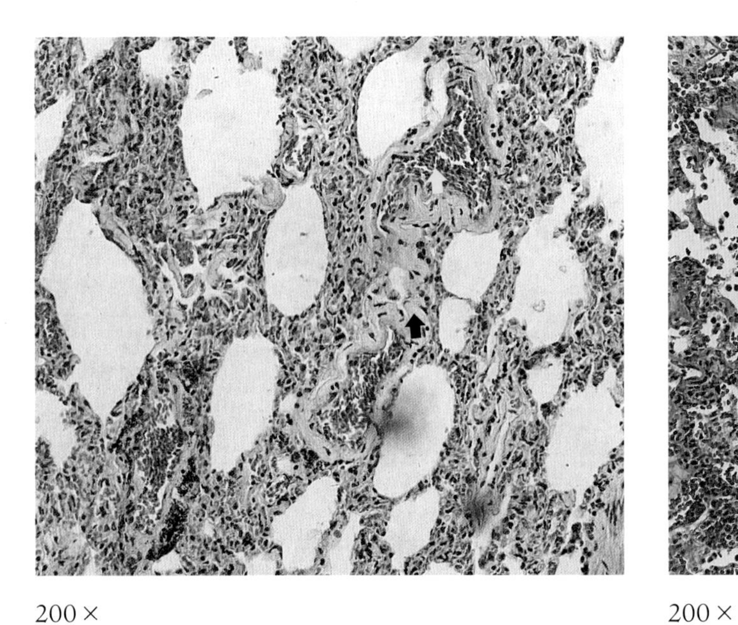

200×

肺：肺泡壁毛细血管广泛性扩张、充血⬆，肺泡隔增厚，结缔组织增生⬆

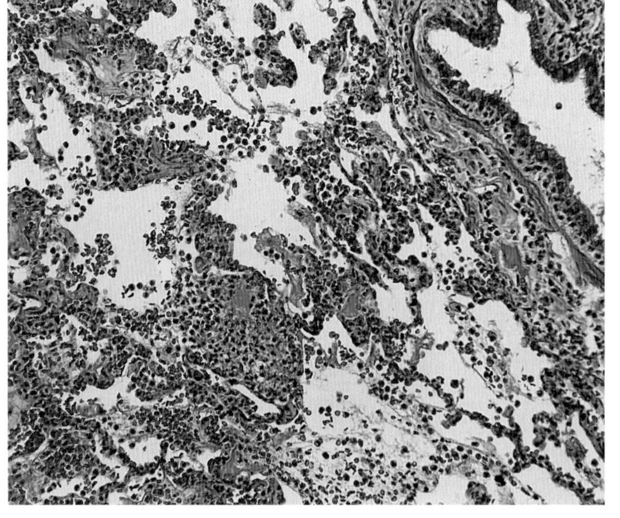

200×

肺：肺组织弥漫性重度出血⬆、炎性细胞浸润

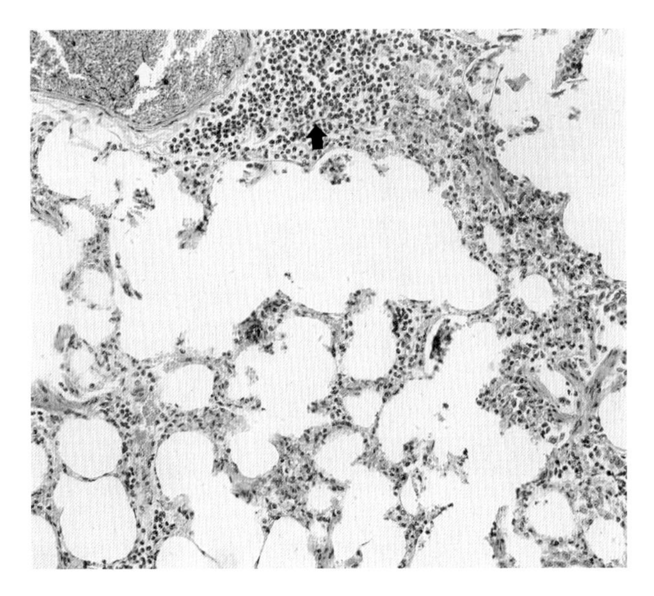

200×

肺：肺组织弥漫性充血，大量炎性细胞浸润⬆

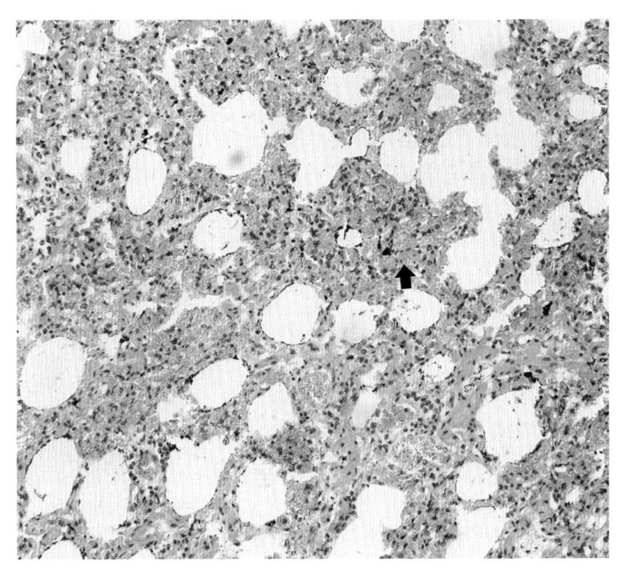

200×

肺：局部肺泡萎缩，可见炎性细胞增加，肺泡壁毛细血管严重充血⬆

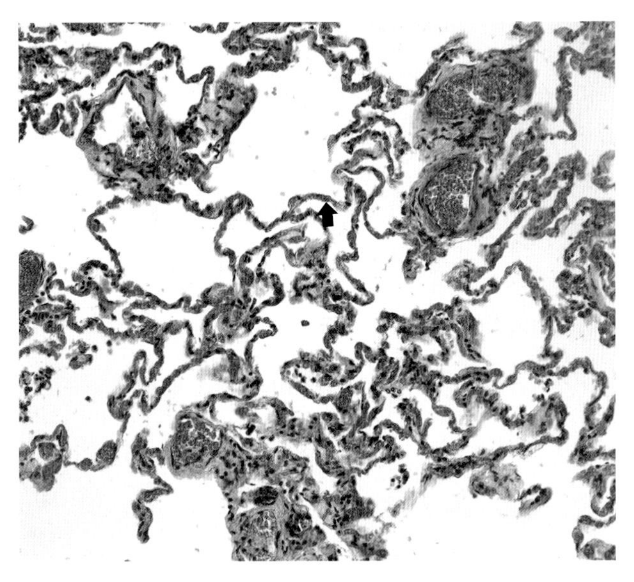

200×

右肺：代偿性肺泡扩张，肺泡隔变薄⬆

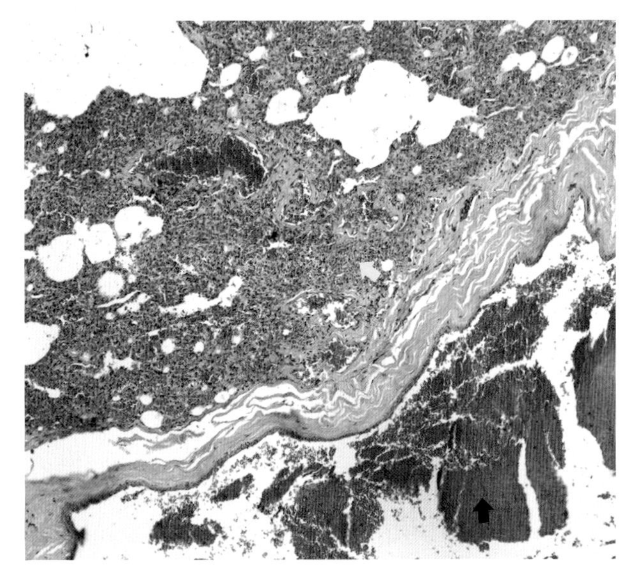

200×

左肺：血管内大部分血栓形成并堵塞血管腔，肺大面积淤血、出血⬆，肺实变

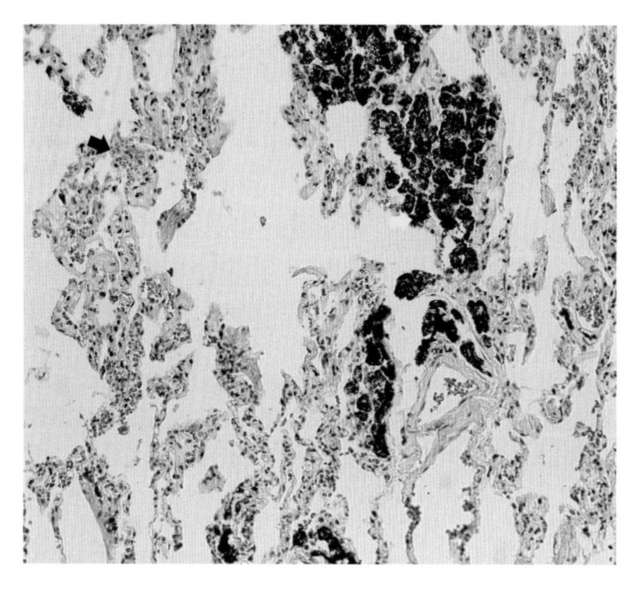

200×

肺：肺组织萎缩，肺泡数量显著减少，严重淤血⬆，可见多灶状异物沉积⬆

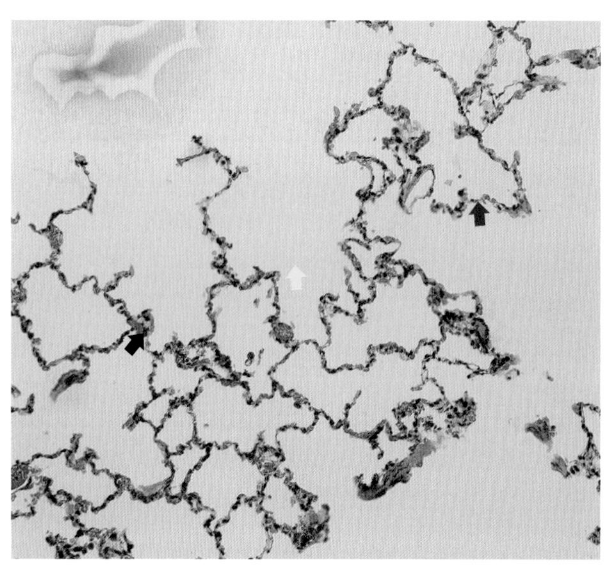

200×

肺：肺组织充血⬆，肺泡扩张、气肿⬆，肺泡隔变薄甚至断裂⬆

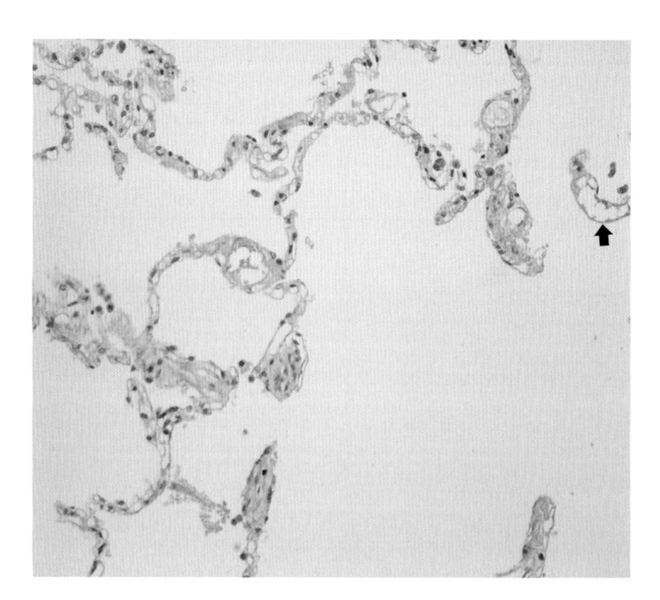

200×

肺：广泛性肺气肿。肺泡隔变薄，肺泡壁上皮细胞空泡变性⬆

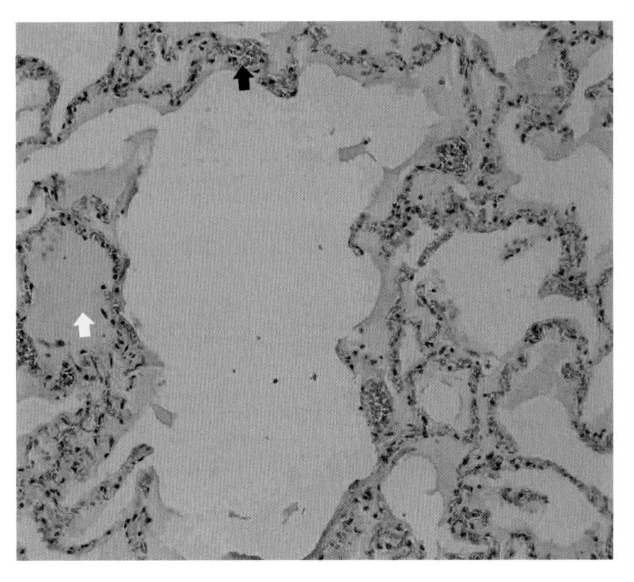

200×

肺： 浆液性渗出 ，淤血⬆，肺水肿

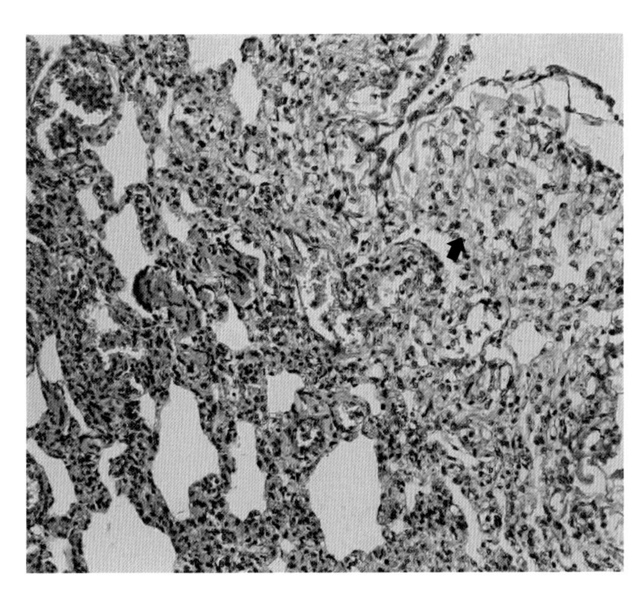

200×

肺： 肺组织大部分萎缩，肺泡消失，肺泡上皮细胞肿胀、坏死、脱落⬆

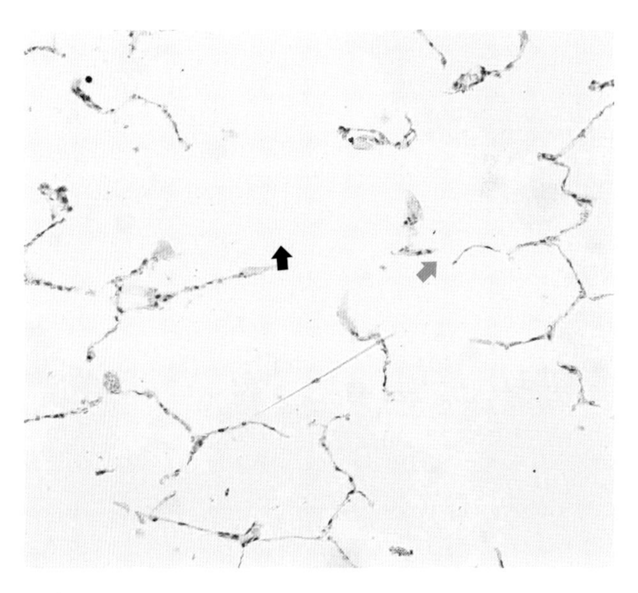

200×

肺： 肺泡显著增大⬆，肺泡隔变薄、断裂⬆，典型肺气肿病变

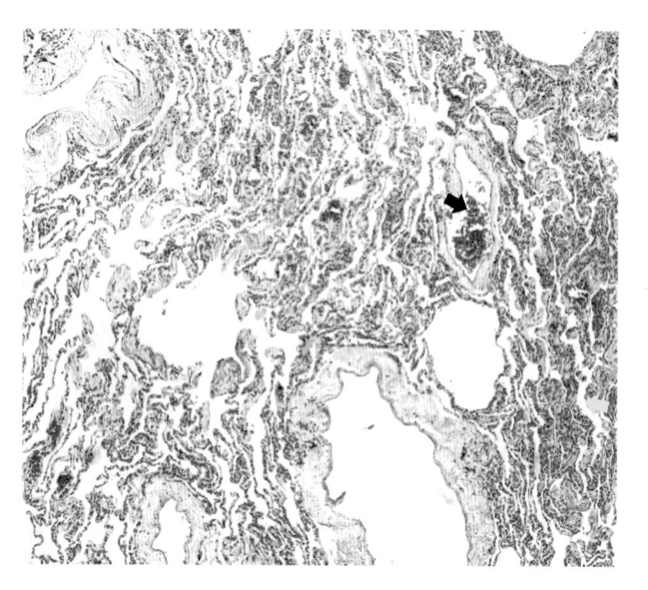

200×

肺：血管扩张、淤血⬆，肺泡轻度萎缩，肺泡隔增宽⬆，肺泡数量减少

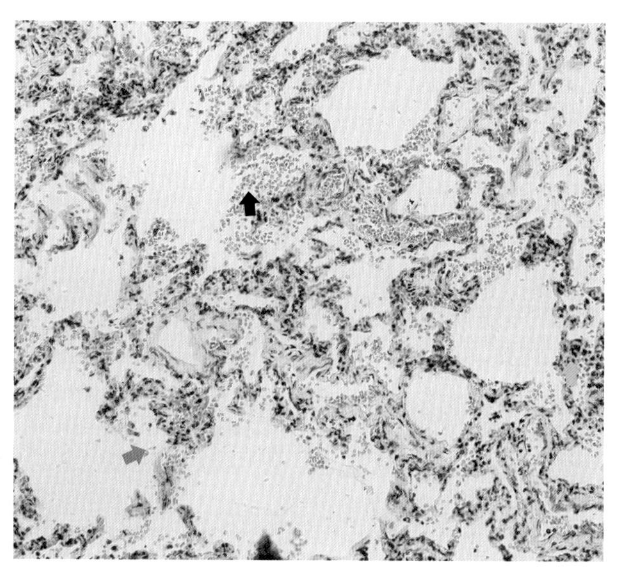

200×

肺：大量出血⬆，局部肺泡上皮细胞脱落⬆，肺泡壁增厚⬆

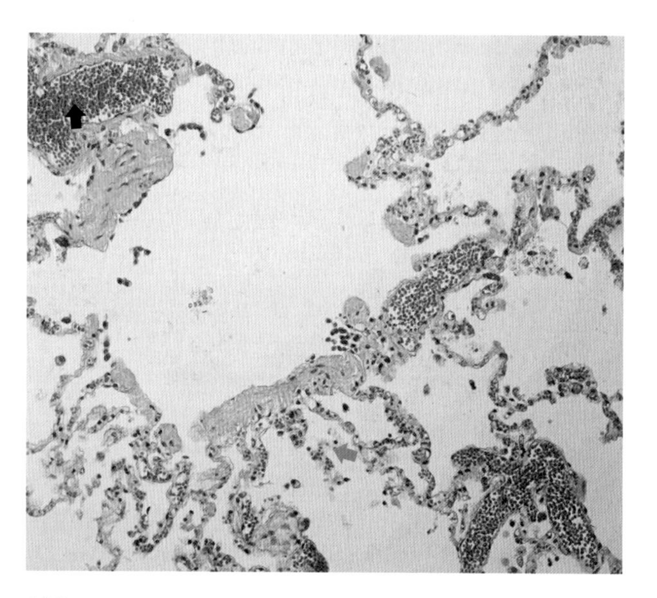

200×

肺：肺泡壁毛细血管扩张，严重充血⬆，肺泡上皮细胞脱落⬆，肺泡腔内少量浆液性渗出

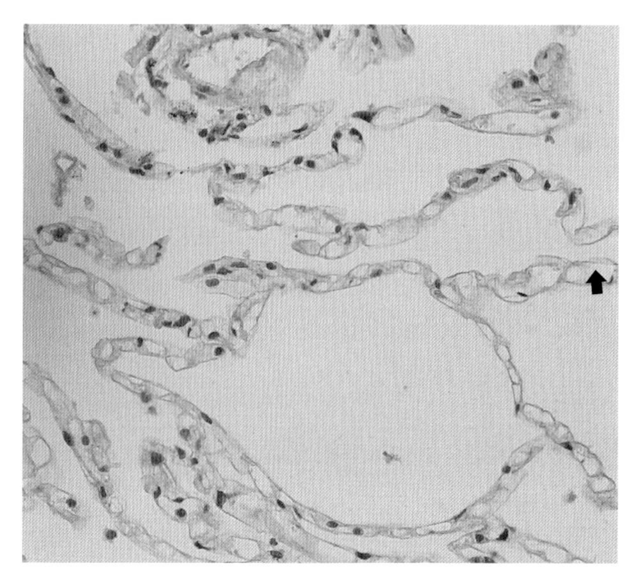

400×

肺：肺泡上皮广泛性气球样变⬆

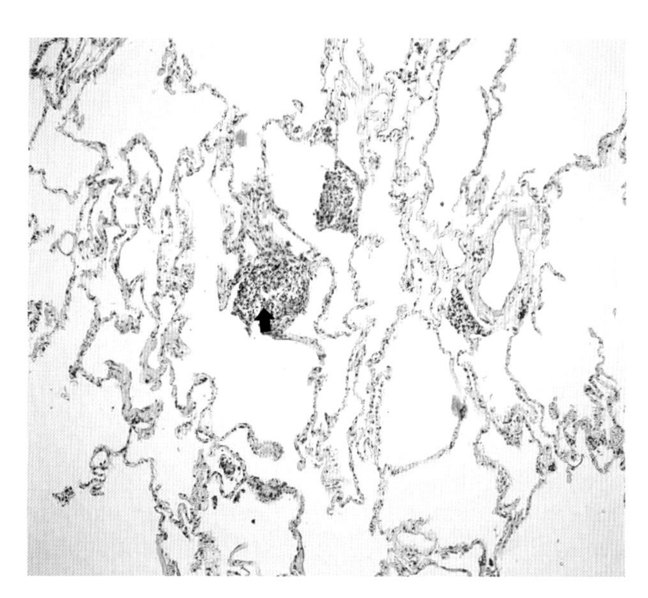

400×

肺：肺气肿。肺内出现大量结节样肉芽肿⬆

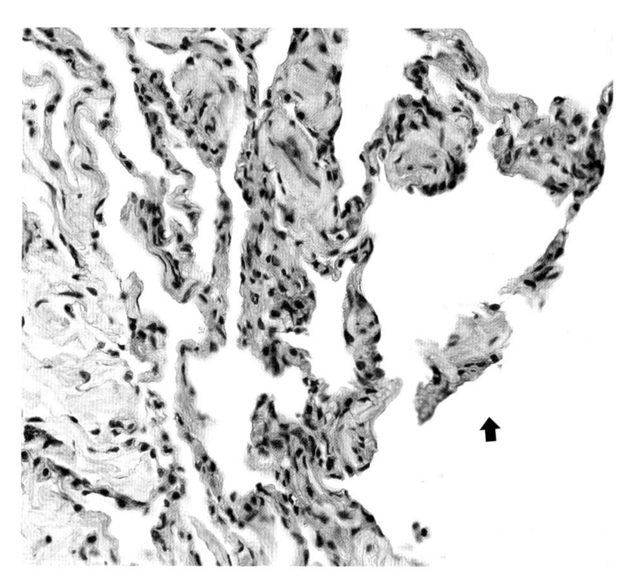

400×

肺：间质轻度水肿，部分肺泡扩张甚至融合⬆

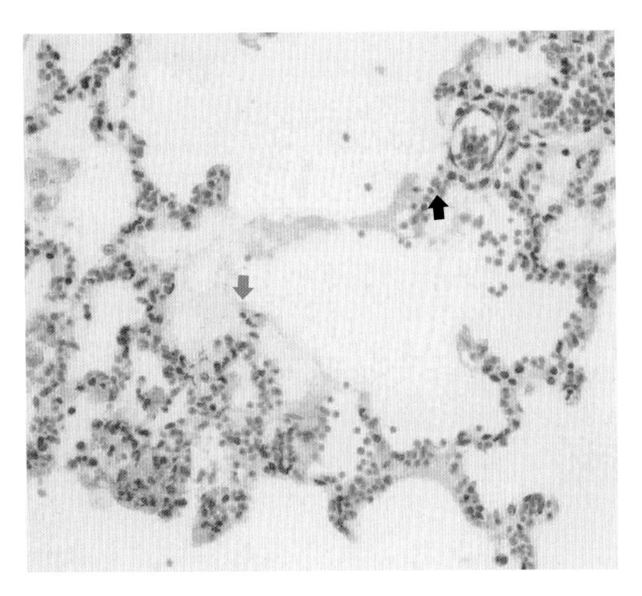

400×

肺：肺泡壁毛细血管出血⬆，肺泡腔有浆液性渗出物⬆

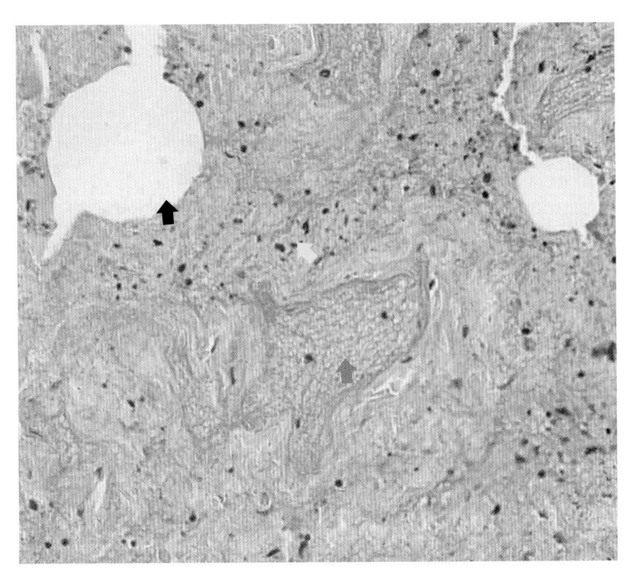

400×

肺：肺实变，肺组织出现空洞⬆，炎性细胞浸润⬆，肺泡腔内充满浆液—纤维素性渗出物及纤维结缔组织增生⬆

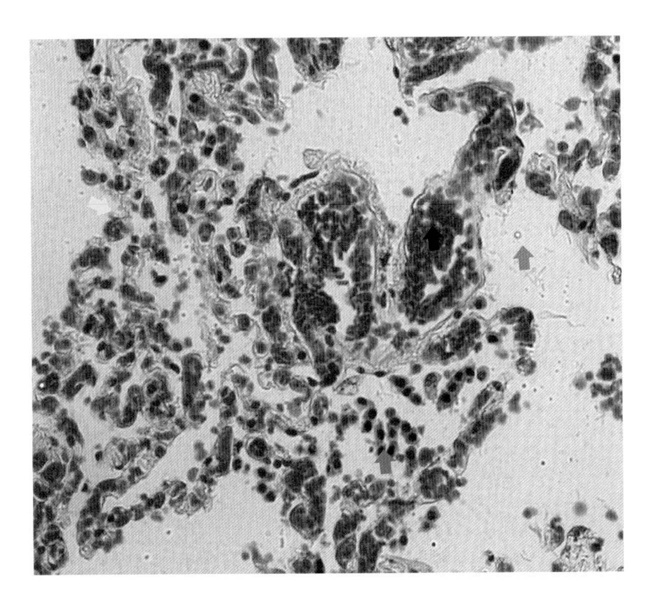

400×

肺：充血严重⬆，局部肺泡气肿⬆，可见部分肺泡隔断裂⬆，巨噬细胞浸润⬆

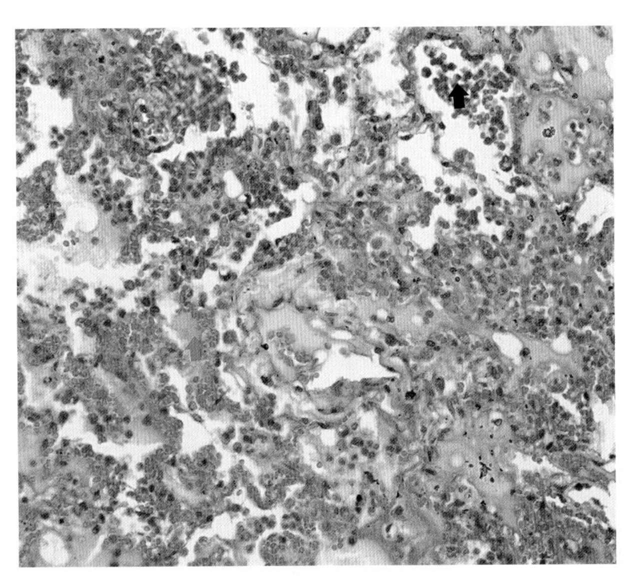

400×

肺：肺组织结构紊乱，弥漫性炎性细胞大量浸润⬆，肺泡数量显著减少且肺泡腔内充满浆液性渗出物⬆，为大叶性肺炎充血水肿期表现

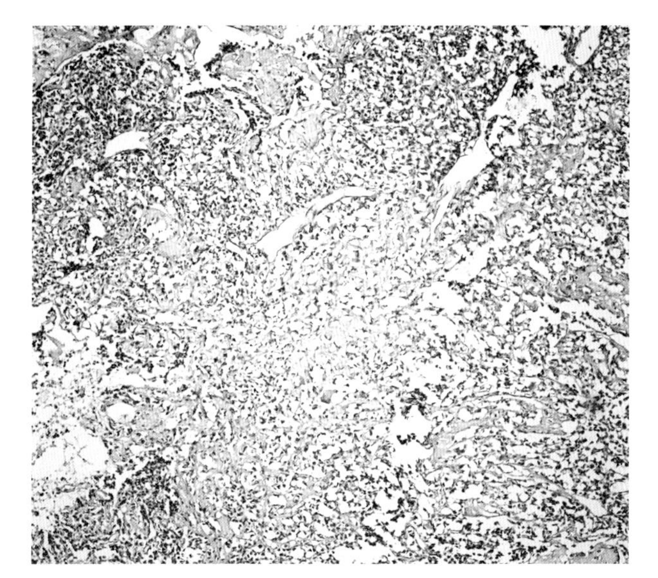

100×

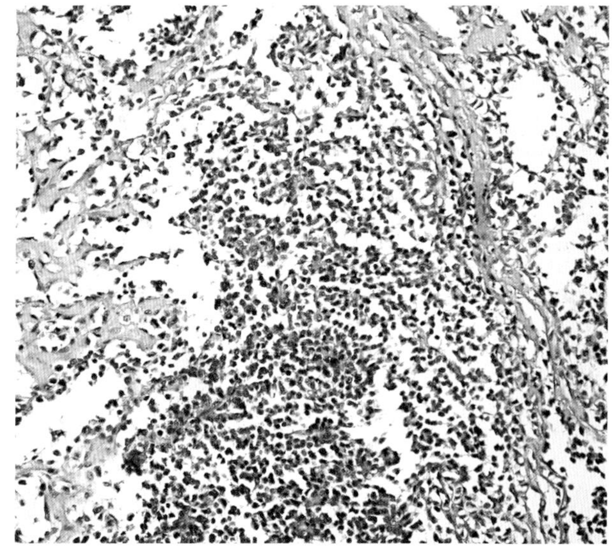

200×

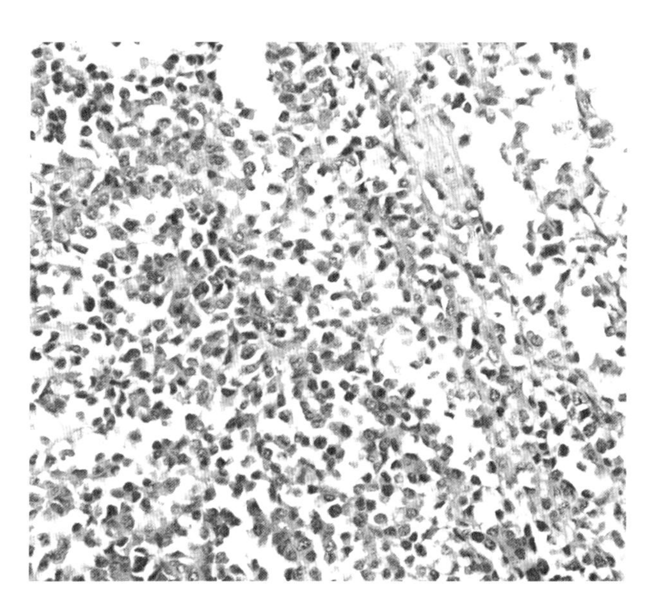

400×

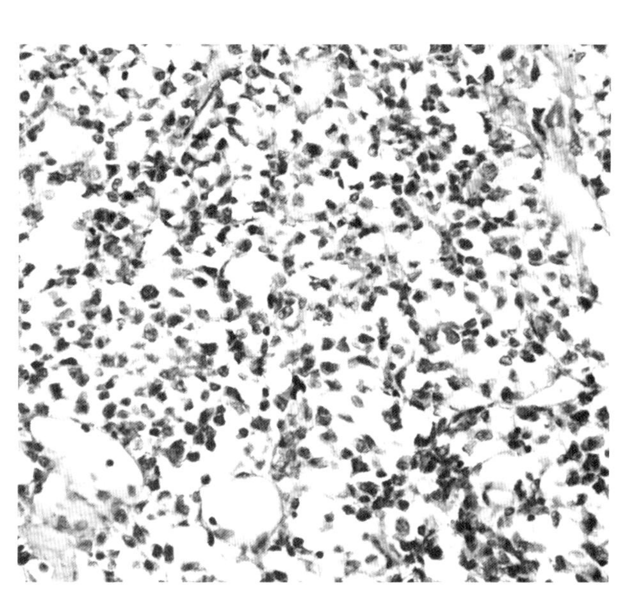

400×

肺：肺泡严重萎缩，绝大部分消失，纤维组织增生，局部可见恶性肿瘤转移，疑似卵巢粒层细胞和卵泡膜细胞瘤转移

第四章

Chapter 4

泌尿系统

泌尿系统由肾、输尿管、膀胱和尿道组成。

肾表面有由致密结缔组织构成的被膜。肾实质分为浅层的皮质和深层的髓质。肾实质由大量的泌尿小管构成。泌尿小管包括肾单位和集合小管。肾单位由肾小体和肾小管构成，肾小体分为血管球和肾小囊两部分，血管球为有孔毛细血管，肾小囊分为内外两层，内层为脏层，外层为壁层，两者之间为肾小囊腔。肾小管包括近端小管、细段和远端小管。

排尿管道的管壁由黏膜、肌层和外膜构成。

泌尿系统常见的病理损伤见于肾脏和膀胱。

肾脏的主要病理变化

肾小球毛细血管内皮细胞和系膜细胞肿胀、增生；肾小球体积增大，缺血，毛细血管壁增厚，毛细血管腔闭塞，血管萎缩、塌陷、坏死；肾小球纤维化，出现玻璃样变；纤维素性血栓形成。肾小囊扩张，囊腔内可见炎性细胞、红细胞、浆液、纤维素；肾小囊上皮细胞增生，形成新月体。肾小管上皮细胞变性、坏死、脱落。肾间质充血、水肿、炎性细胞浸润。

膀胱的主要病理变化

膀胱黏膜层结构不完整，炎性细胞浸润，黏膜上皮脱落，黏膜下层弥漫性出血，血管壁疏松、充血、水肿、炎性细胞浸润。

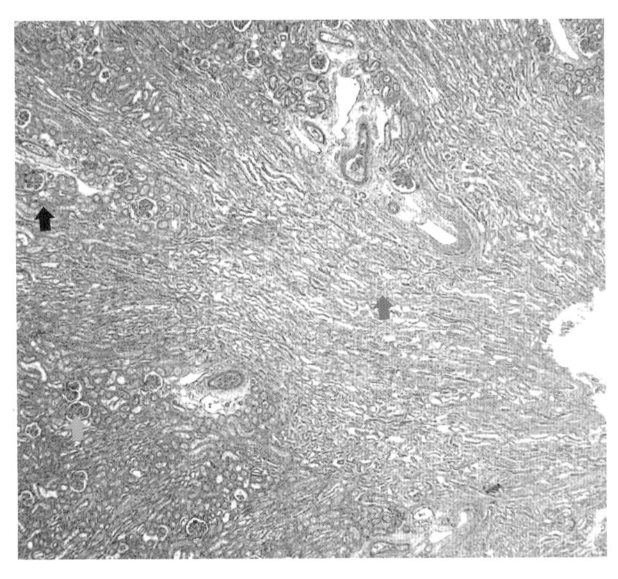

40×

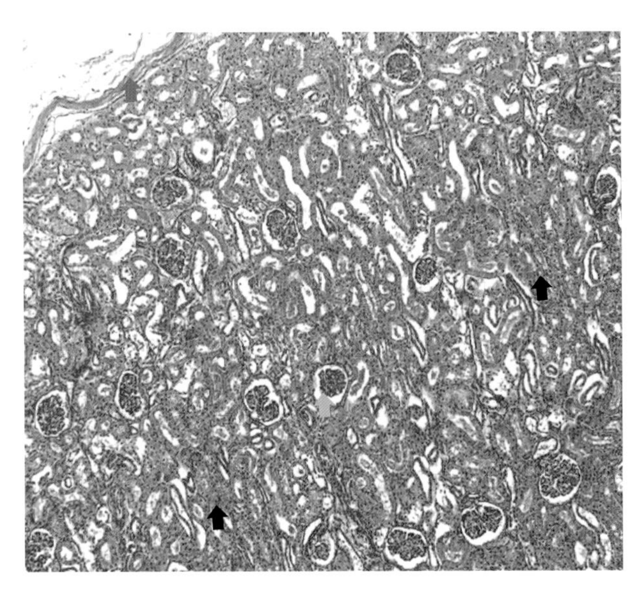

100×

肾脏：可见肾皮质⬆、肾髓质⬆、纤维膜⬆、肾小球⬆、皮质迷路⬆

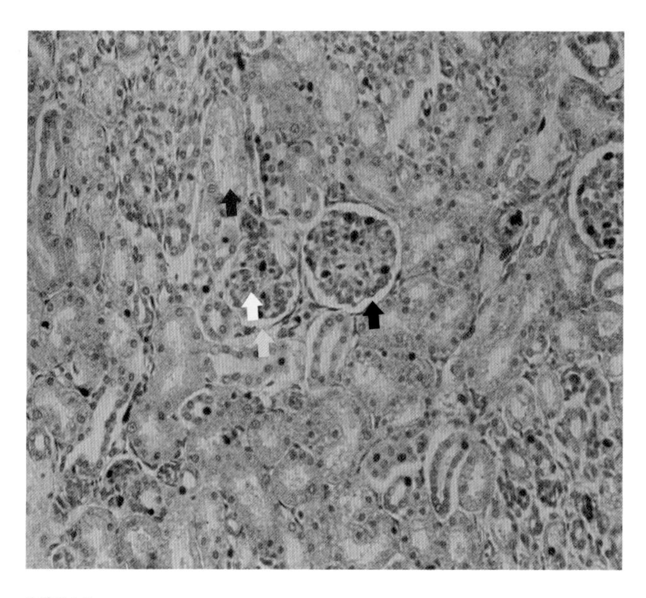

200×

肾脏： 可见肾小体⬆（血管球 、肾小囊⬆）、肾小管（近曲小管⬆、远曲小管⬆）

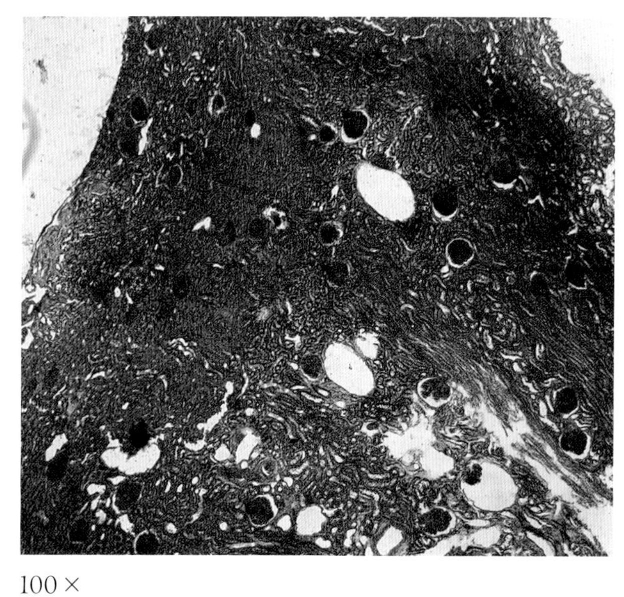

100×

肾脏： 部分肾小球萎缩，囊腔增宽

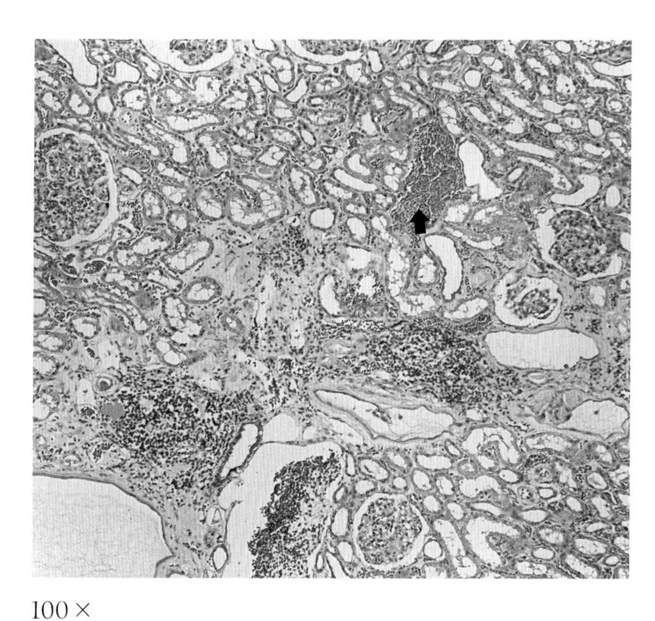

100×

肾脏： 广泛性充血⬆，炎性细胞局灶性浸润⬆

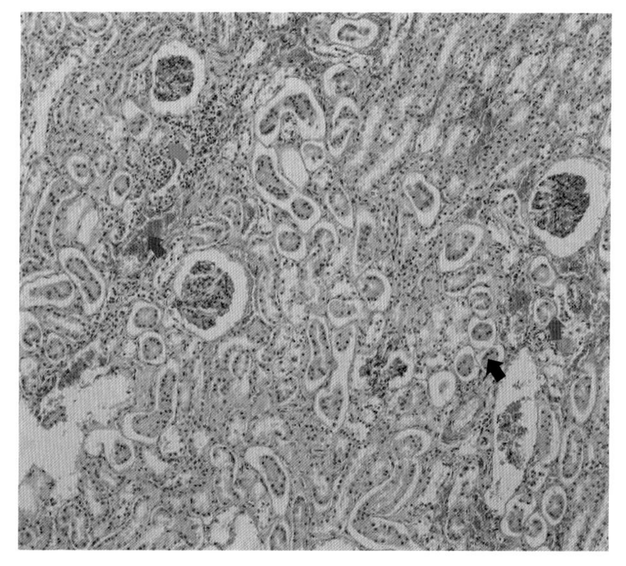

100×

肾脏： 肾小管上皮细胞脱落、部分坏死⬆、充血⬆，炎性细胞浸润⬆

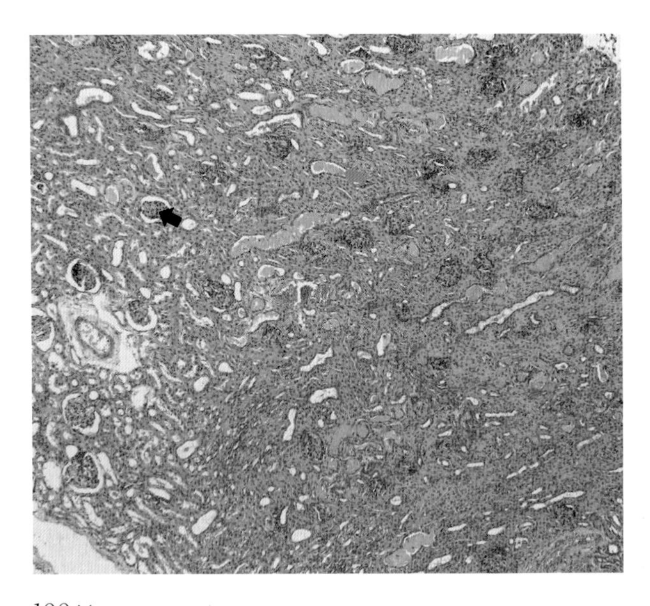

100×

肾脏： 肾间质纤维化，部分肾小球萎缩⬆，可见大量蛋白管型⬆，结构紊乱

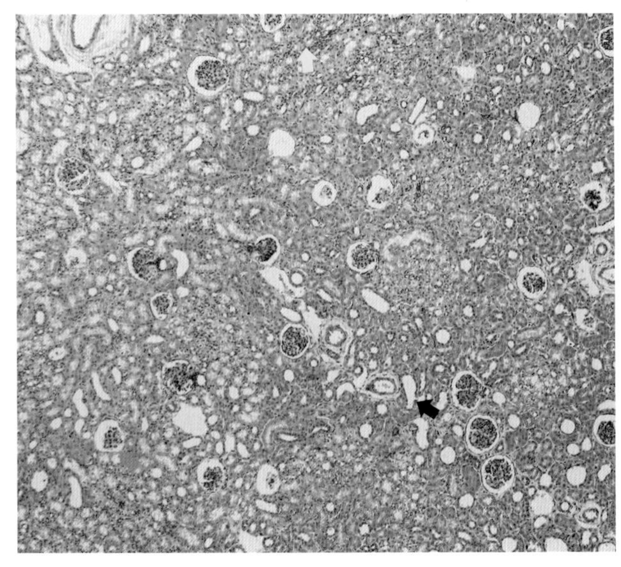

100×

肾脏： 肾间质纤维化，肾小管数量显著减少、代偿性显著扩张⬆，炎性细胞浸润⬆，部分肾小球萎缩⬆，为间质性肾炎

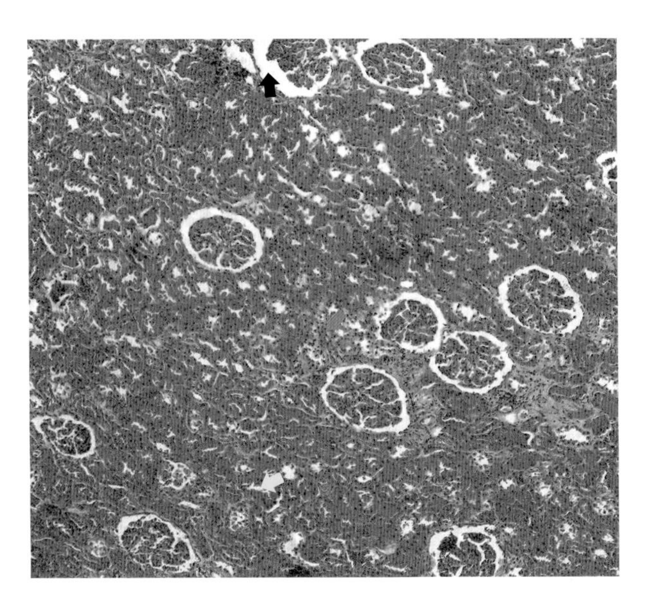

100×

肾脏： 肾小球轻度萎缩，囊腔扩张⬆；肾间质增生伴炎性细胞浸润⬆，为间质性肾炎；近曲小管染色增强⬆

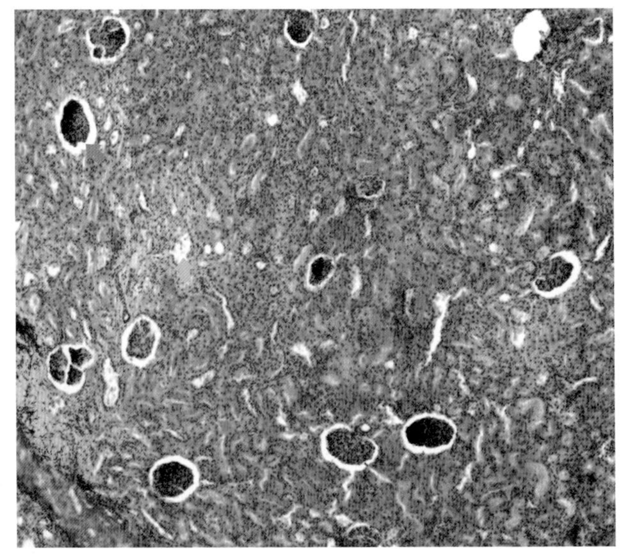

100×

肾脏： 肾整体性轻度萎缩，肾小管上皮细胞轻度脱落⬆，部分肾小球萎缩、囊腔扩张⬆，部分肾小球硬化

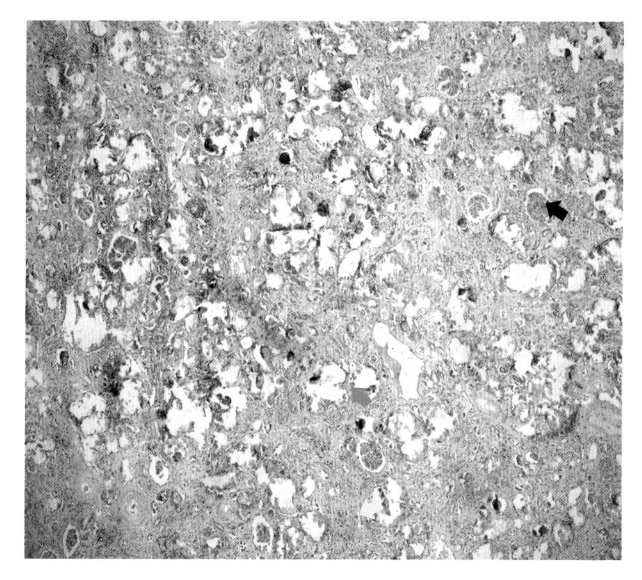

100×

肾脏：肾小球数量减少且萎缩⬆，肾小管数量显著减少且伴发肾小管上皮细胞坏死、脱落⬆。肾间质纤维增生取代大部分实质结构 ，坏死组织有矿化现象

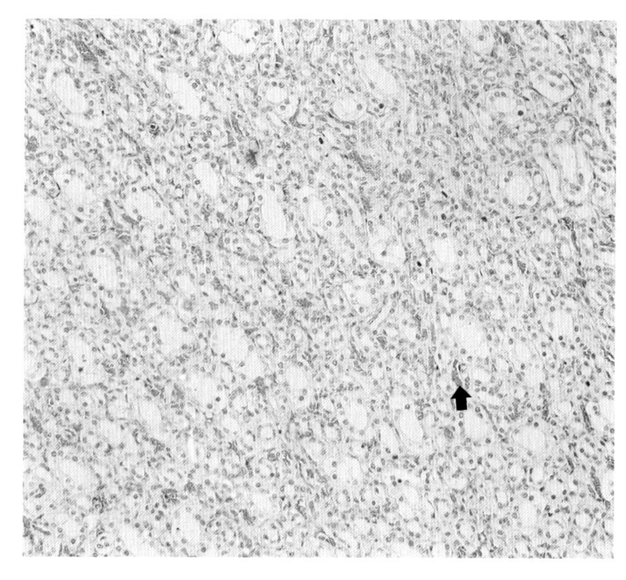

200×

肾脏：肾髓质区轻度充血⬆

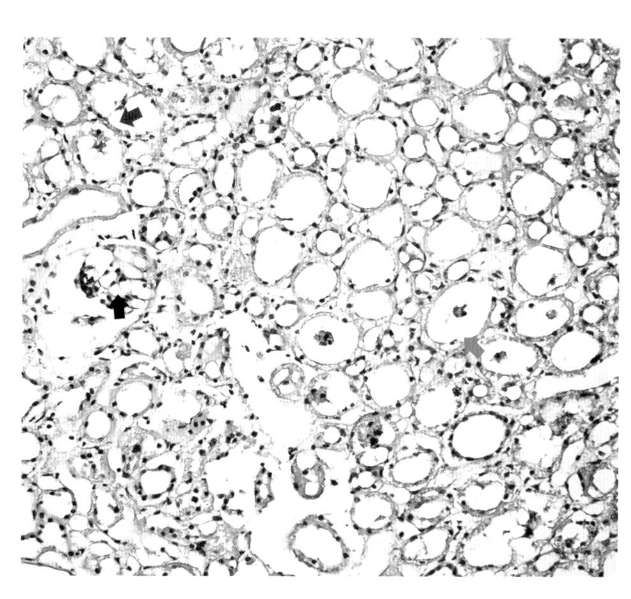

200×

肾脏：部分肾小球萎缩⬆，肾小管明显扩张⬆，可见蛋白尿 和细胞管型⬆

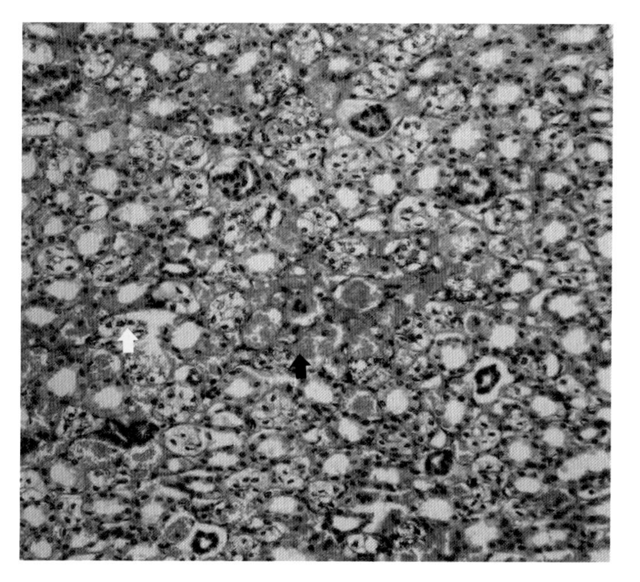

200×

肾脏：肾小管上皮细胞坏死、脱落 ，局部出血⬆

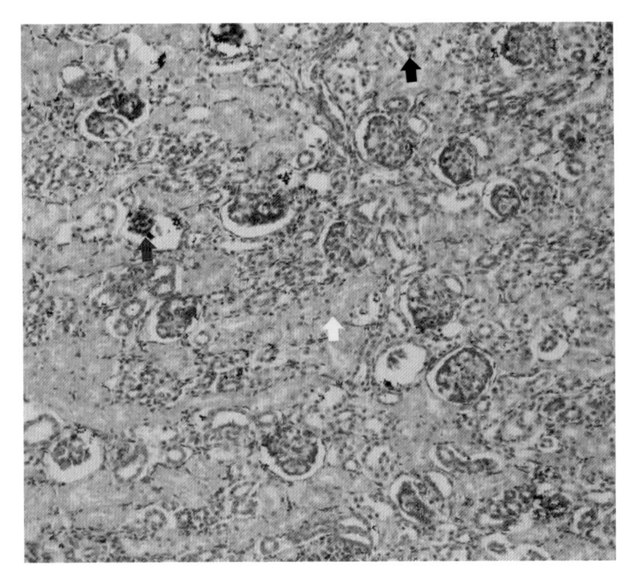

200×

肾脏：肾小球萎缩⬆，肾小管萎缩且数量减少⬆，肾间质增生，纤维化⬆

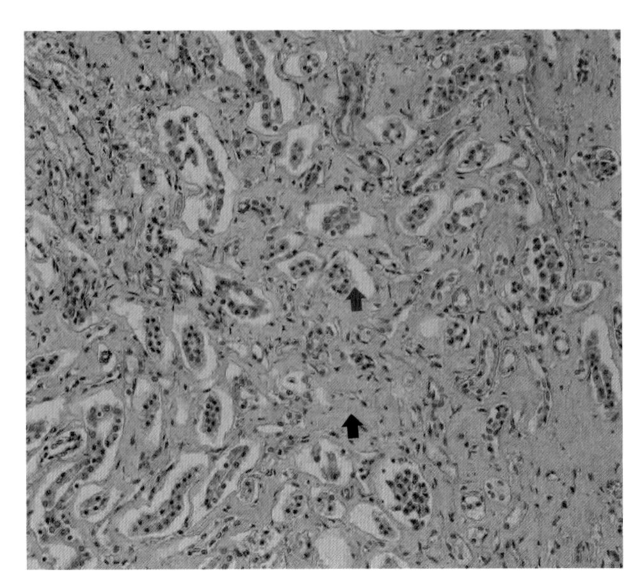

200×

肾脏：肾小管上皮细胞脱落⬆，肾间质增生，纤维化⬆

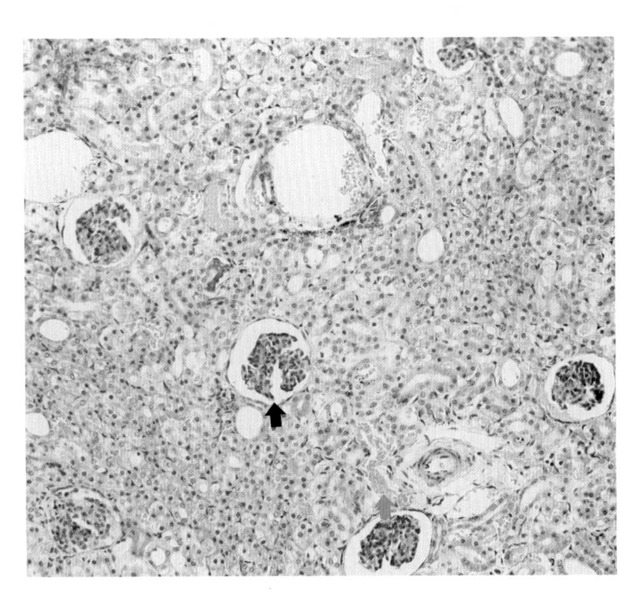

200×

肾脏：肾小球萎缩⬆，局部充血⬆

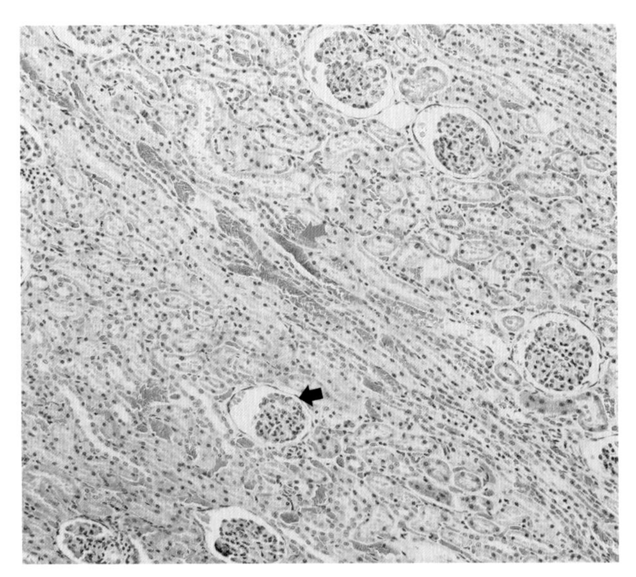

200×

肾脏：肾小球萎缩⬆，弥漫性充血⬆

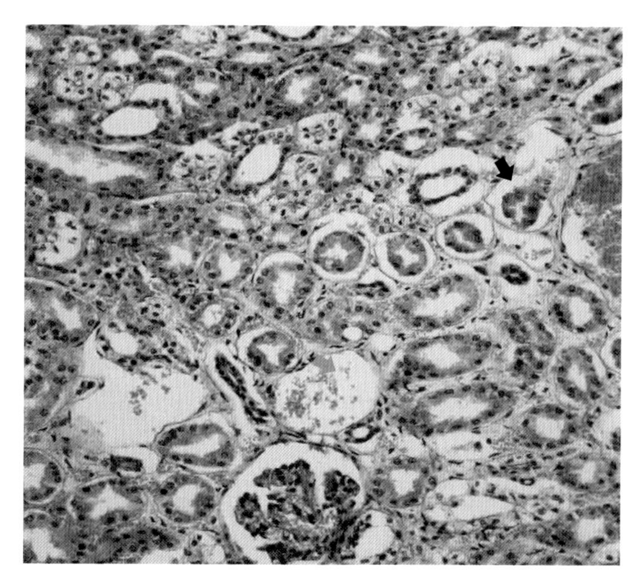

200×

肾脏： 肾小管上皮细胞坏死、脱落⬆，局部出血⬆

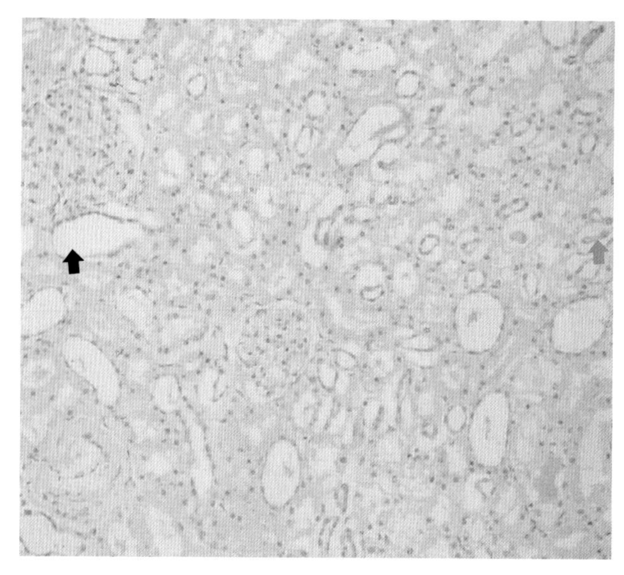

200×

肾脏： 肾小管管腔扩张⬆，上皮细胞脱落⬆

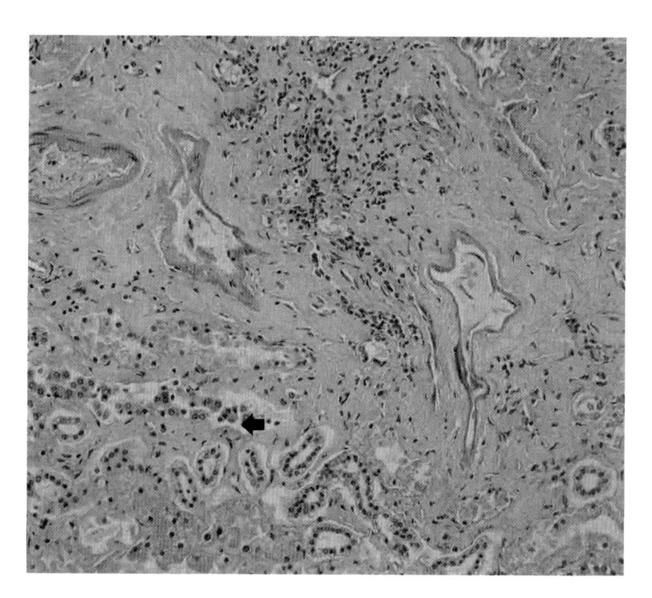

200×

肾脏： 肾小管上皮细胞脱落⬆，可见炎性细胞浸润⬆

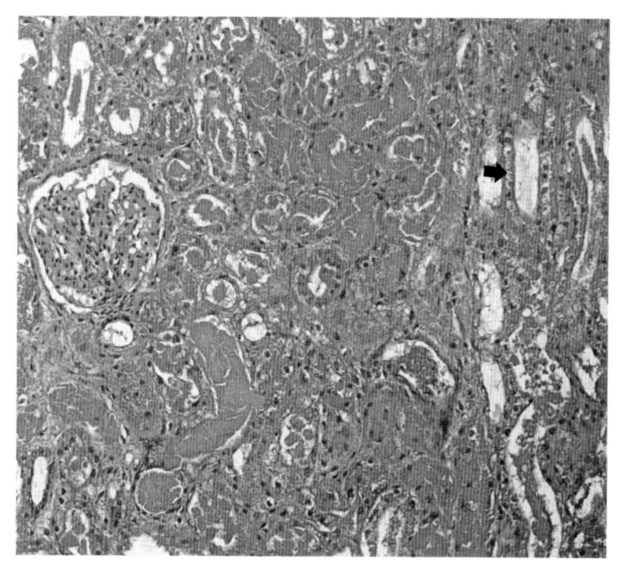

200×

肾脏： 大量肾小管可见蛋白管型⬆，肾小管上皮细胞空泡变性⬆

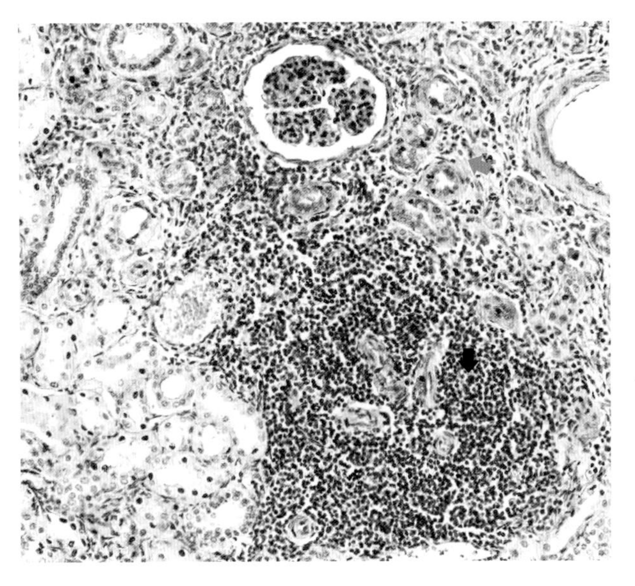

200×

肾脏：大量炎性细胞浸润⬆、纤维组织增生⬆，呈慢性肾炎表现

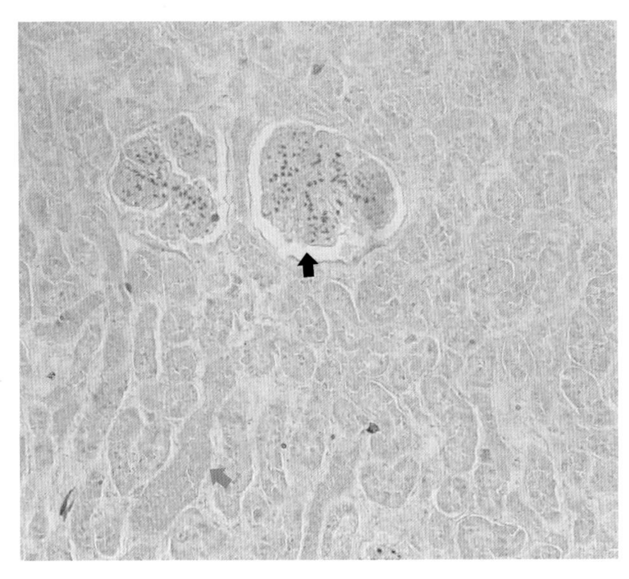

200×

肾脏：肾小球肿胀，部分细胞空泡变性⬆，肾小管肿胀，胞核着色浅⬆

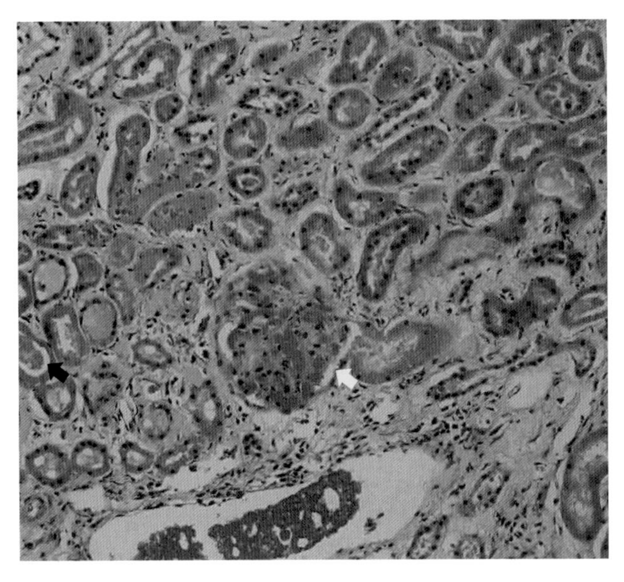

200×

肾脏：肾小管可见蛋白管型⬆、出血⬆，肾小球充血、肿胀⬆

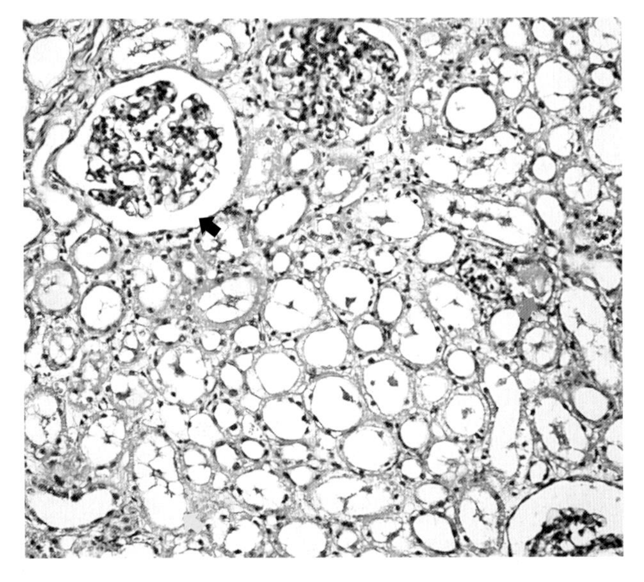

200×

肾脏：肾小球轻度肿胀⬆，肾小管明显扩张⬆，可见蛋白尿⬆

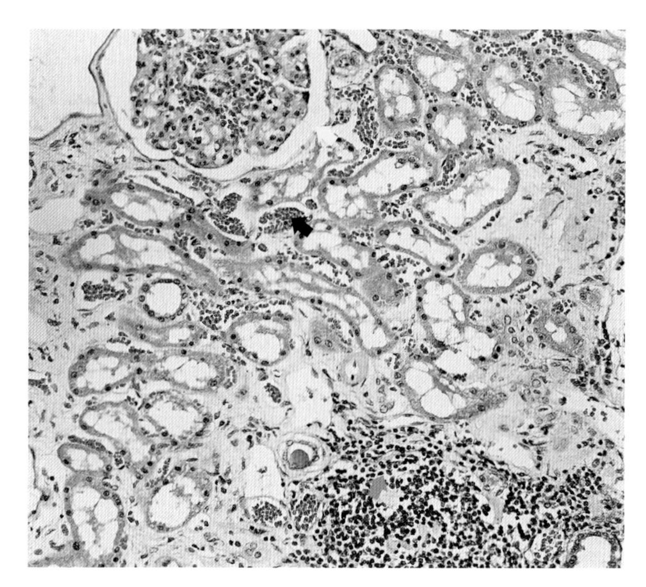

200×

肾脏： 肾广泛性充血、出血⬆，局灶性炎性细胞浸润⬆，部分肾小囊腔扩张

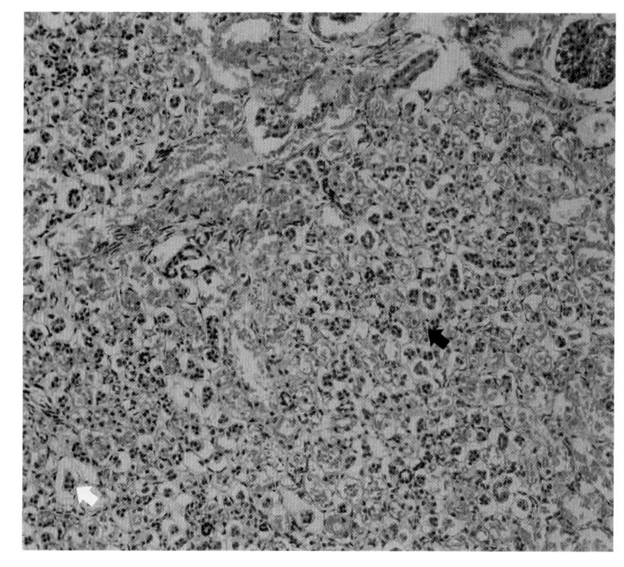

200×

肾脏： 大部分肾小管上皮细胞坏死、脱落⬆，可见大量细胞管型 ，严重淤血⬆

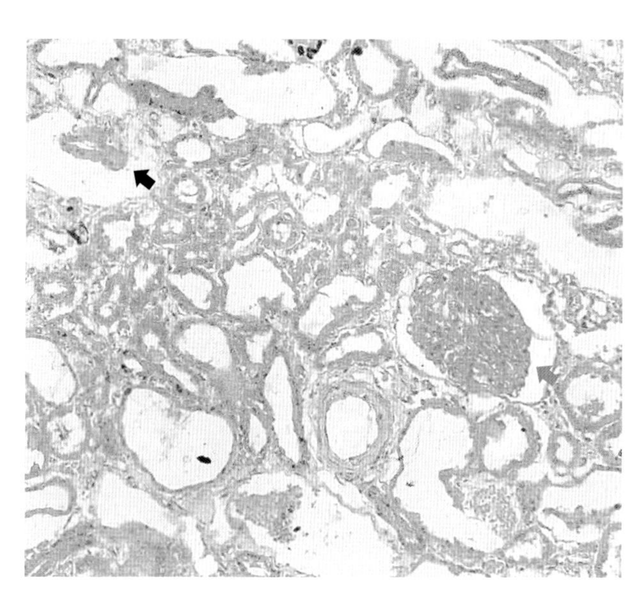

200×

肾脏： 肾小管重度扩张、数量减少，部分肾小管上皮细胞脱落⬆，肾小囊腔扩张⬆

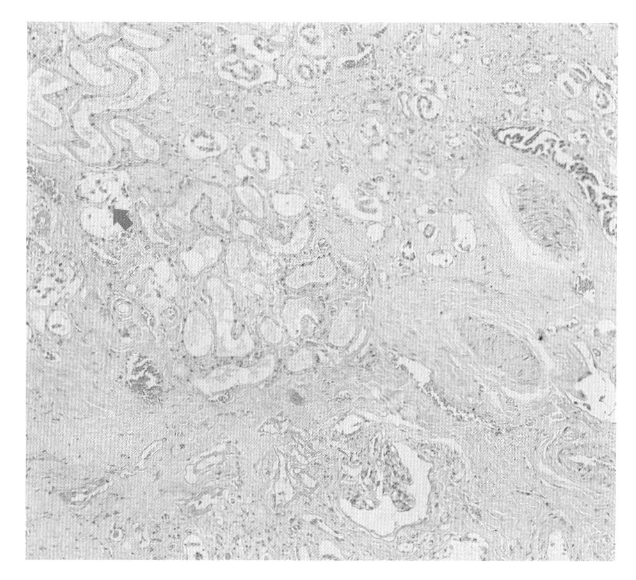

200×

肾脏： 肾纤维化，肾小管及肾小球数量显著减少，且肾小管上皮细胞脱落⬆

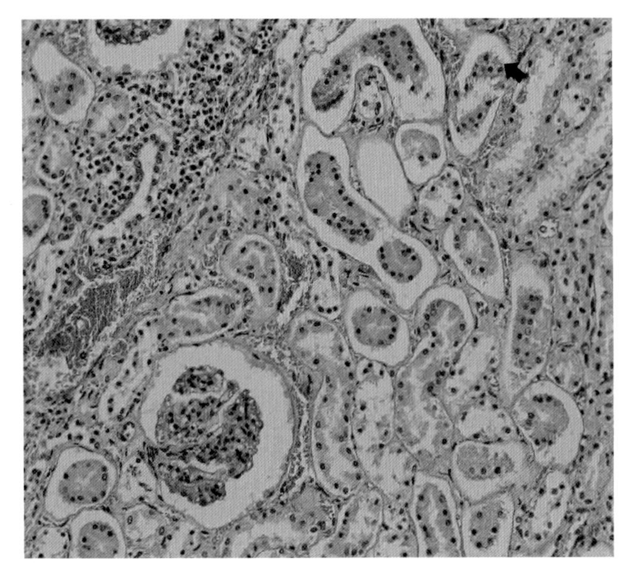

200×

肾脏：大部分肾小管上皮细胞坏死、脱落⬆，可见灶性炎性细胞浸润

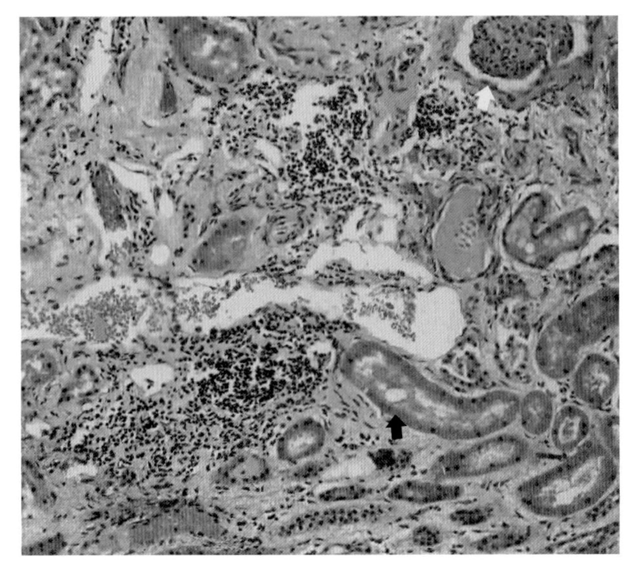

200×

肾脏：肾小管上皮细胞轻度脱落，可见大量蛋白管型⬆、出血⬆，肾小球萎缩，球囊壁增厚⬆

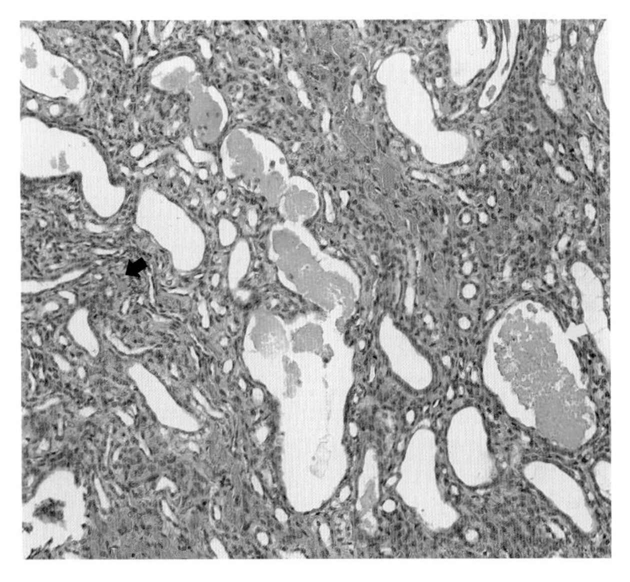

200×

肾脏：肾间质纤维化⬆、淤血⬆，肾小管数量显著减少，可见大量蛋白管型⬆，结构紊乱

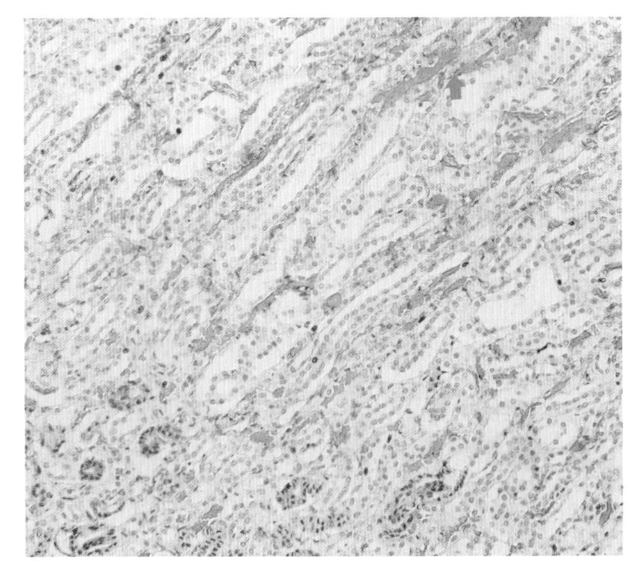

200×

肾脏：肾髓质区间质充血⬆，肾小管上皮细胞脱落

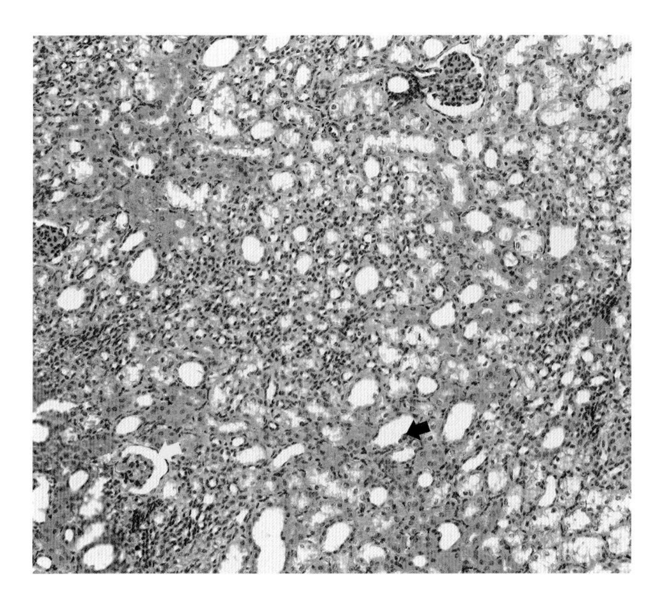

200×

肾脏： 肾间质纤维化，肾小管数量显著减少，代偿性显著扩张⬆，炎性细胞浸润⬆，部分肾小球萎缩 ，诊断为间质性肾炎

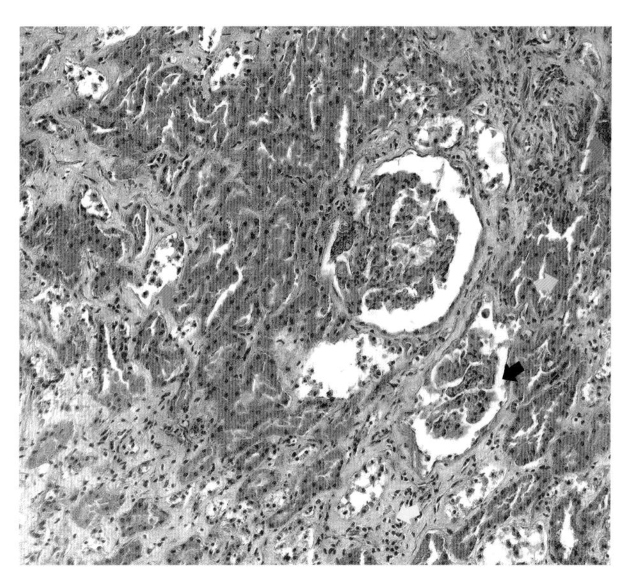

200×

肾脏： 肾小球萎缩，囊腔扩张⬆；部分肾小管上皮细胞脱落⬆，间质增生伴炎性细胞浸润 ；近曲小管染色增强⬆，色素沉积⬆，诊断为间质性肾炎

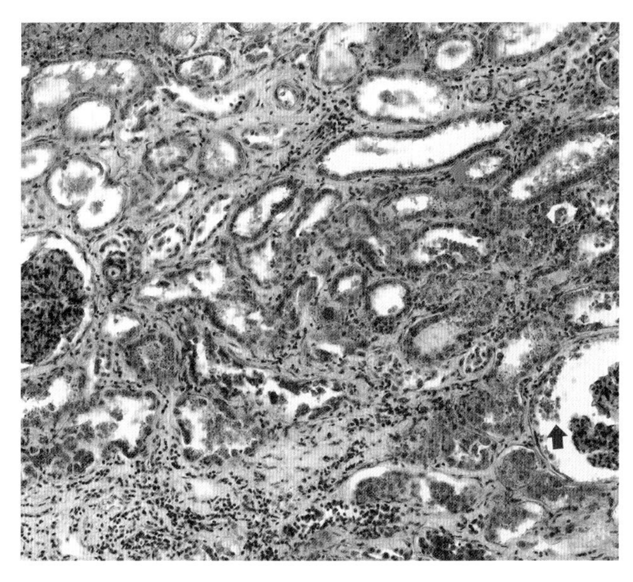

200×

200×

肾脏： 肾小球萎缩、肾小囊腔扩张，腔内可见细胞成分⬆。肾小管上皮细胞沉积大量棕褐色颗粒⬆。髓质区肾小管萎缩，数量减少，部分上皮细胞脱落⬆，间质增生⬆

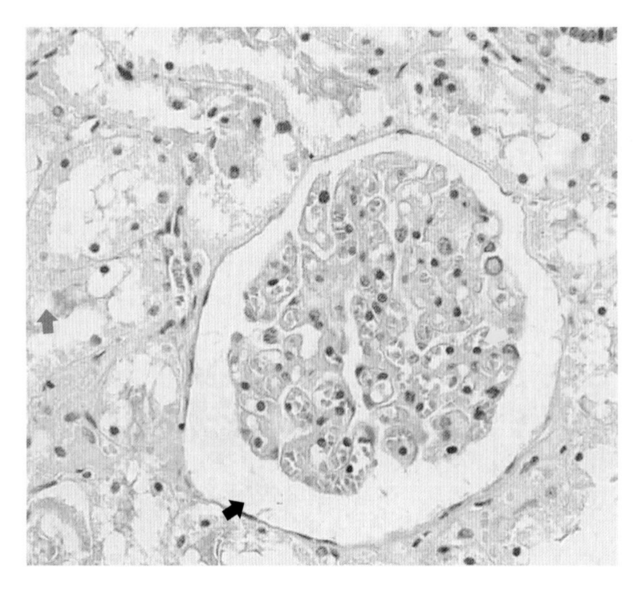

400×

肾脏： 肾小球轻度扩张⬆、充血⬆，肾小管上皮细胞空泡变性⬆

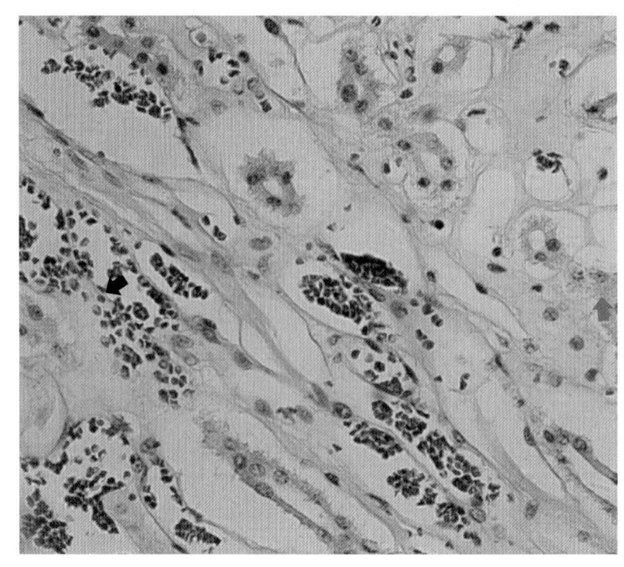

400×

肾脏： 肾髓质广泛性淤血⬆，肾小管上皮细胞脱落⬆

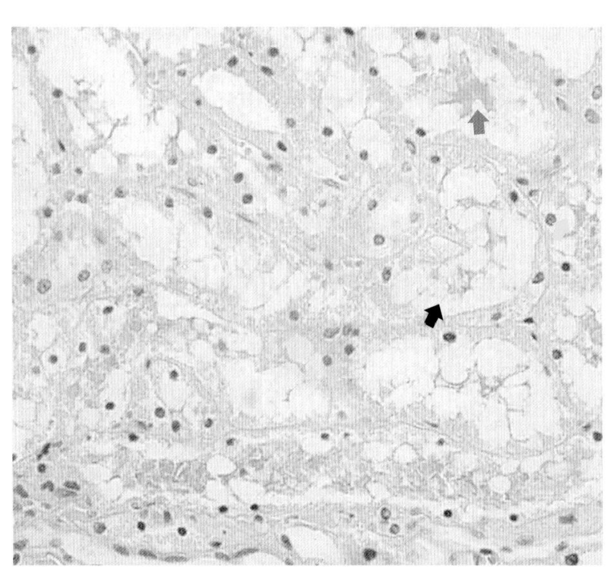

400×

肾脏： 肾小管扩张⬆，上皮细胞空泡变性⬆，可见蛋白尿⬆

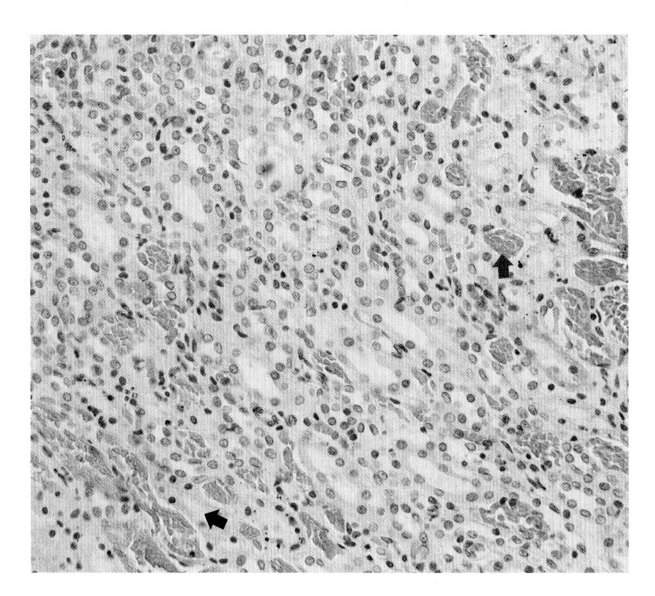

400×

肾脏： 髓质区肾小管萎缩⬆，弥漫性充血⬆

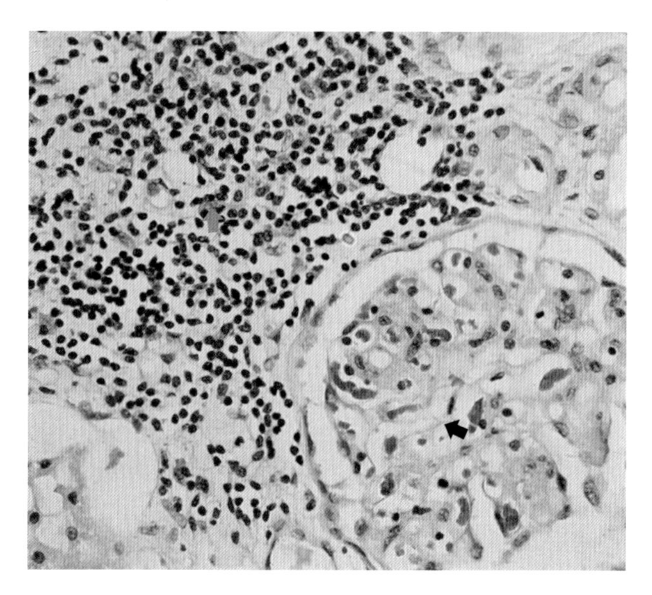

400×

肾脏： 肾小球肿胀⬆、淤血，间质炎性细胞浸润⬆

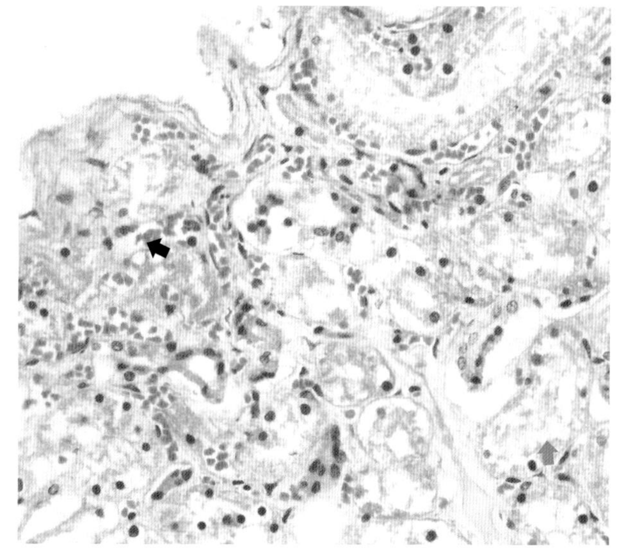

400×

肾脏： 肾轻度充血⬆，肾小管上皮细胞坏死、脱落⬆

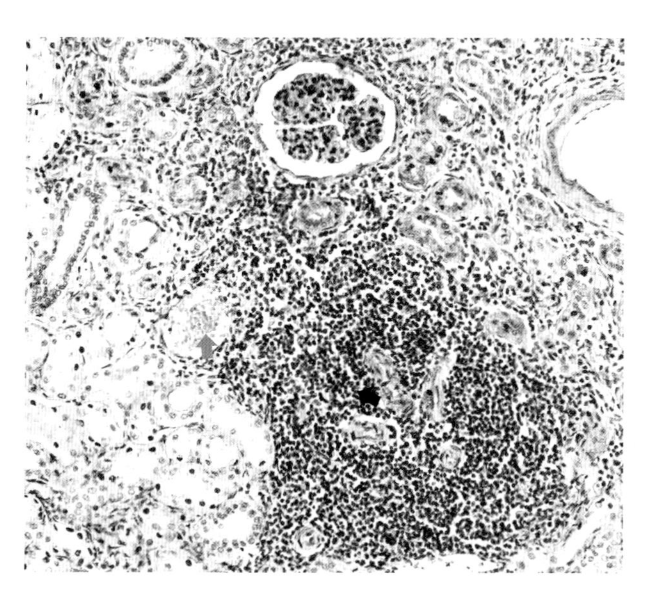

400×

肾脏： 大量炎性细胞浸润⬆，血管充血⬆，诊断为间质性肾炎

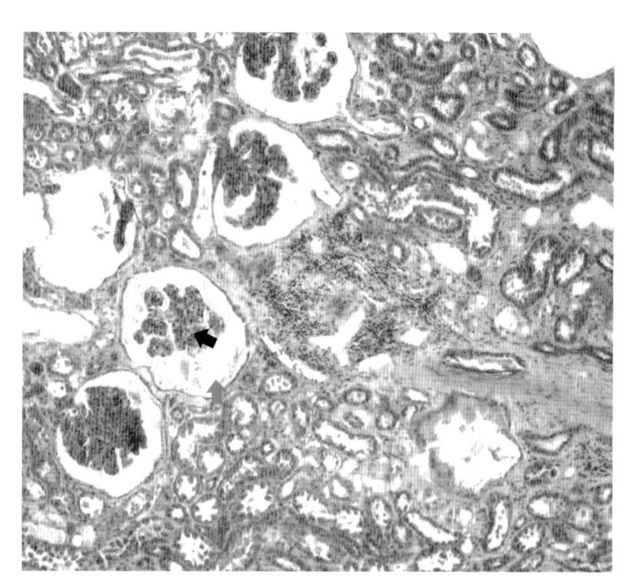

400×

肾脏： 肾小球严重萎缩⬆，囊腔扩张⬆

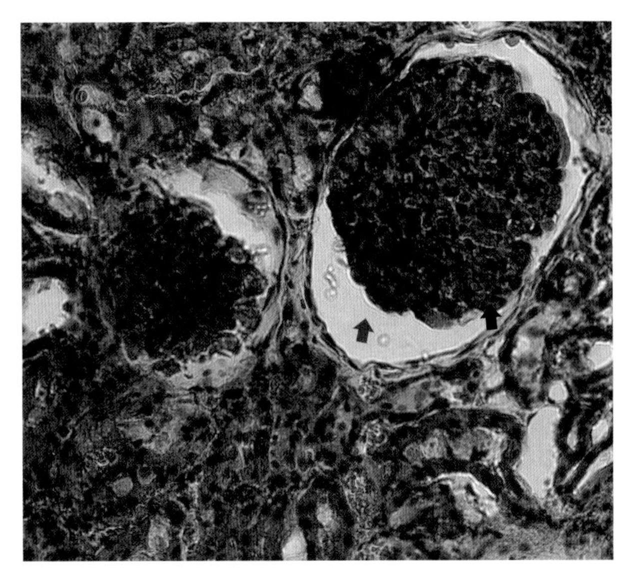

400×

肾脏： 囊壁内有渗出的液体⬆，部分肾小球毛细血管扩张、充血⬆

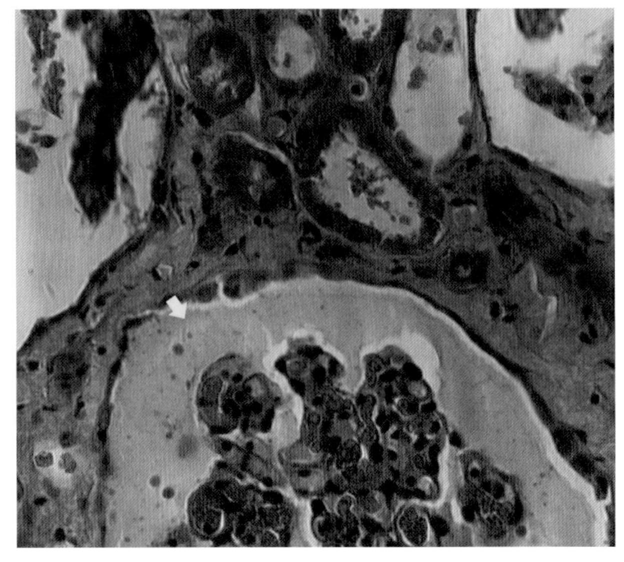

400×

肾脏： 肾小球萎缩，囊腔蛋白尿沉积⬆

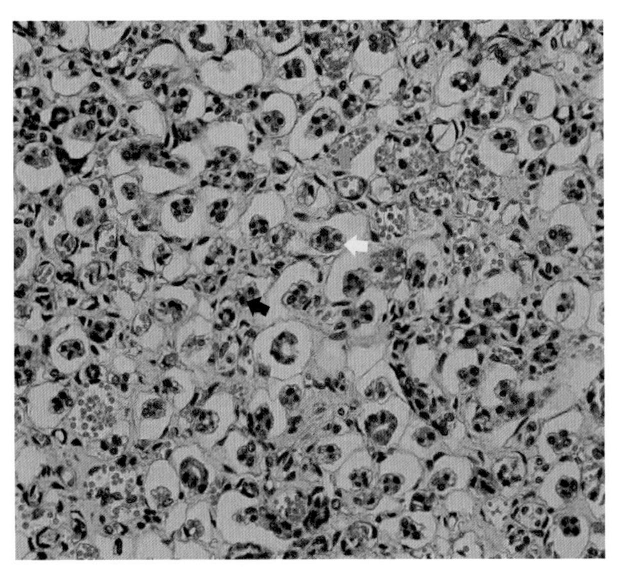

400×

肾脏： 弥漫性肾小管上皮细胞坏死、脱落⬆，形成大量细胞管型⬆，严重淤血⬆

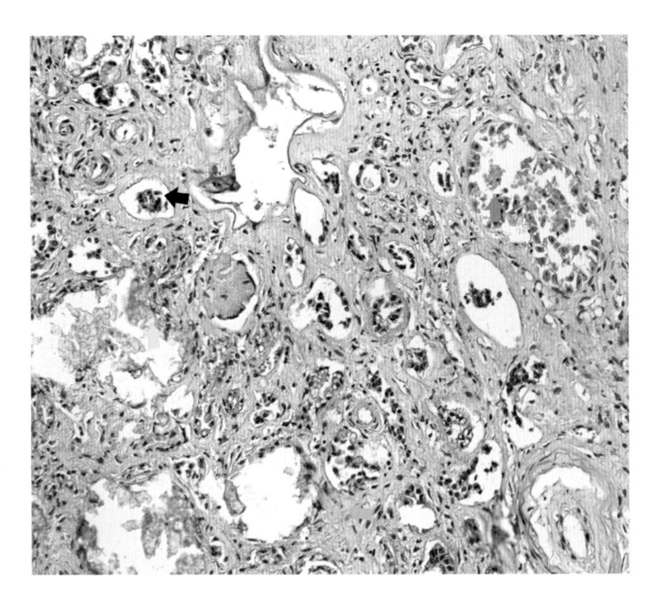

400×

肾脏： 肾萎缩。肾小球萎缩且数量减少，肾小囊增大⬆，肾小管数量显著减少且伴发肾小管上皮细胞坏死、脱落⬆，部分肾小管扩张，其内含褐色结晶样物质⬆。肾间质纤维组织增生取代大部分实质结构⬆

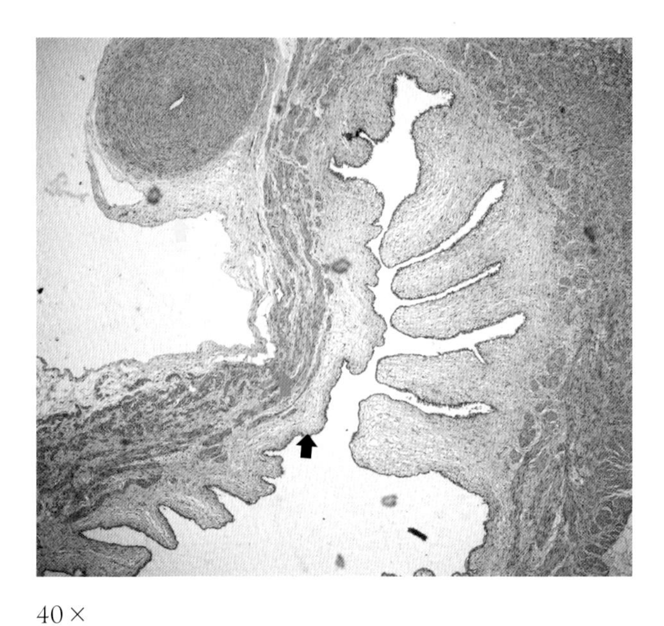

40×

膀胱：可见黏膜⬆（变移上皮、固有层）、肌层⬆（平滑肌）和外膜（结缔组织）

100×

膀胱：局部黏膜充血⬆，炎性细胞浸润⬆

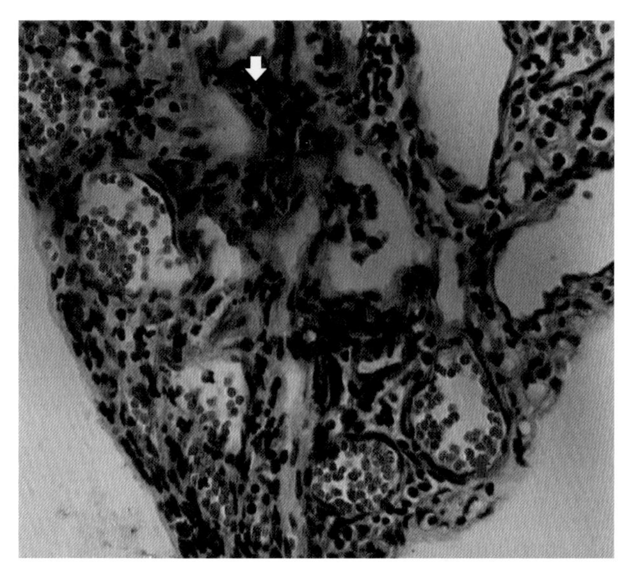

400×

膀胱：局部黏膜充血⬆，炎性细胞浸润

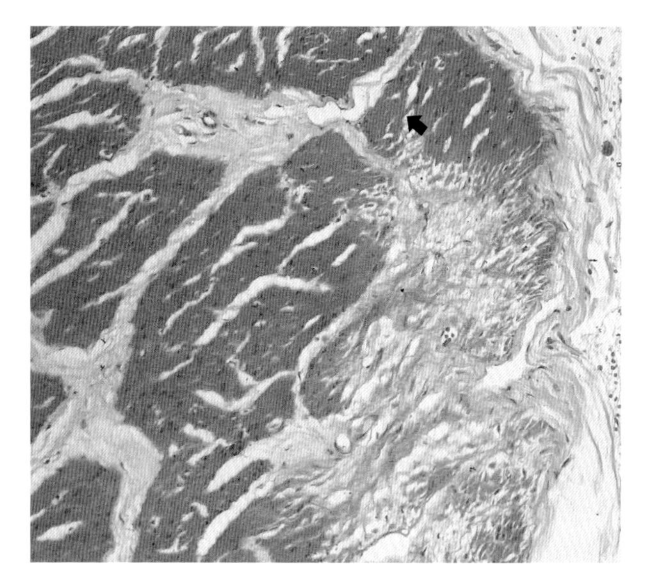

100×

膀胱：肌层灶性坏死⬆

第五章

Chapter 5

生殖系统

生殖系统分为雌性生殖系统和雄性生殖系统。雌性生殖系统包括卵巢、输卵管、子宫、阴道、尿生殖前庭和阴门。雄性生殖系统包括睾丸、附睾、输精管、尿生殖道、副性腺、阴茎、阴囊和包皮。

卵巢最外面为生殖上皮，其下为结缔组织形成的白膜，白膜下为浅层的皮质和深层的髓质。皮质内有不同发育阶段的卵泡，大致分为原始卵泡、初级卵泡、次级卵泡、三级卵泡和成熟卵泡，退化的卵泡为闭锁卵泡。髓质由结缔组织构成。输卵管、子宫、阴道的管壁由内向外依次为黏膜、肌层和外膜，其中子宫黏膜固有层可见丰富的子宫腺，阴道黏膜上皮为复层扁平上皮。

睾丸外被覆结缔组织被膜，结缔组织深入睾丸实质形成睾丸小隔，将睾丸分成若干个睾丸小叶，每个睾丸小叶内有数条生精小管（曲精小管）。生精小管的上皮是由生精细胞和支持细胞构成的复层上皮，生精细胞由外向内依次为精原细胞、初级精母细胞、次级精母细胞、精子细胞和精子。生精小管之间为间质组织（结缔组织），其内有间质细胞。附睾由输出小管和附睾管组成，附睾管腔面平整，为假复层纤毛柱状上皮，基膜明显，外有平滑肌。

生殖系统常见的病理损伤主要集中在卵巢、子宫、阴道和睾丸。

卵巢的主要病理变化

卵细胞变性、坏死，炎性细胞浸润以及卵巢囊肿形成。

子宫的主要病理变化

子宫黏膜血管扩张、充血、出血并有微血栓形成，子宫黏膜上皮细胞和子宫腺管上皮细胞变性、坏死、脱落，分泌亢进，炎性细胞浸润，纤维素渗出。子宫黏膜肥厚，大量淋巴细胞、浆细胞以及成纤维细胞增生。子宫腺管萎缩或消失，子宫黏膜变薄或子宫壁增厚。

阴道的主要病理变化

上皮细胞变性、坏死，阴道充血、出血、水肿，形成阴道息肉。

睾丸的主要病理变化

睾丸原有结构被化脓灶取代，广泛性坏死。睾丸实质中血管充血、出血，上皮细胞变性、坏死、脱落，间质浆液、纤维素渗出，炎性细胞浸润。生精小管基底膜玻璃样变或纤维化，生精小管上皮细胞消失，周围结缔组织增生。

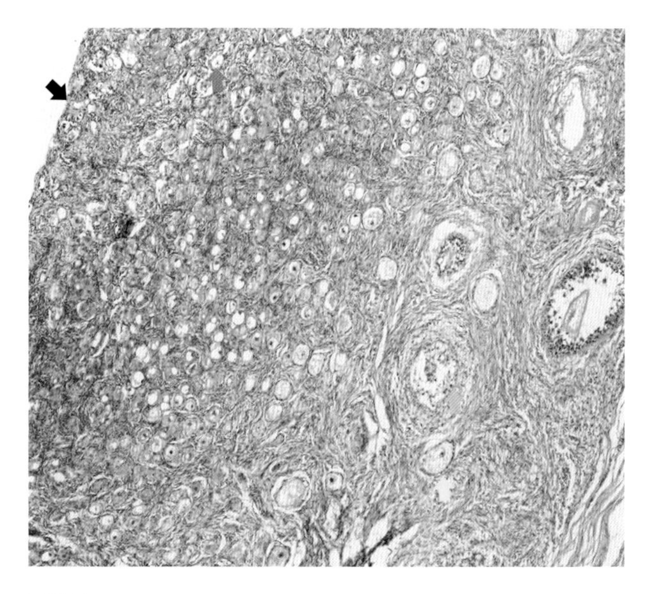

100×

卵巢： 可见被膜⬆、原始卵泡⬆、初级卵泡⬆、次级卵泡⬆

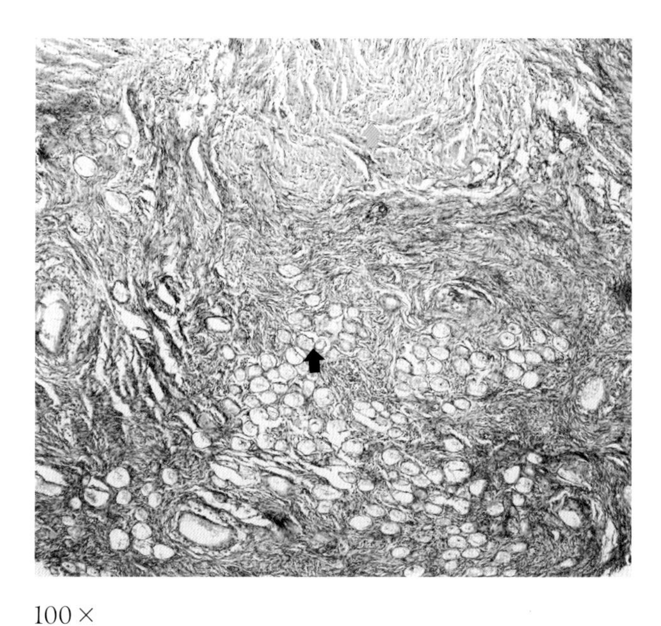

100×

卵巢： 可见大量原始卵泡⬆，其他卵泡少见，未见次级卵泡，纤维结缔组织增生⬆

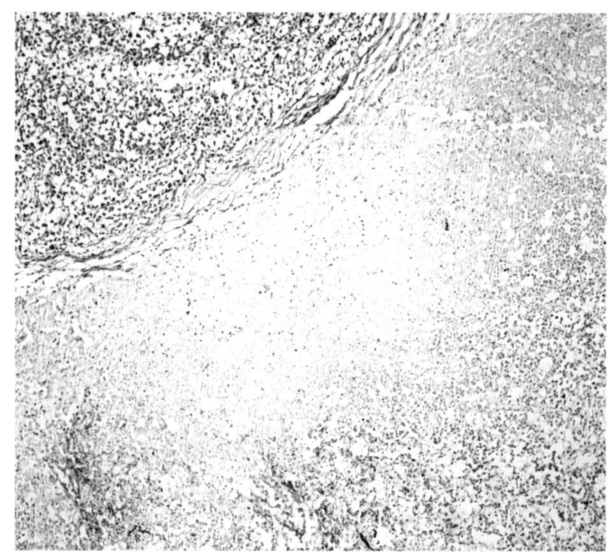

100×

卵巢： 左上半部为肿瘤区，其余大部分为坏死钙化区

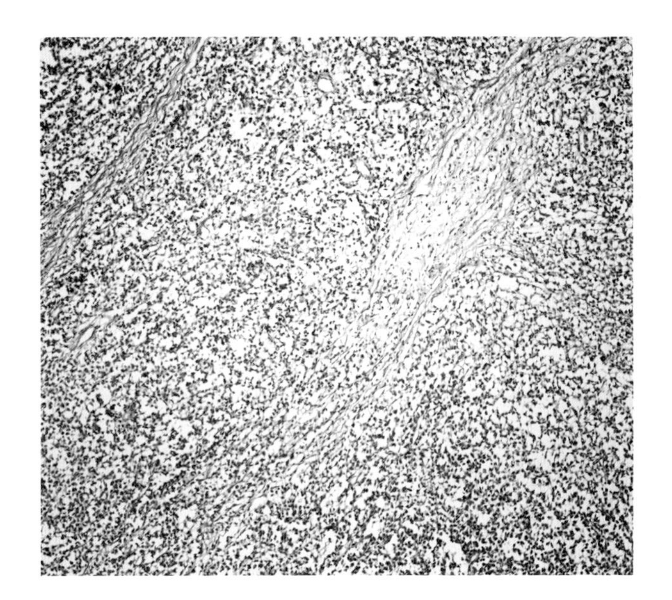

100×

卵巢：大量圆形或类圆形细胞呈巢状或索状增生，周边有纺锤形细胞增生伴胶原纤维形成，细胞异型性不明显，分裂象少见，初步诊断为卵巢粒层细胞和卵泡膜细胞瘤

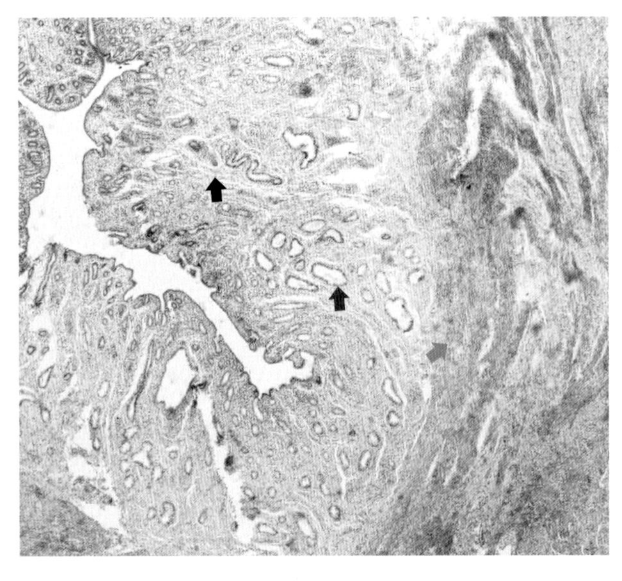

40×

子宫：可见黏膜⬆、肌层⬆、外膜，黏膜固有层有丰富的子宫腺⬆，子宫腺上皮多为单层柱状上皮

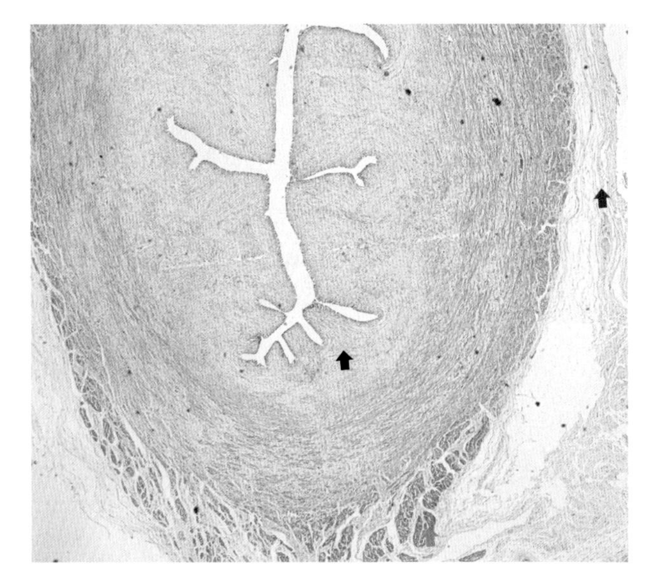

40×

阴道：可见黏膜⬆、肌层⬆、外膜⬆

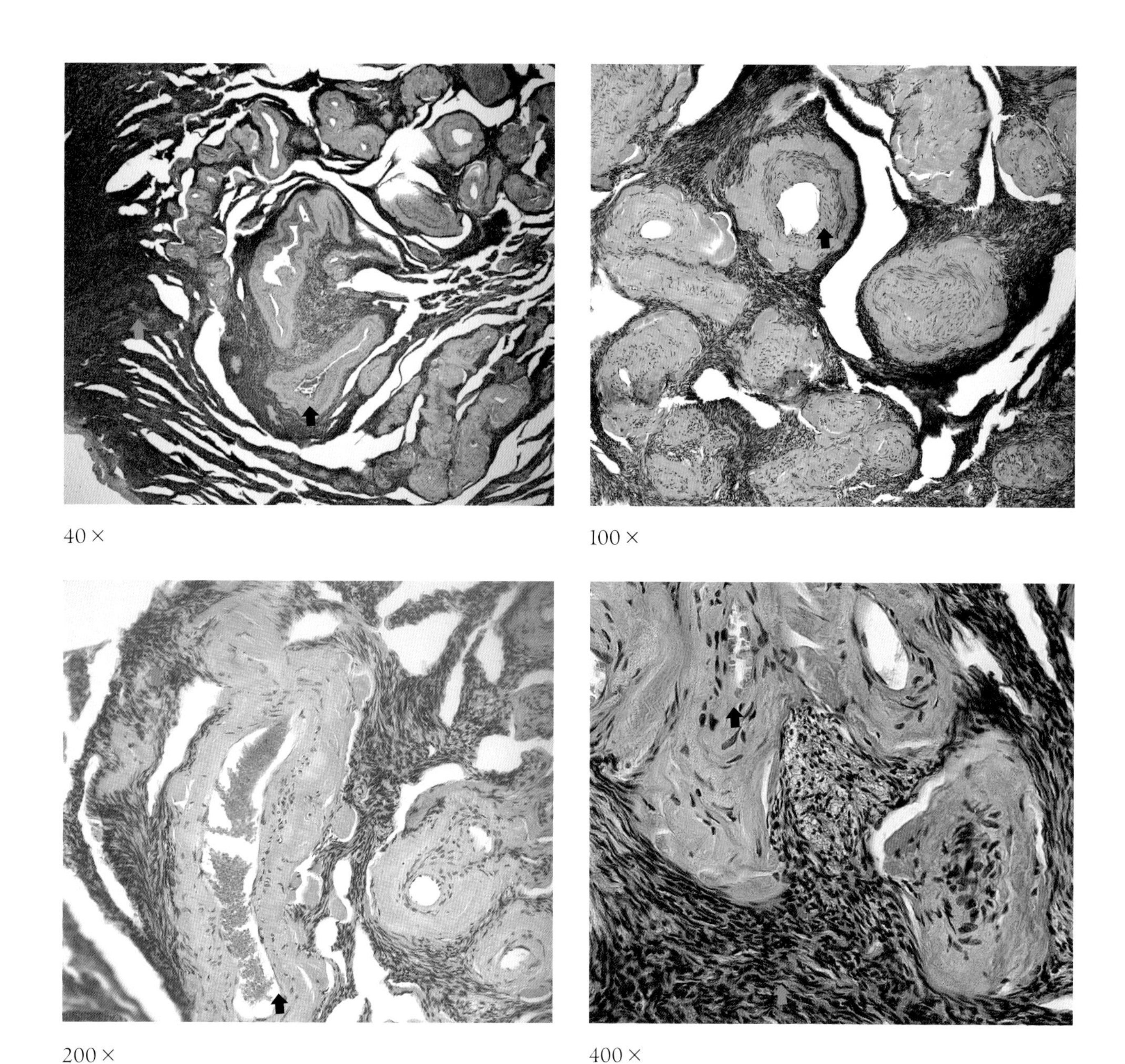

40×　　100×

200×　　400×

子宫肿块：肿块组织呈局灶性或片状分布，由呈编织状排列的梭形细胞束组成，胞质嗜酸性，核分裂象少见⬆。可见大量厚壁血管，有较大的裂隙样腔隙⬆。初步诊断为子宫高度富于细胞性平滑肌瘤（富细胞性平滑肌瘤）

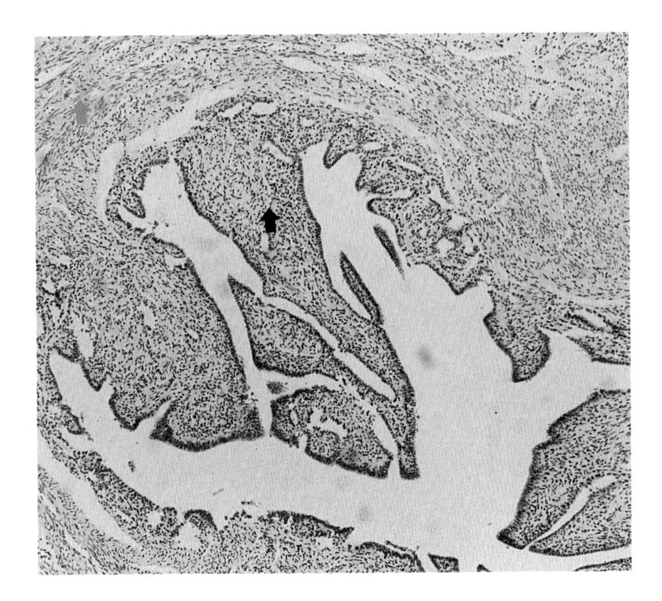

100×

输卵管：可见黏膜⬆、肌层⬆

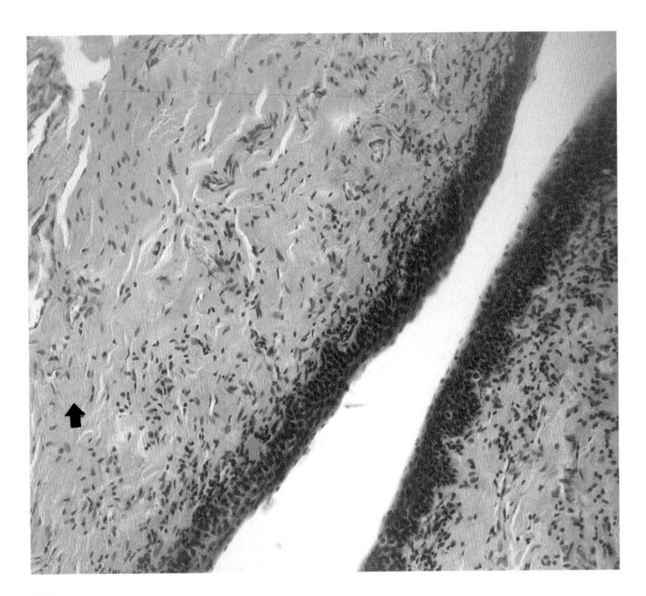

200×

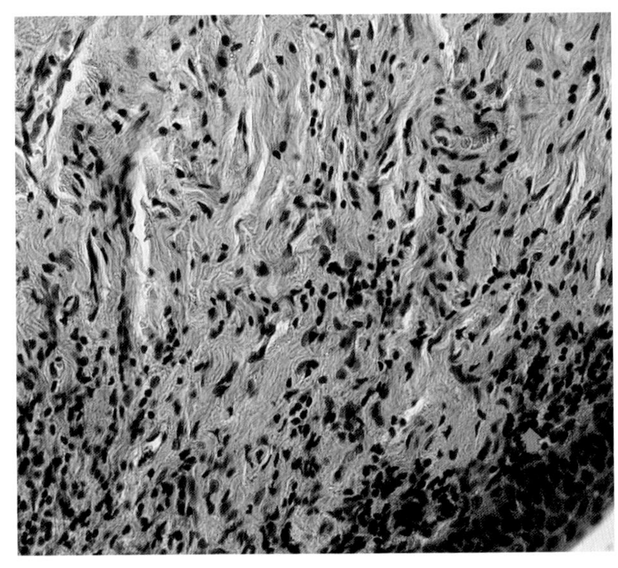

400×

阴道：阴道息肉。可见肌层增厚⬆，局部上皮组织增厚，其深层可见炎性细胞浸润⬆

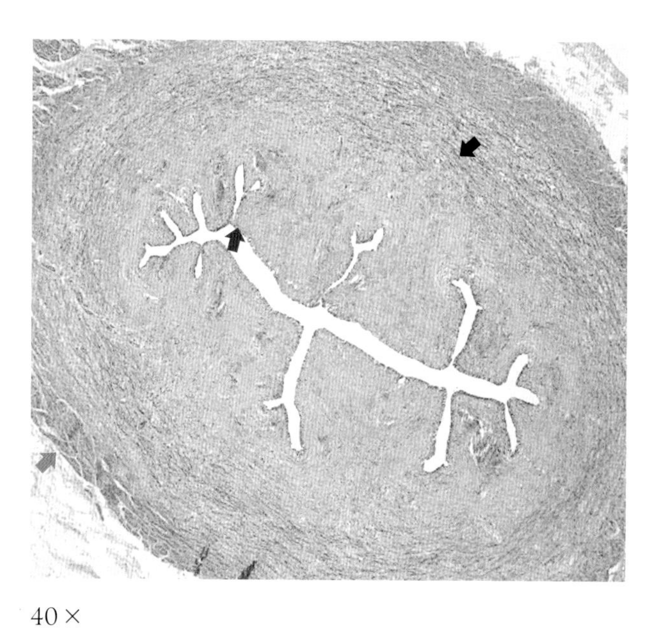

40×

输精管： 可见外膜⬆、肌层⬆、黏膜层⬆

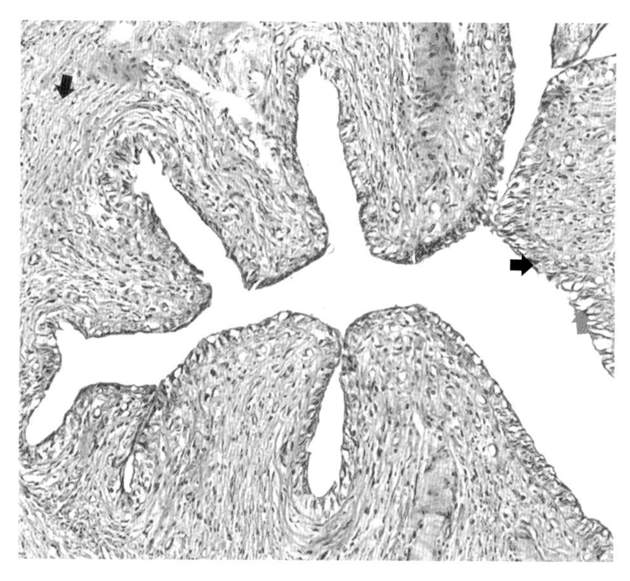

200×

输精管： 可见假复层纤毛柱状上皮细胞⬆、含脂滴的基底细胞⬆、平滑肌⬆

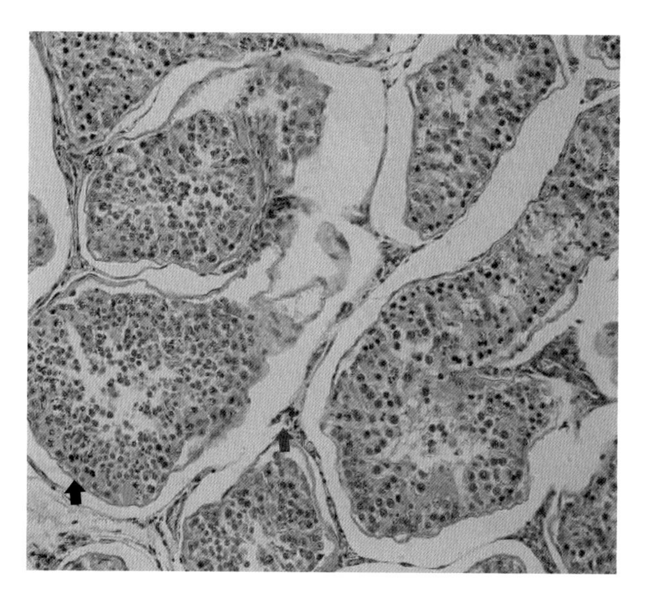

200×

睾丸： 可见基膜⬆、生精小管⬆（精原细胞、初级精母细胞、精子细胞）、间质组织⬆

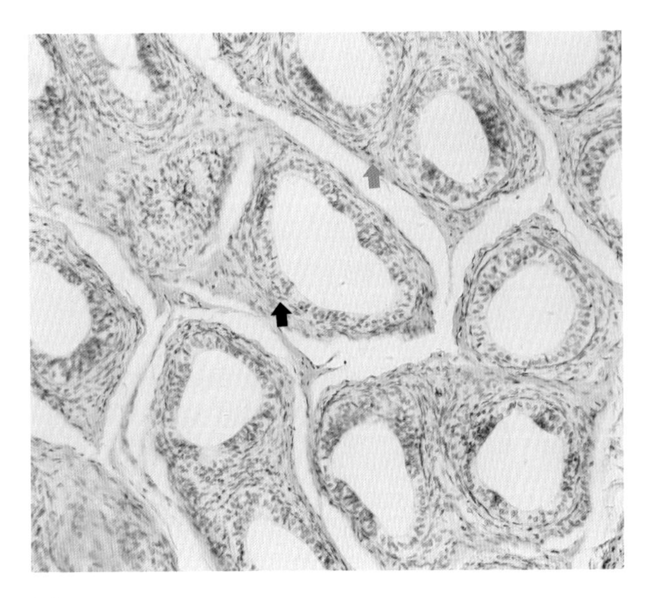

200×

附睾： 可见附睾管腔面平整，为假复层纤毛柱状上皮⬆，基膜明显，外有平滑肌⬆

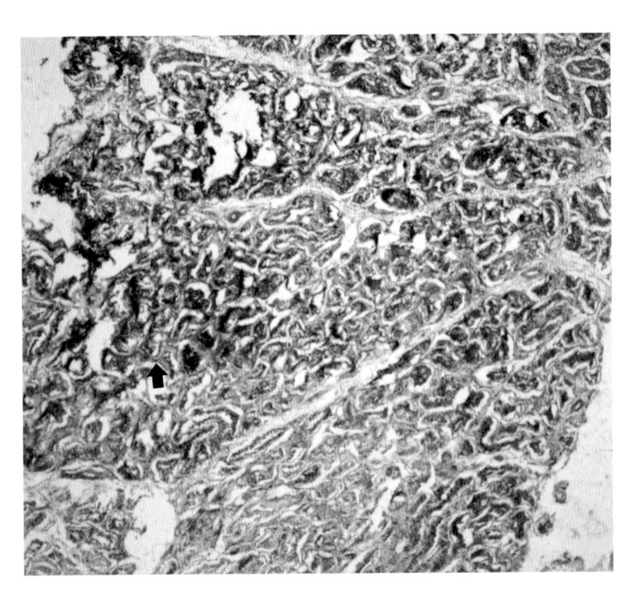

40×

睾丸： 组织自溶致管腔狭窄、不规则⬆，生精小管上皮细胞脱落。可见发育上的不成熟，未见精子生成

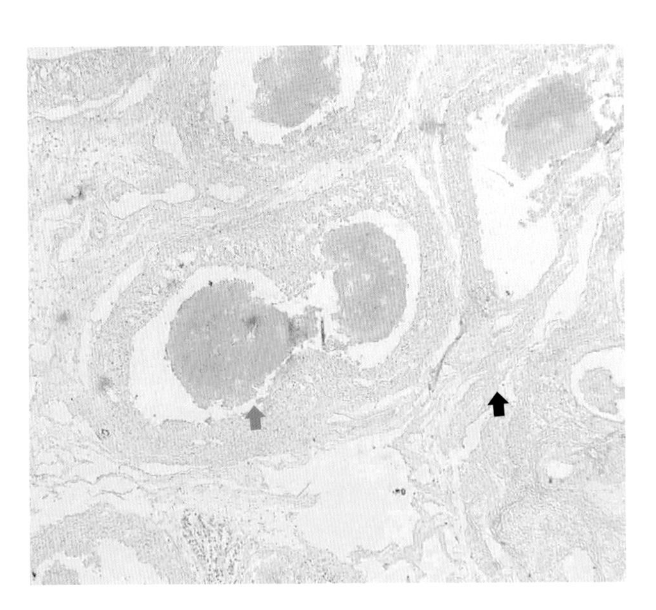

100×

睾丸： 睾丸组织结构退化，被大量结缔组织取代⬆，生精小管减少，管腔内有脱落坏死物⬆

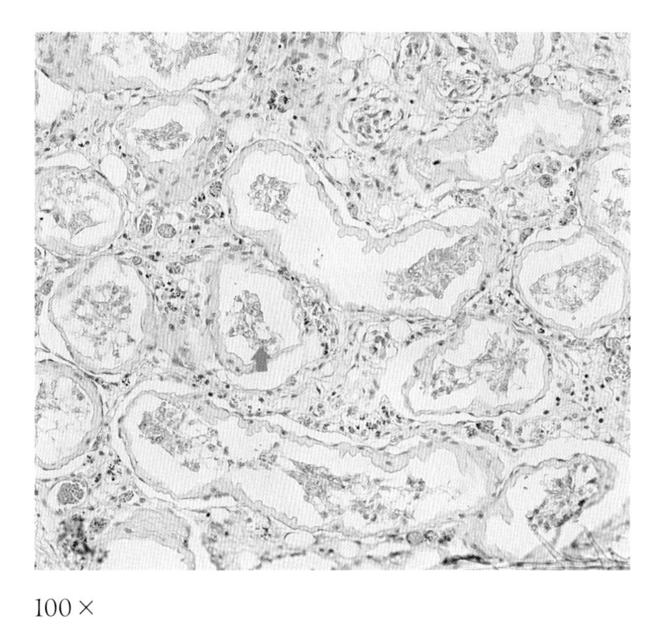

100×

隐睾：睾丸上皮细胞脱落⬆，各级生精细胞少见、发育不良

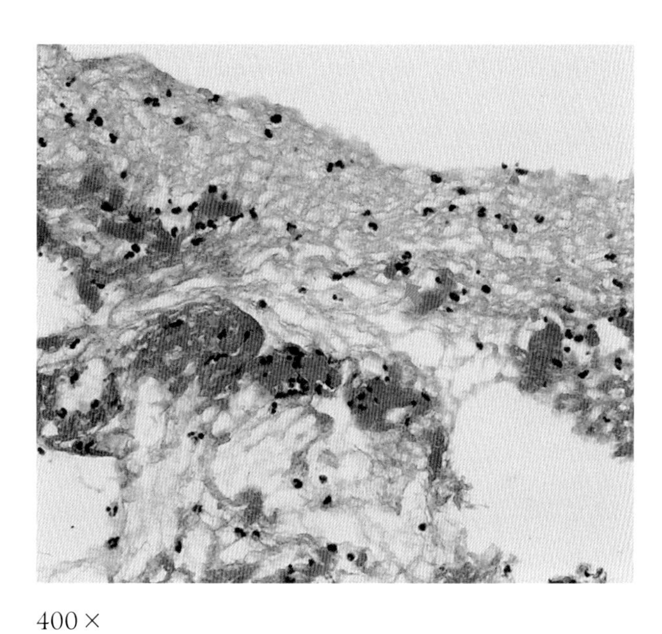

400×

睾丸：化脓性炎症⬆

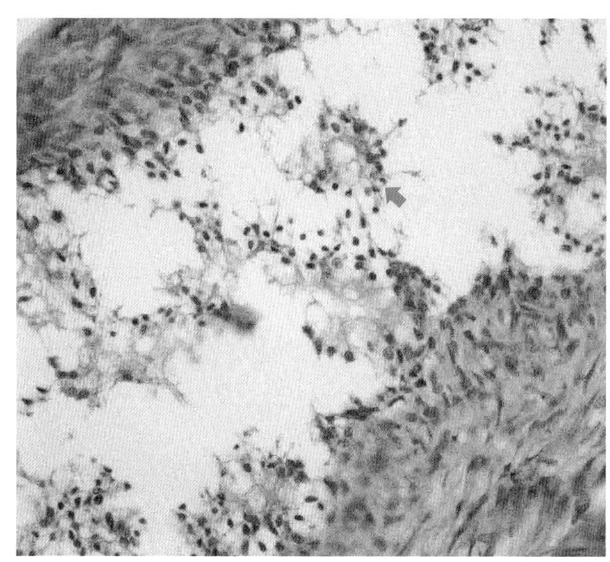

400×

睾丸：生精小管上皮细胞脱落⬆

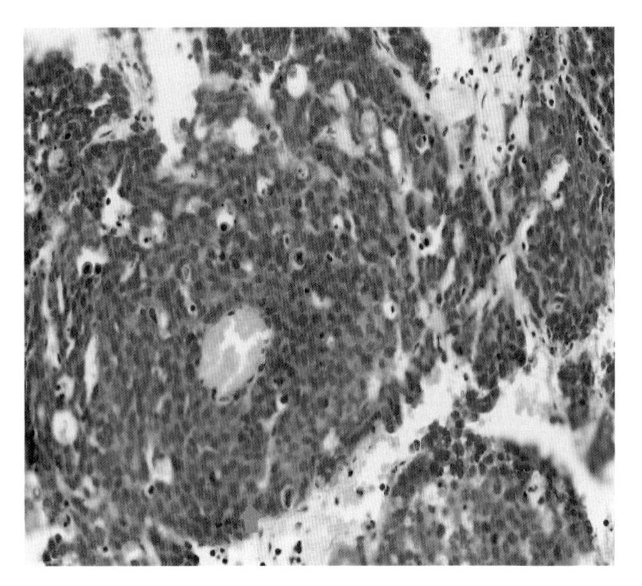

200×

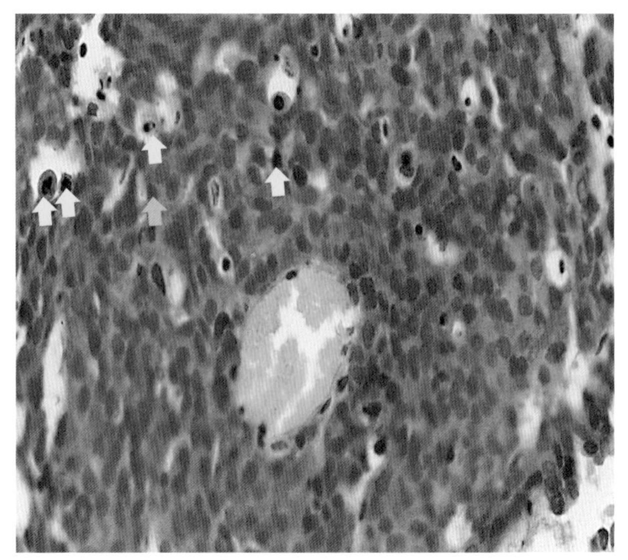

400×

睾丸：睾丸基本结构丧失，原有中空管状生精小管被实质细胞取代，无生精小管样结构。实质细胞呈团索状或片状分布⬆，细胞体积较大，呈圆形或多边形，细胞边界清晰，细胞核染色清晰，呈水泡样，核仁明显，胞质丰富⬆。可见核分裂象⬆，具有向恶性转化的迹象

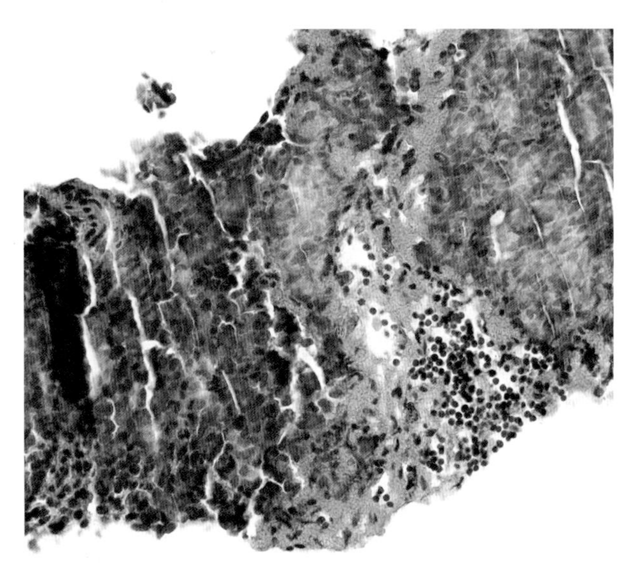

200×

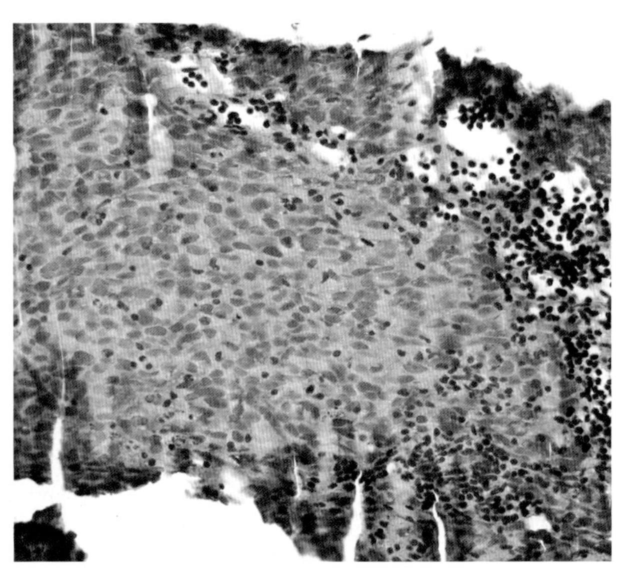

200×

睾丸：被膜与实质交界处或实质间结缔组织可见大量以淋巴细胞为主的慢性炎性细胞 。睾丸实质结构基本丧失，原有中空管状生精小管被实质细胞取代，实质细胞呈团状分布，细胞形态呈椭圆形或扁椭圆形。诊断为渐变型精原细胞瘤并发被膜和间质炎

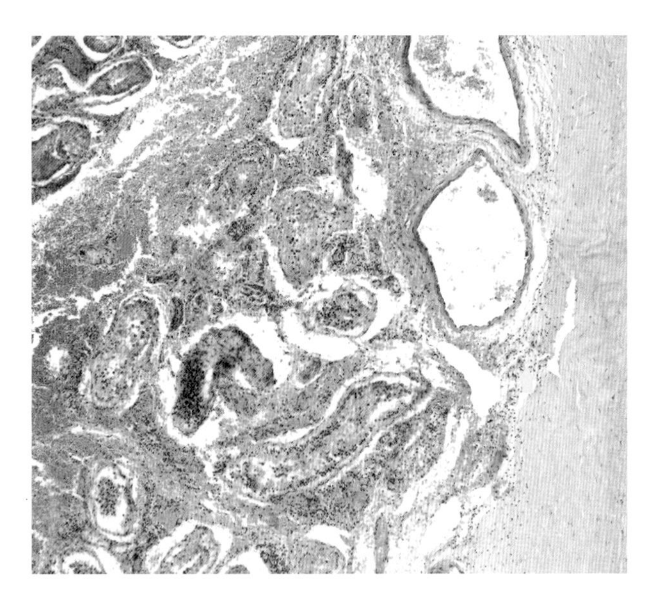

100×

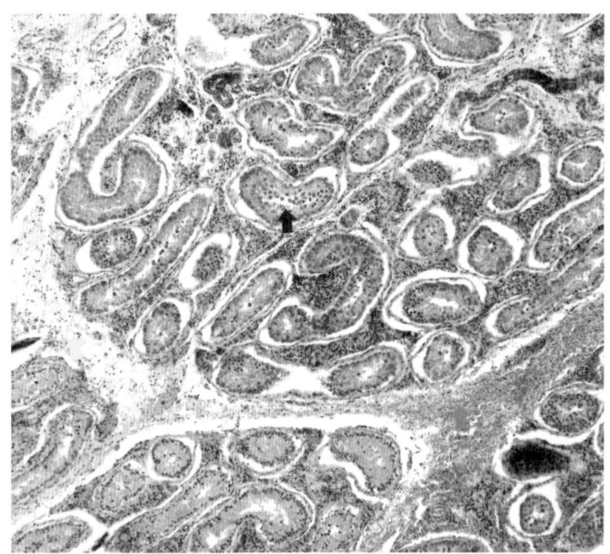

100×

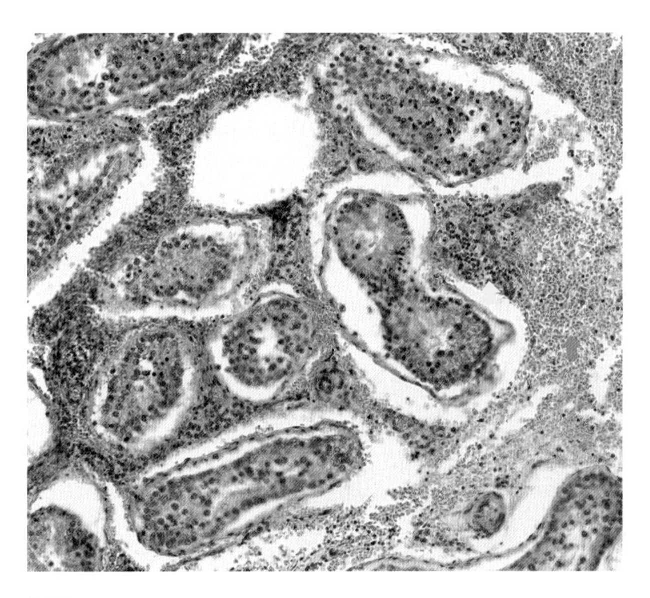

200×

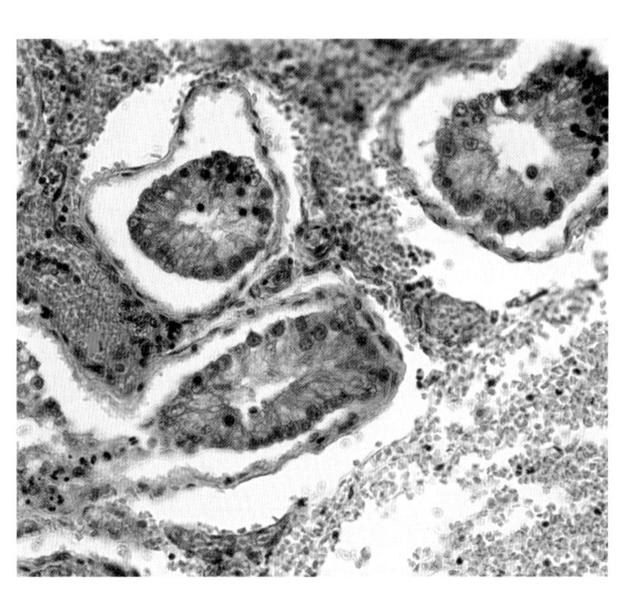

400×

睾丸：阴囊内睾丸可见严重出血⬆，间质轻度水肿伴少量炎性细胞浸润⬆；睾丸生精小管细胞层次分明，排列相对紧密⬆

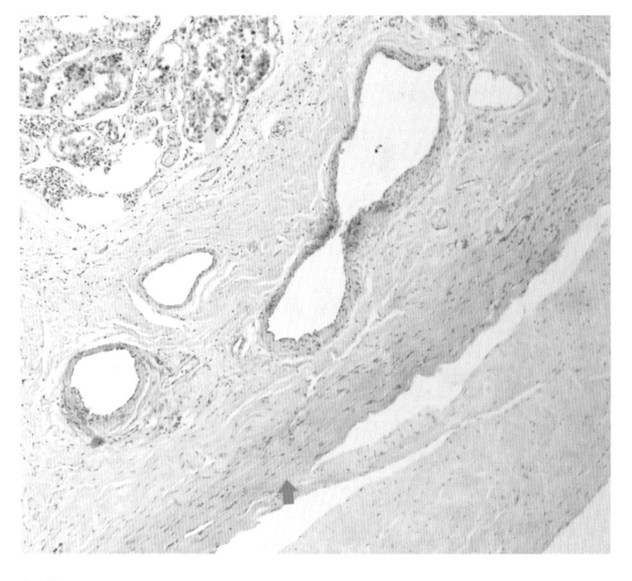

100×

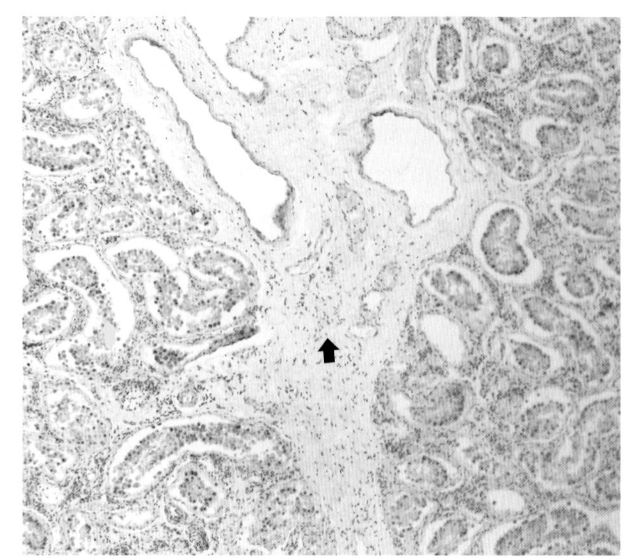

100×

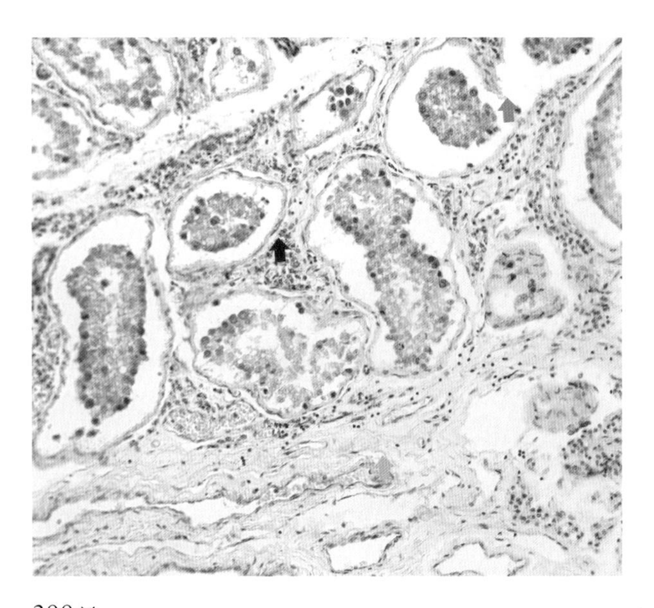

200×

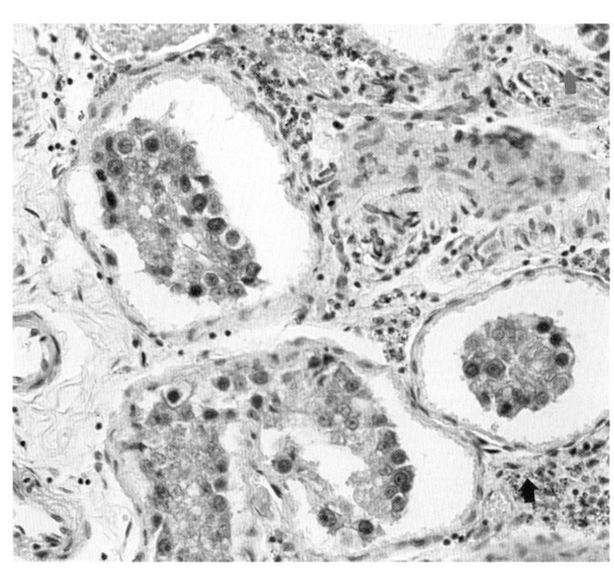

400×

睾丸：隐睾固有鞘膜及白膜增厚⬆，生精小管萎缩，生精细胞数量较少，脱落⬆；间质增生⬆、水肿⬆，少量出血⬆伴大量含铁血黄素沉积⬆

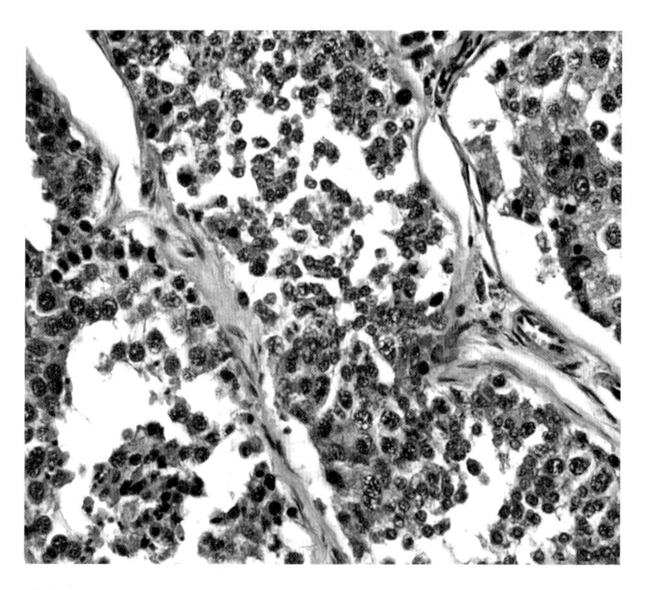

400×

睾丸：睾丸组织结构尚存，生精小管上皮细胞数量较多，排列稍松散，可见各级生精细胞，但未见成熟精子细胞，可见少量凋亡细胞存在；间质细胞消失

第六章 Chapter 6 心血管系统

心血管系统由心脏和血管组成。血管包括动脉、静脉和毛细血管。心壁由心内膜、心肌层和心外膜组成，心内膜包括内皮、内皮下层和内膜下层，其中内膜下层分布有浦肯野细胞。心房的心肌层薄，心室的心肌层厚。心外膜由结缔组织和间皮构成。动脉和静脉管壁由内向外依次为内膜、中膜和外膜。

心血管系统常见的病理损伤集中在心脏。其主要的病理变化有：

心内膜内皮细胞肿胀、变性、坏死、脱落，内皮下水肿，炎性细胞浸润。

心肌纤维萎缩、变性、坏死、溶解、断裂甚至消失，间质水肿、充血、出血、炎性细胞浸润，间质细胞增生。心肌内可见大小不等的化脓灶或脓肿形成。

心外膜增厚，可见浆液、纤维素性渗出物，心外膜下血管充血、出血，间皮增生、肿胀，细胞变性、脱落。

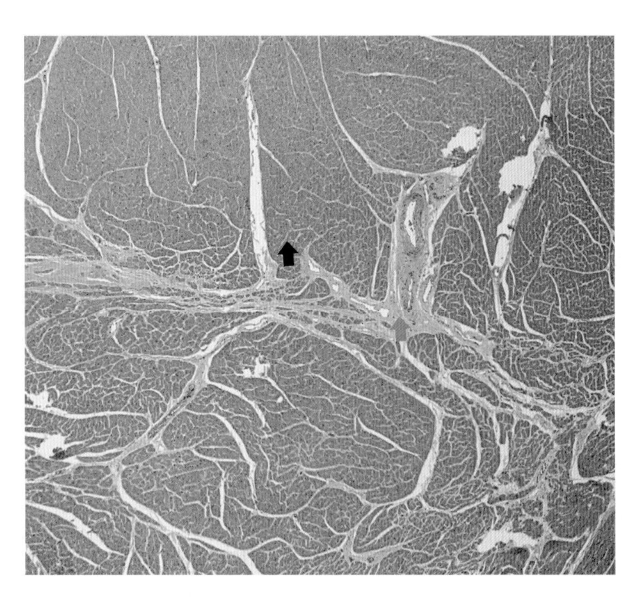

40×

心脏：可见心肌层内的结缔组织⬆和心肌⬆

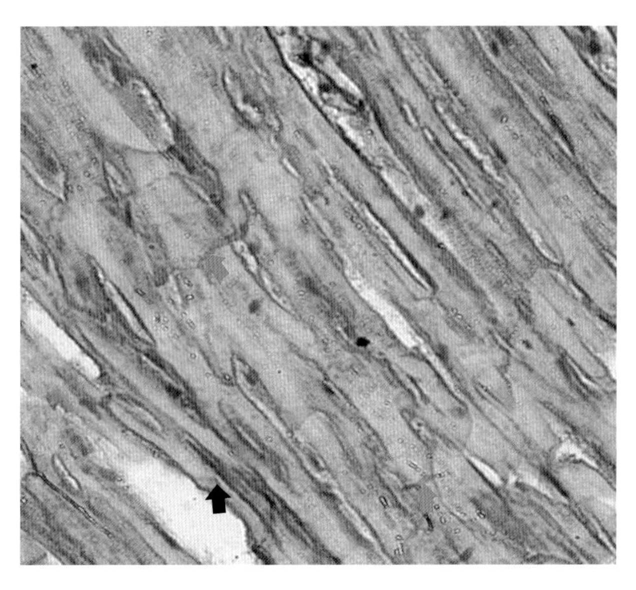

400×

心脏： 可见心肌纤维⬆、闰盘⬆

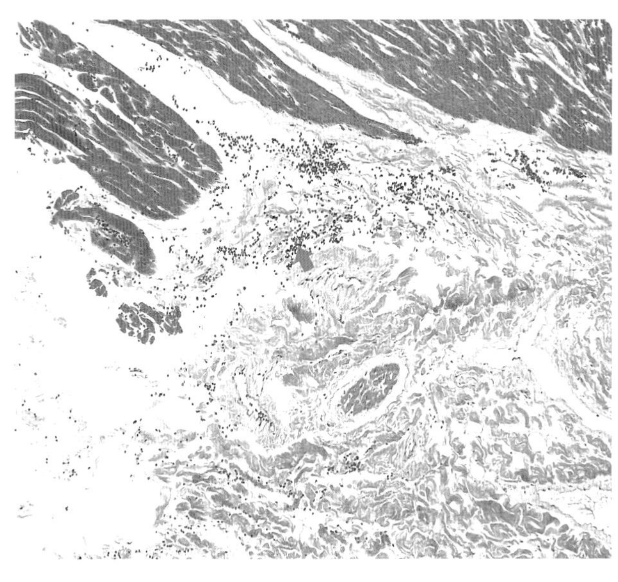

100×

心脏： 心外膜出血⬆

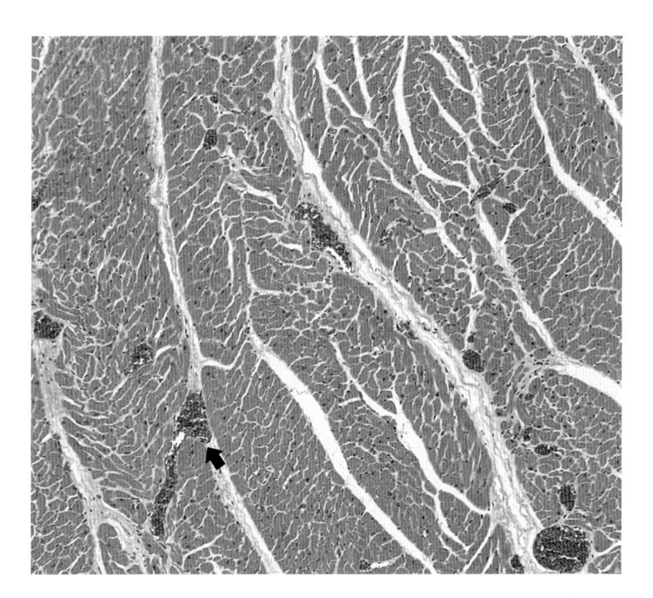

100×

心脏： 间质血管充血⬆

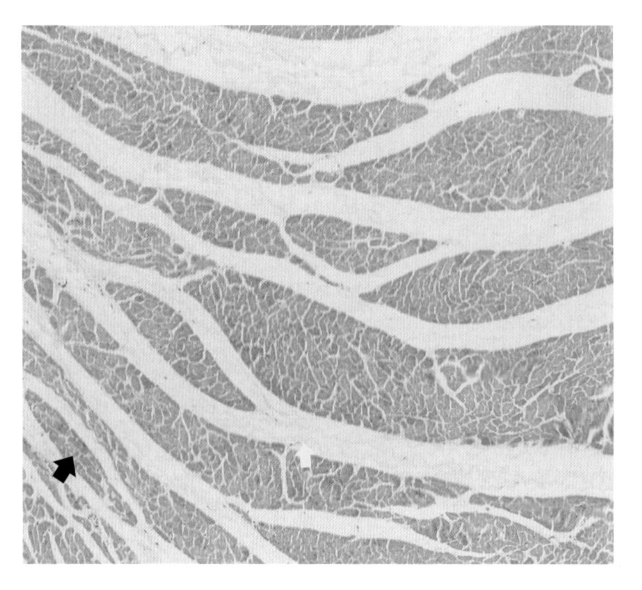

100×

心脏：心肌纤维轻度萎缩⬆，间质水肿⬆

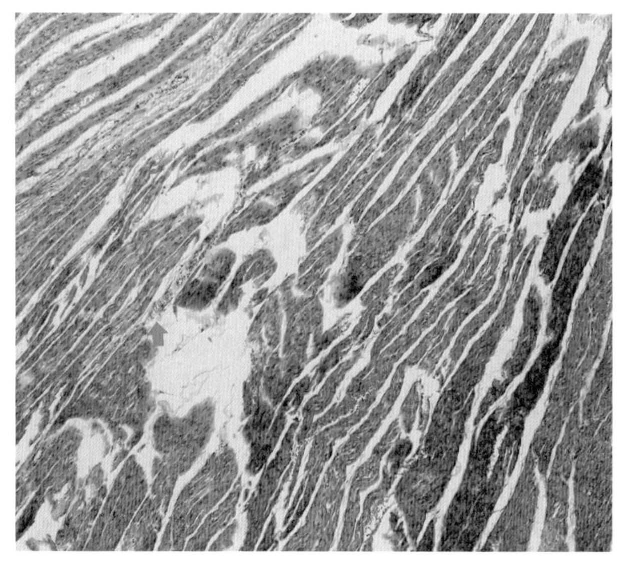

100×

心脏：心肌纤维萎缩，部分心肌纤维断裂⬆

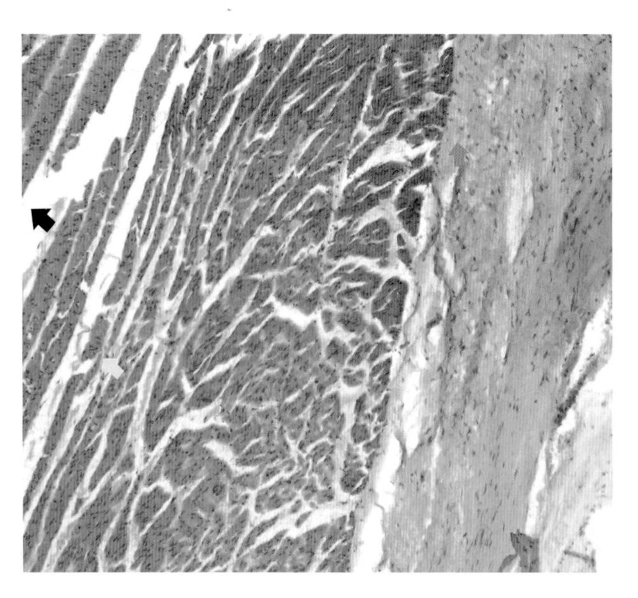

100×

心脏：心外膜水肿、增厚⬆，大部分心肌纤维萎缩伴少量心肌纤维断裂⬆，间质增宽⬆

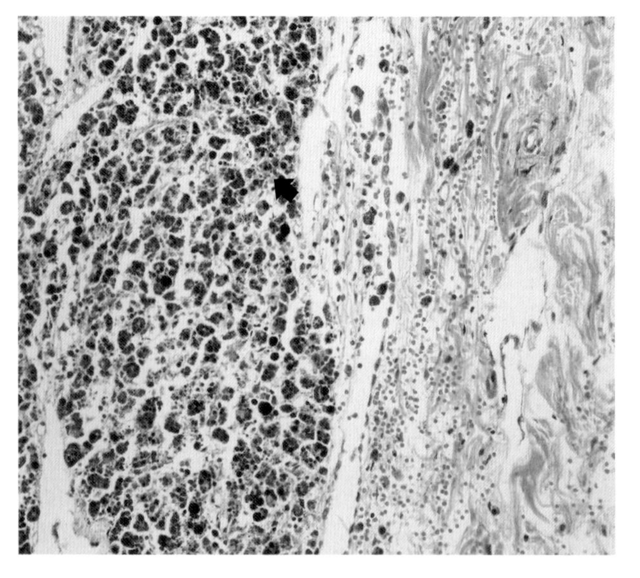

100×

心脏：主动脉外膜充血，大量巨噬细胞等炎性细胞浸润⬆，呈典型的血管炎病变

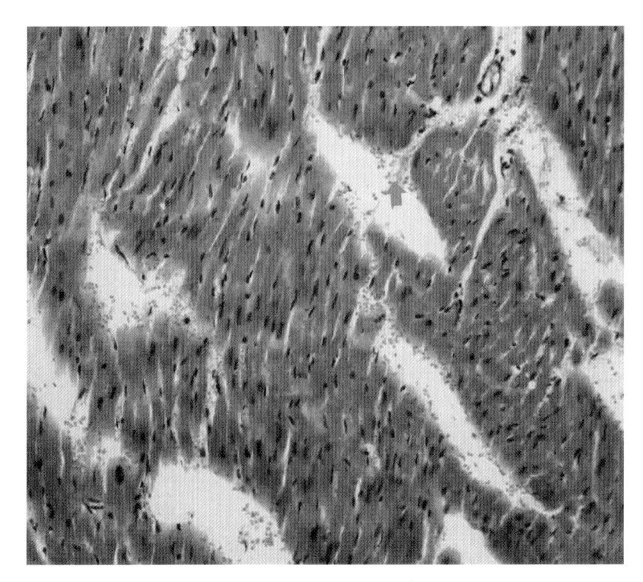

200×

心脏：局部心肌出血⬆

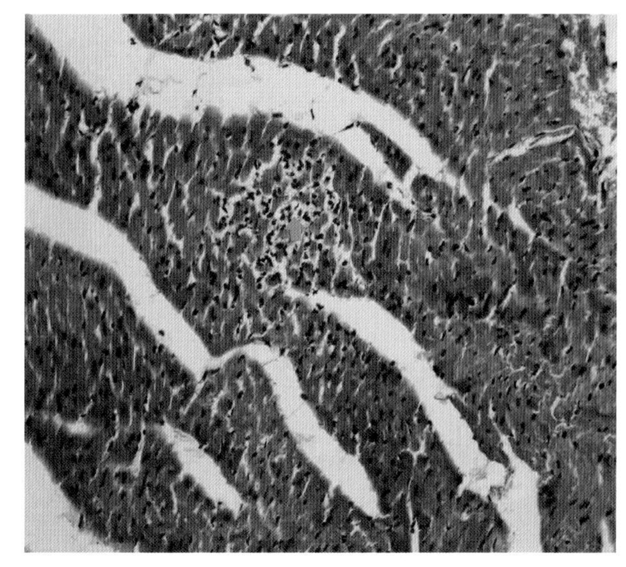

200×

心脏：可见灶状炎性细胞浸润⬆

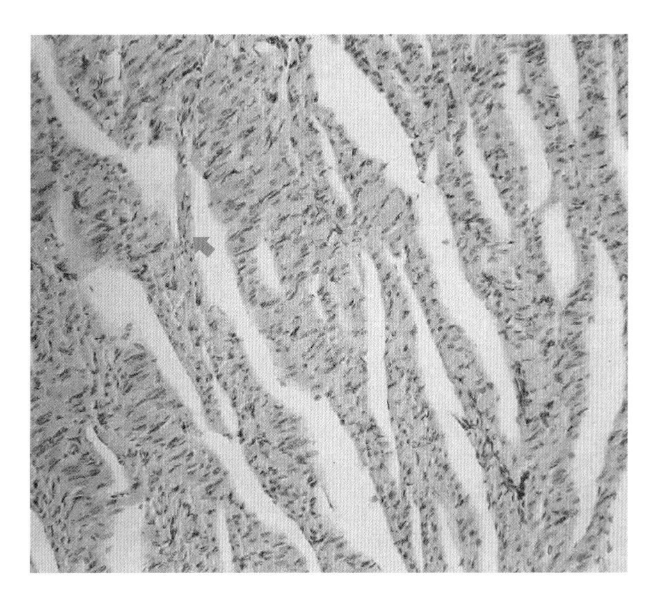

200×

心脏：心肌纤维萎缩，排列紊乱⬆

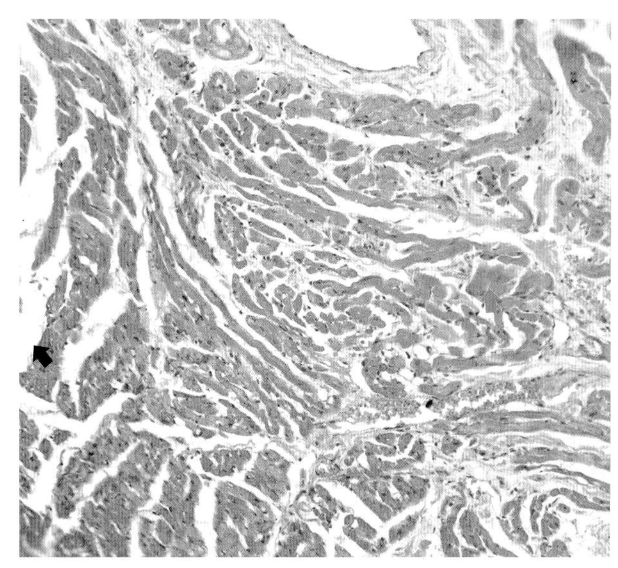

200×

心脏：局部心肌坏死⬆，间质水肿⬆

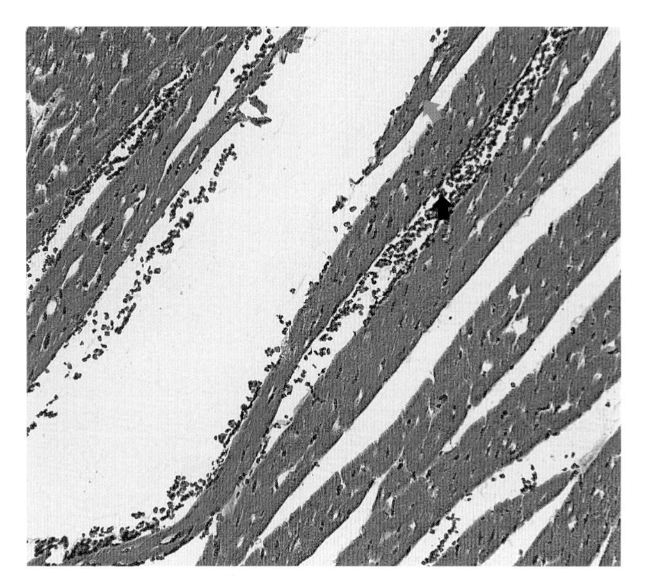

200×

心脏：大部分心肌纤维间出血⬆，心肌纤维萎缩⬆

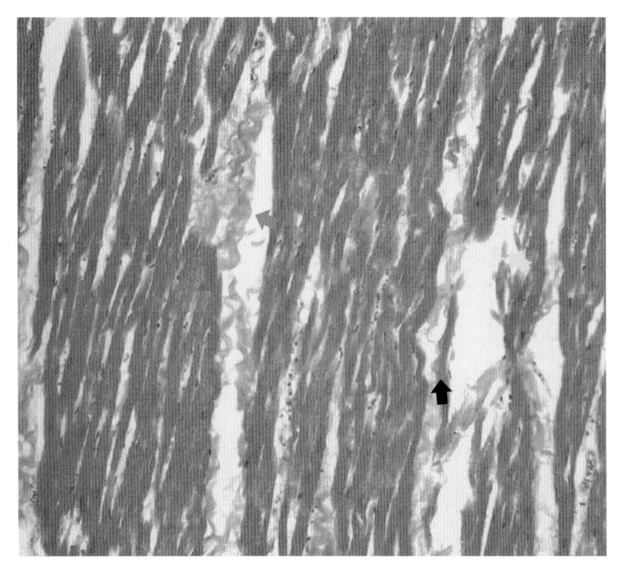

200×

心脏：心肌纤维萎缩⬆，间质增宽⬆，部分心肌纤维断裂、坏死⬆，局灶性心肌梗死

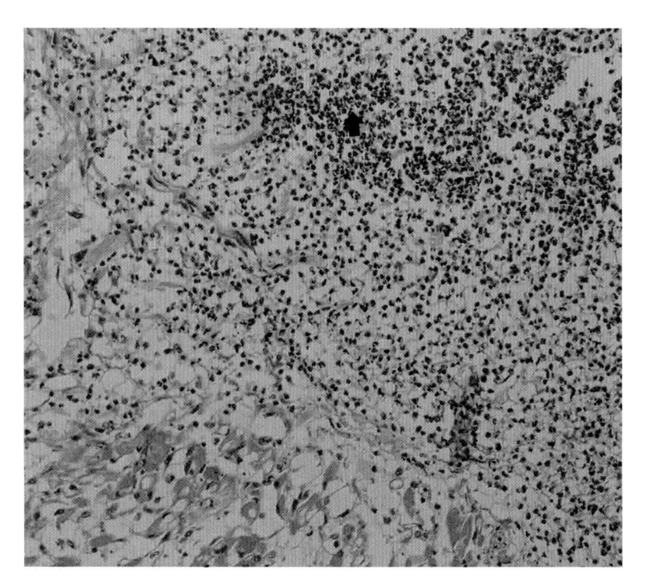

200×

心脏：水肿⬆，大量炎性细胞浸润，可见局灶性脓肿⬆

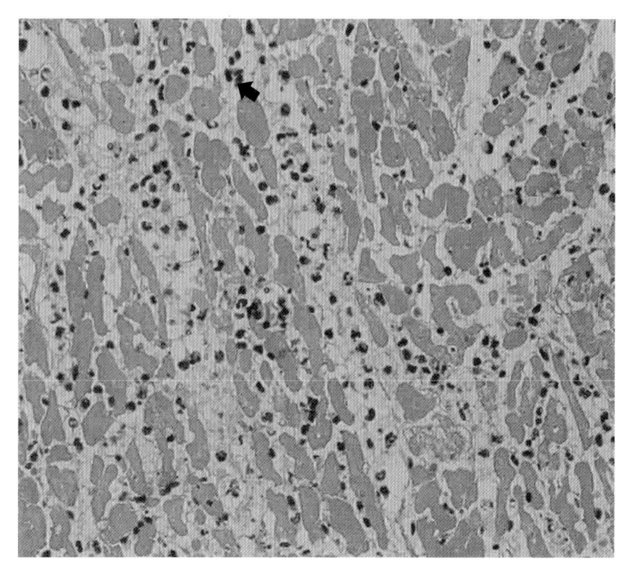

200×

心脏：水肿⬆，大量炎性细胞浸润⬆

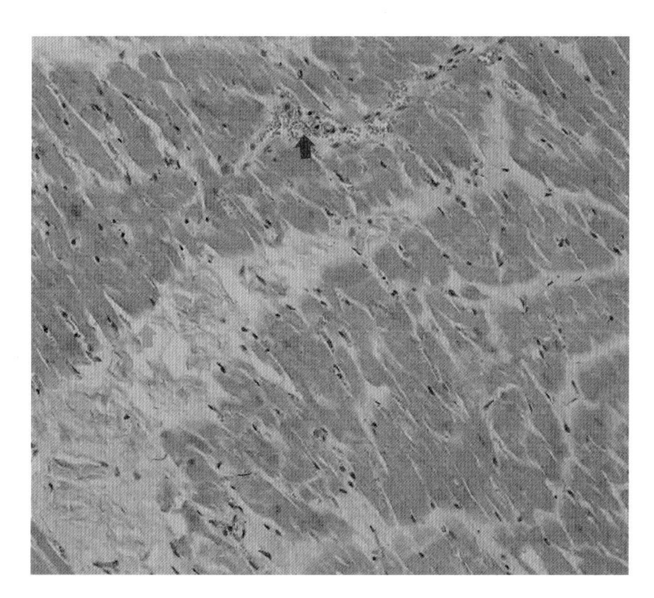

200×

心脏：心肌纤维断裂伴出血⬆，轻度肿胀⬆

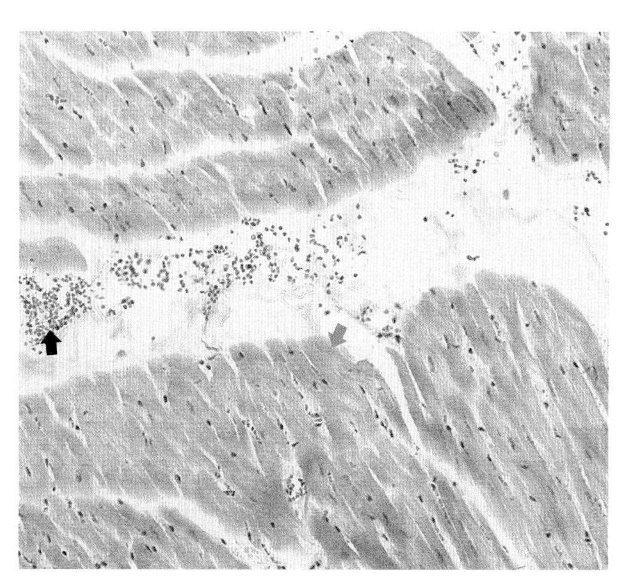

200×

心脏：局部心肌间质出血⬆，心肌肥大⬆

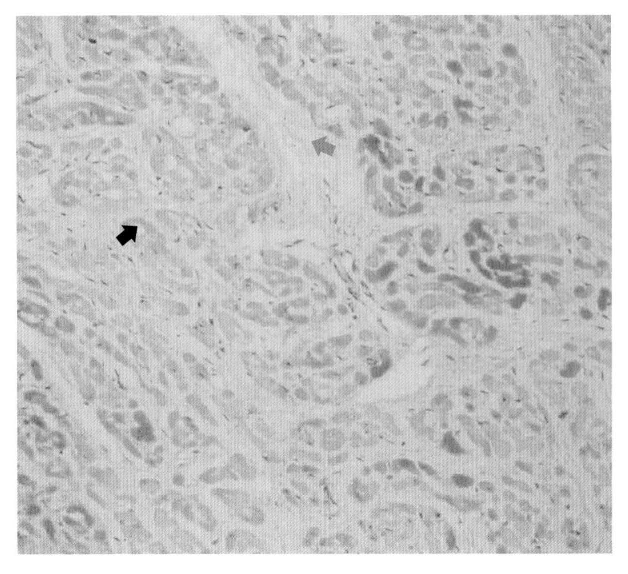

200×

心脏：心肌细胞中重度空泡变性⬆，间质水肿⬆，部分心肌细胞坏死

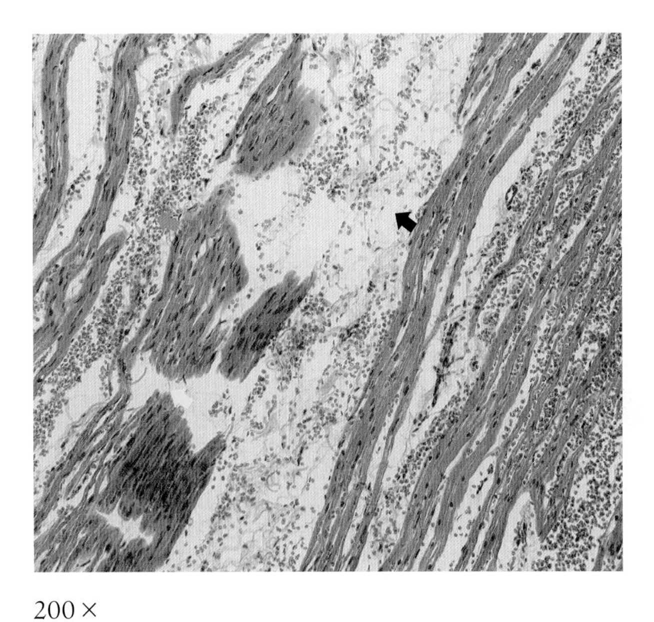

200×

心脏：弥漫性心肌出血⬆，间质严重水肿⬆，部分心肌纤维断裂⬆

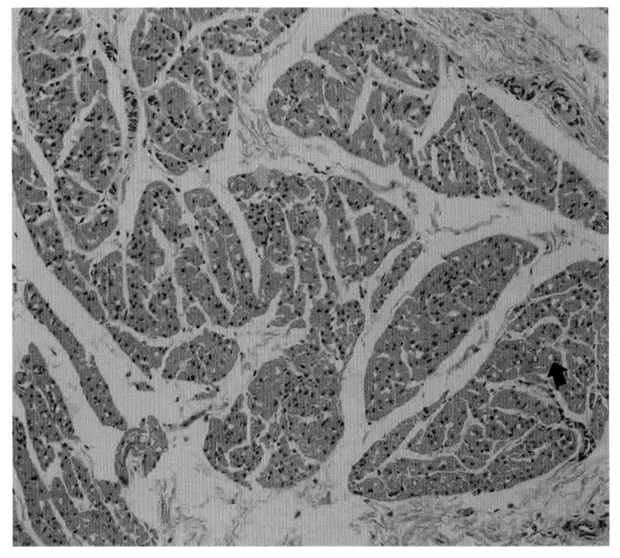

200×

心脏：心肌间质水肿、增宽⬆，心肌细胞空泡变性⬆

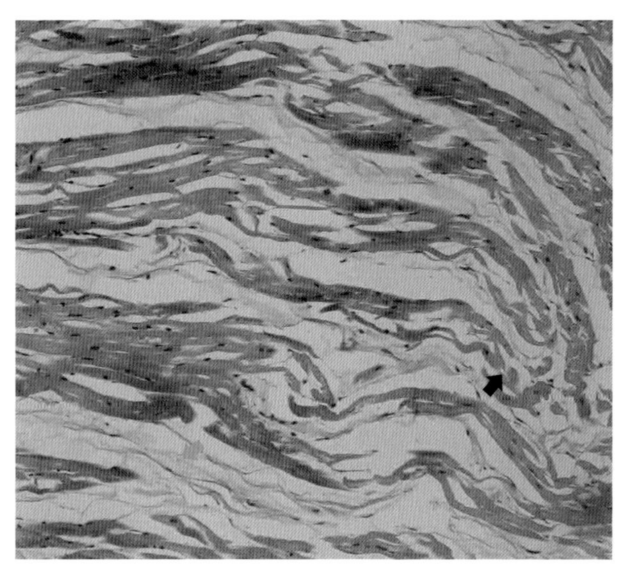

200×

心脏：心肌纤维重度萎缩、断裂⬆，间质水肿、增宽⬆

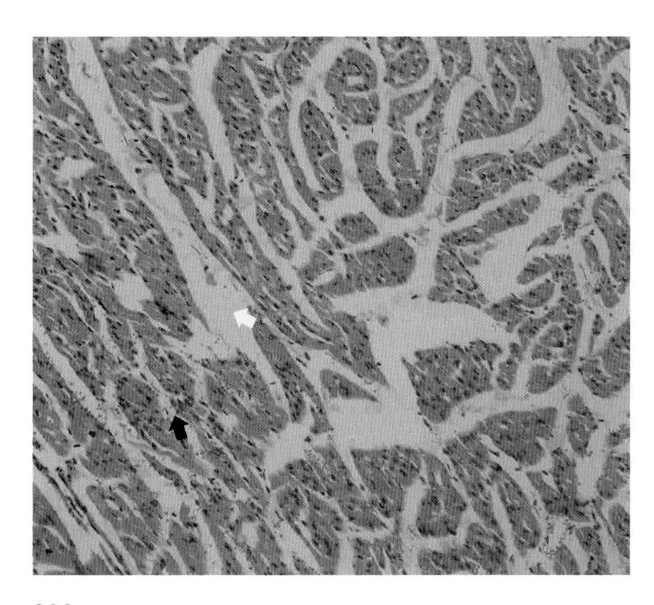

200×

心脏：心肌点灶状出血⬆，可见心肌纤维萎缩⬆，间质水肿、增宽

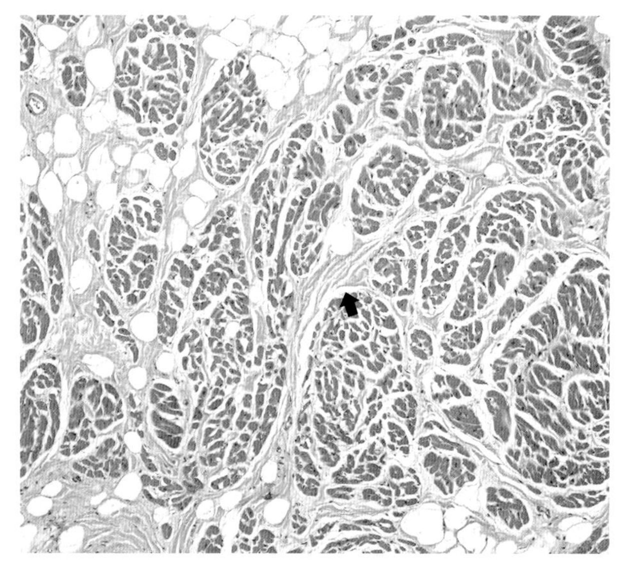

200×

心脏：心肌纤维萎缩，间质水肿、增宽⬆，纤维结缔组织增生，同时可见大量脂肪细胞 浸润心壁

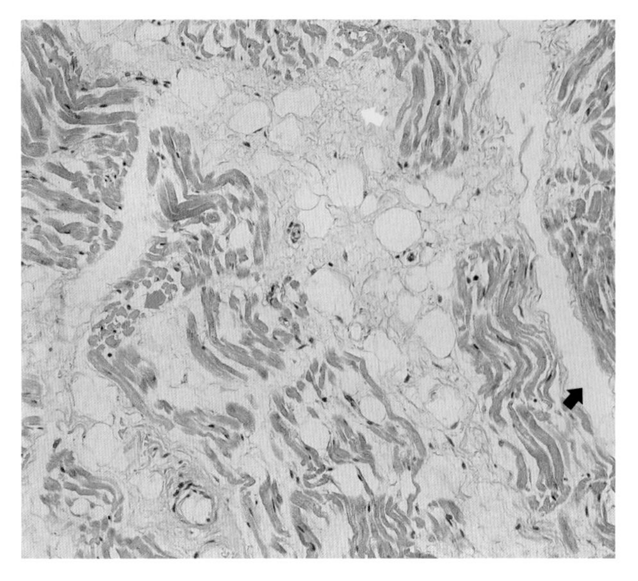

200×

心脏：心肌间质水肿⬆，纤维化增生，心肌纤维萎缩、断裂，数量减少⬆，间质脂肪细胞浸润⬆

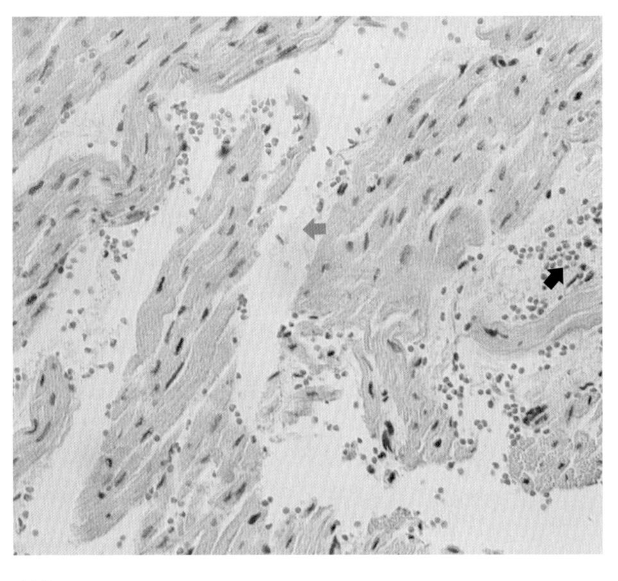

400×

心脏：心肌出血⬆，间质水肿⬆

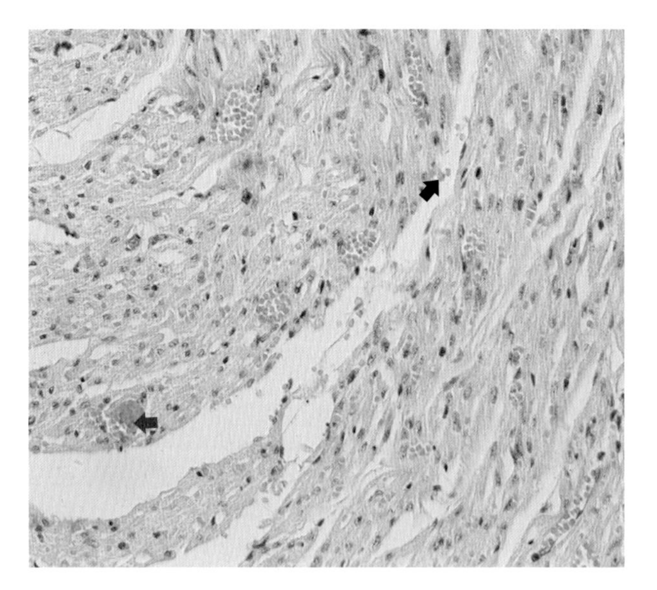

400×

心脏：心肌间血管充血⬆，局部出血⬆

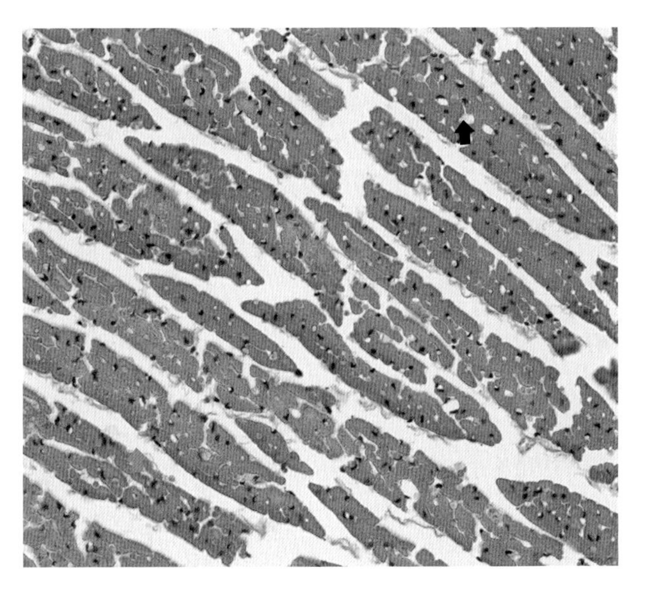

400×

心脏：心肌细胞空泡变性⬆，间质增宽⬆

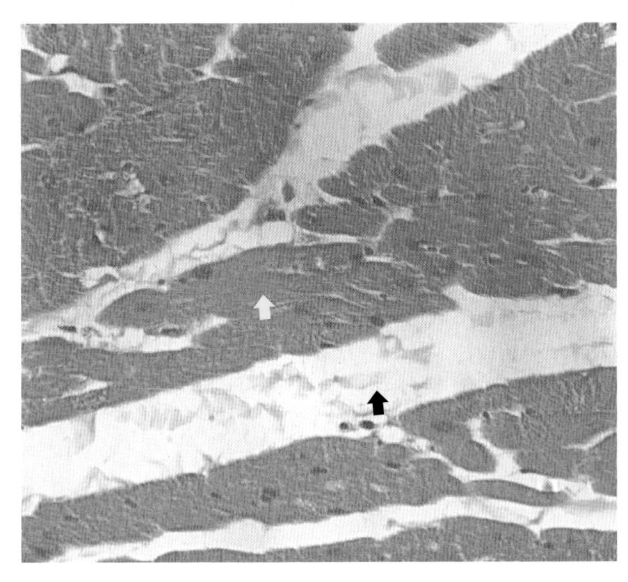

400×

心脏：间质水肿、增宽⬆，心肌肥大⬆

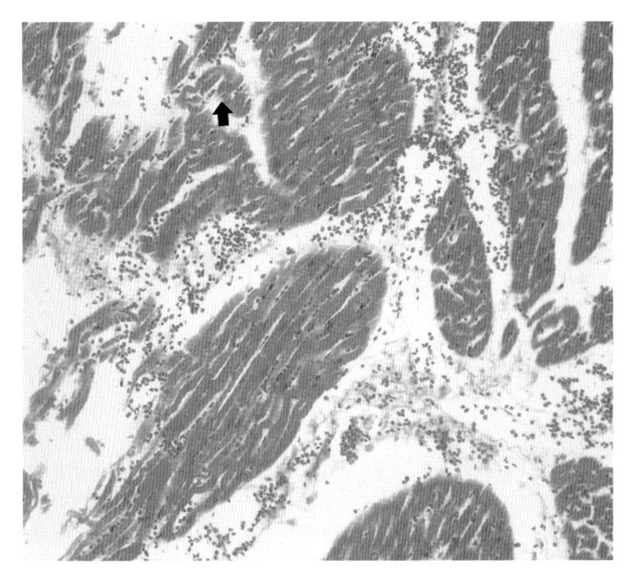

400×

心脏：心肌纤维萎缩⬆，间质重度出血、水肿⬆

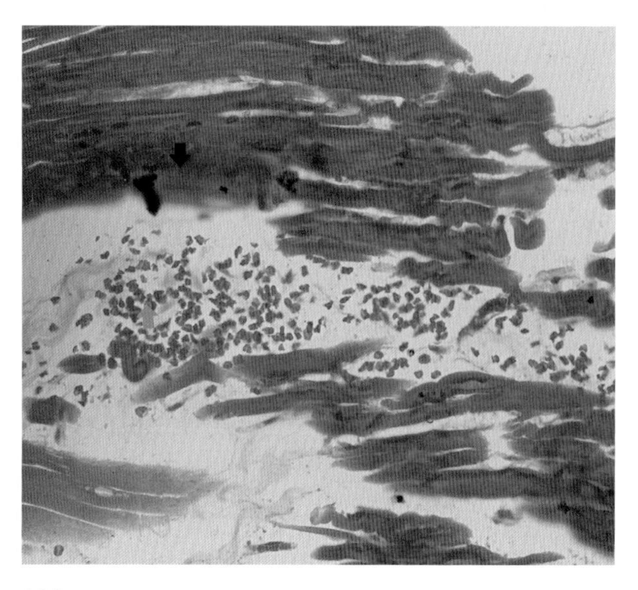

400×

心脏：心肌纤维灶状坏死、断裂⬆、出血⬆

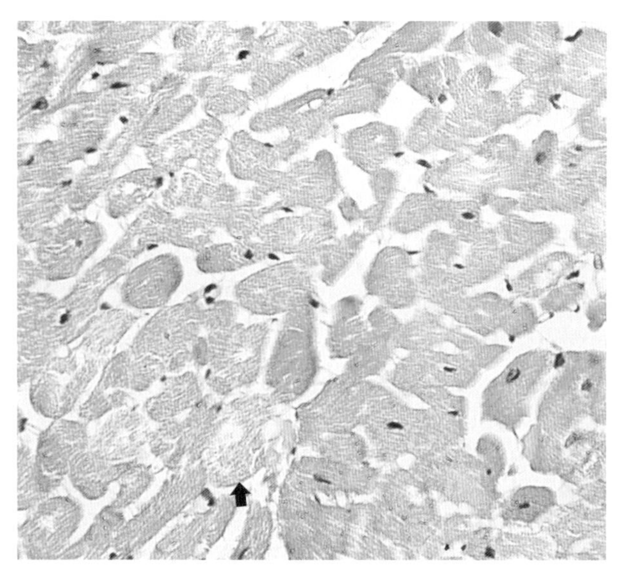

400×

心脏：心肌细胞严重肿胀，颗粒变性伴部分坏死⬆

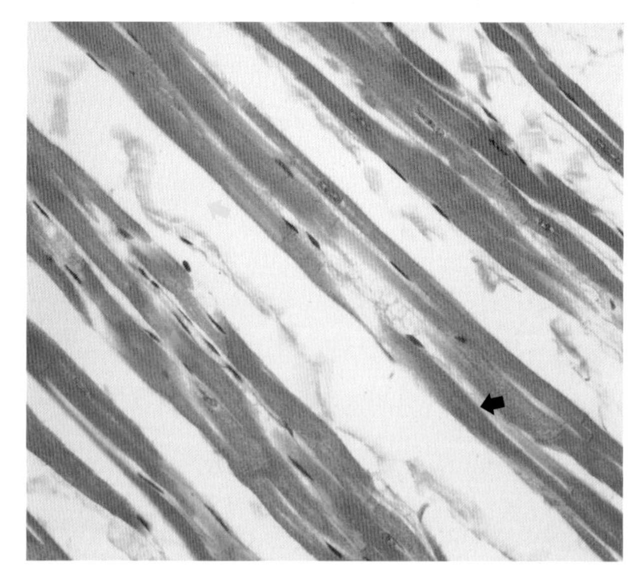

400×

心脏：心肌纤维萎缩⬆，间质水肿、增宽⬆，小灶性心肌纤维空泡变性、坏死

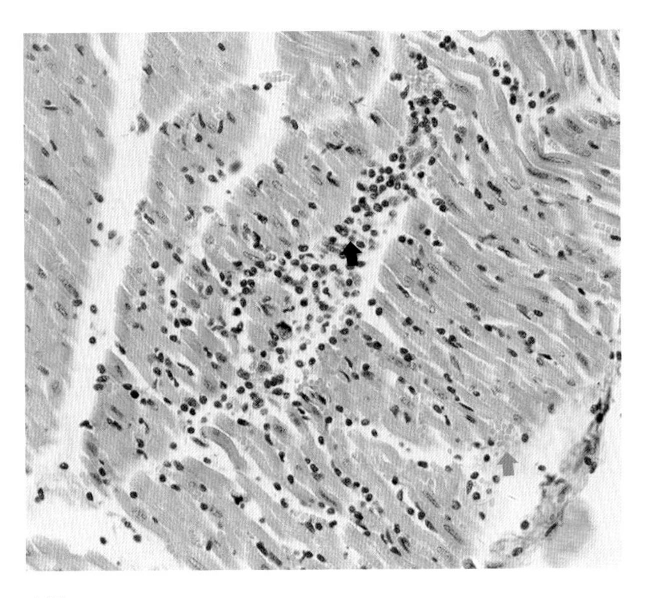

400×

心脏： 心肌可见灶状淋巴细胞浸润⬆，间质充血⬆，疑似心肌炎

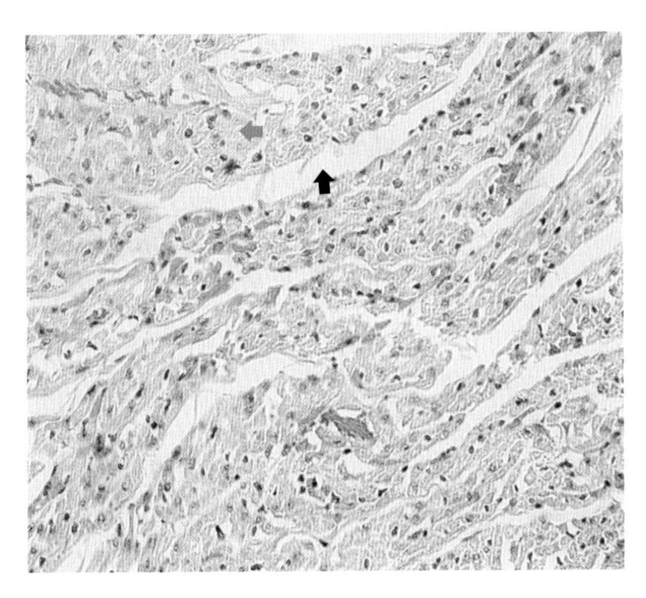

400×

心脏： 间质水肿⬆，部分心肌纤维颗粒变性⬆

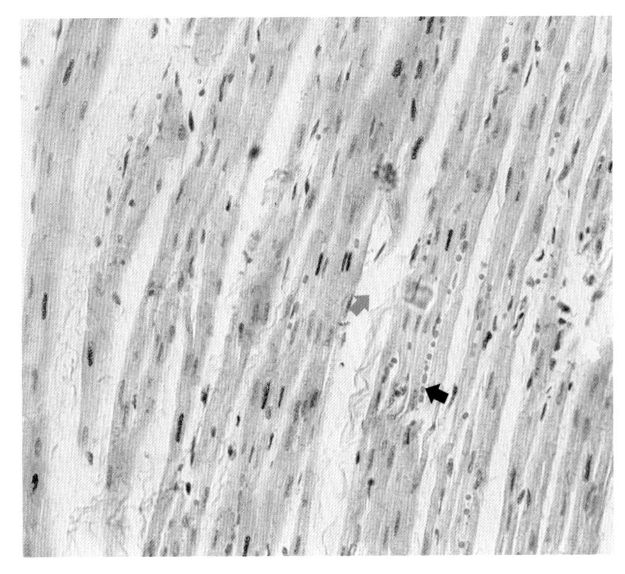

400×

心脏： 可见心肌出血⬆，间质水肿⬆，少量心肌纤维断裂

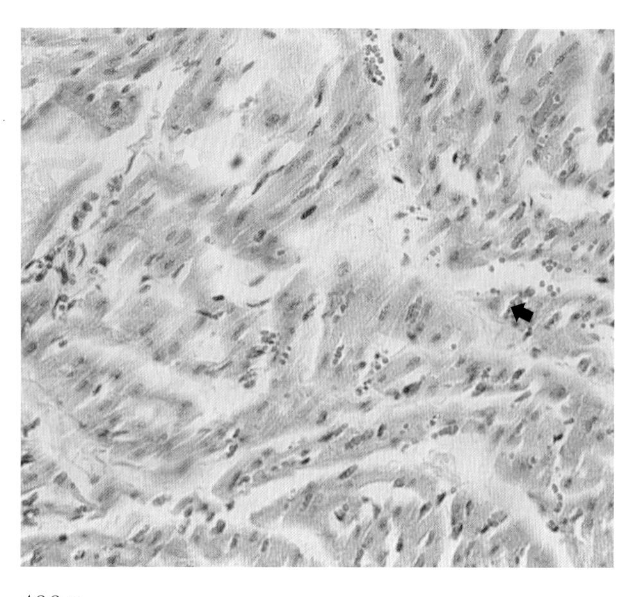

400×

心脏：心肌轻度水肿，心肌出血⬆，可见部分心肌纤维断裂⬆

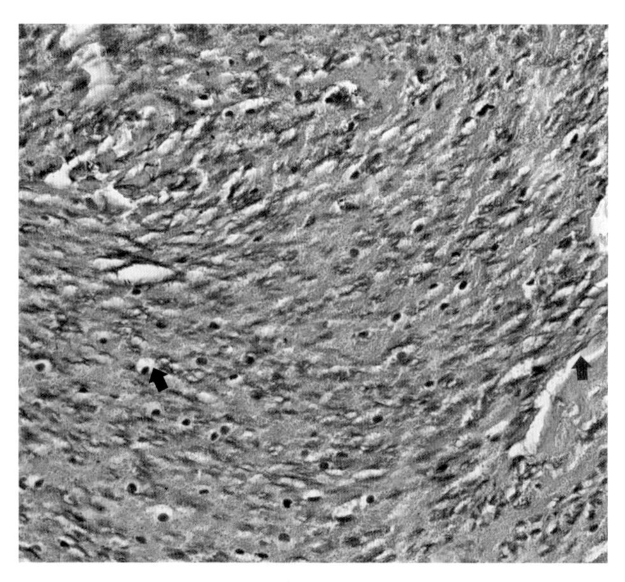

400×

心脏：心肌纤维疏松且含大量空泡⬆，间质疏松、增宽⬆，疑似自溶导致

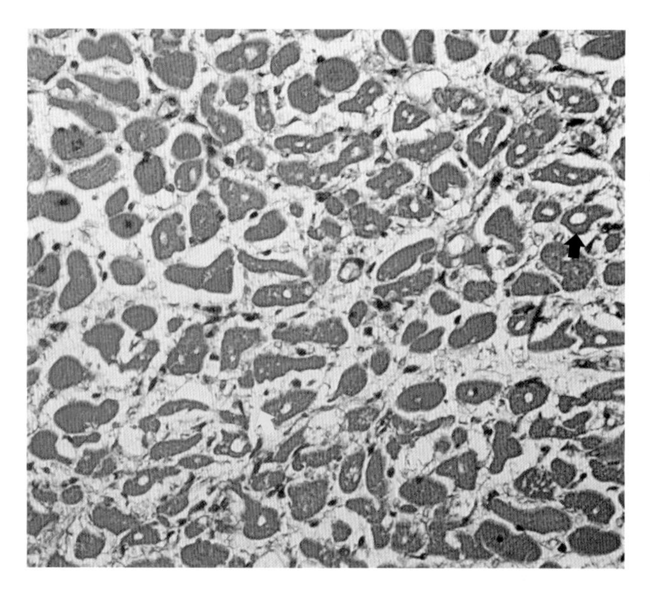

400×

心脏：心肌细胞萎缩，部分心肌细胞脂肪变性⬆，间质水肿、增宽⬆

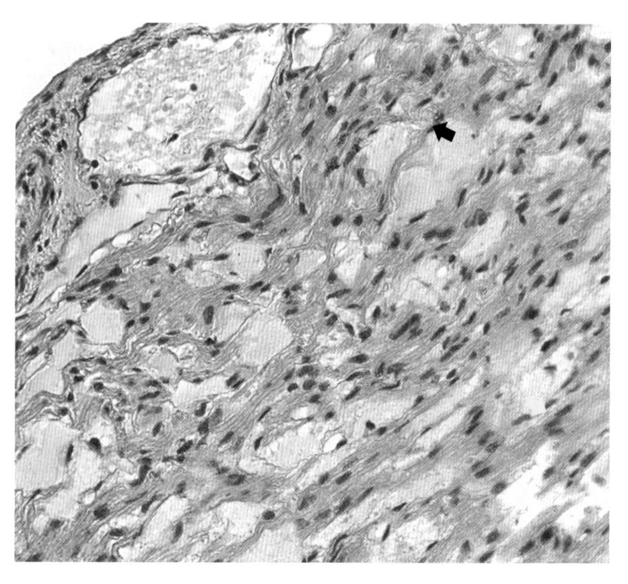

400×

心脏：此为幼龄大熊猫心肌纤维，发育未完善，心肌纤维纤细，部分心肌纤维断裂⬆，间质水肿、增宽⬆

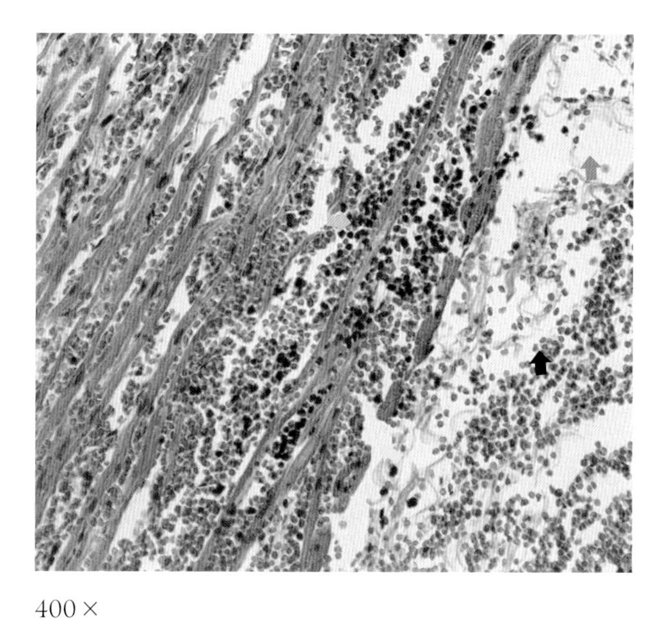

400×

心脏：弥漫性心肌大量出血⬆，间质严重水肿⬆，部分心肌纤维断裂⬆，局部炎性细胞浸润⬆

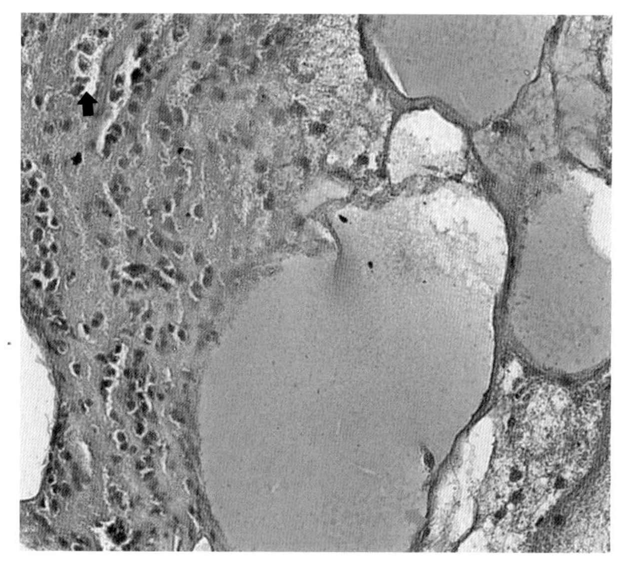

400×

心脏：心肌纤维疏松且含大量空泡⬆，间质疏松、增宽，疑似自溶导致。可见多个局灶性囊泡样结构，被覆单层扁平上皮，部分内含均质红染物或泡沫样物质⬆，部分呈空泡样

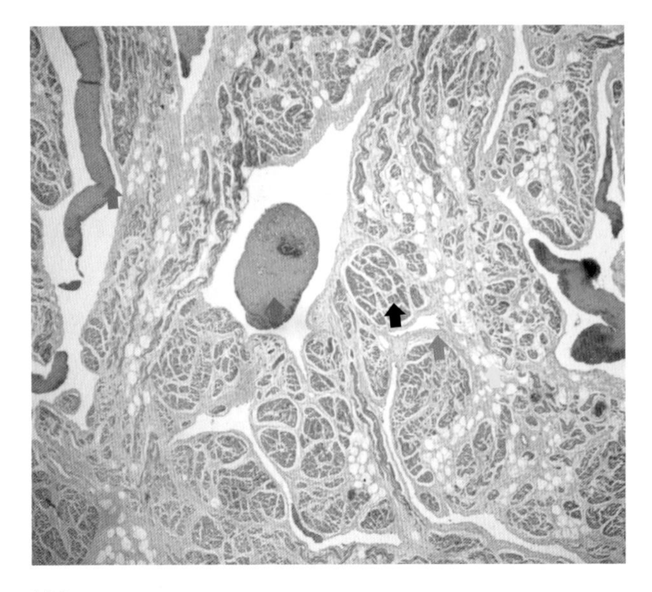

100×

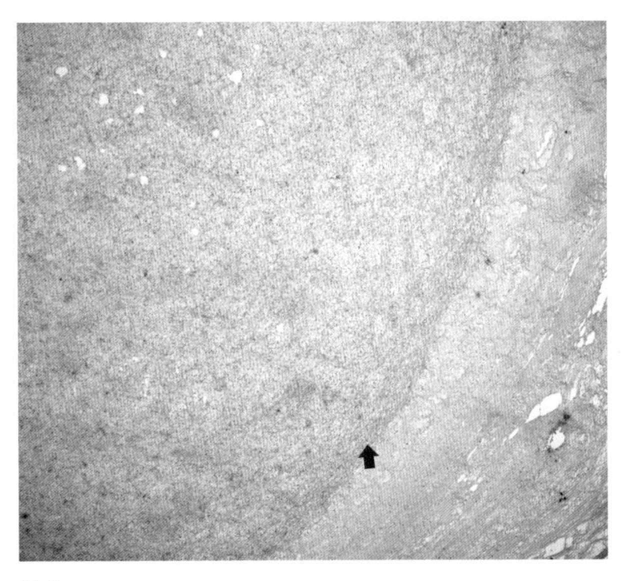

200×

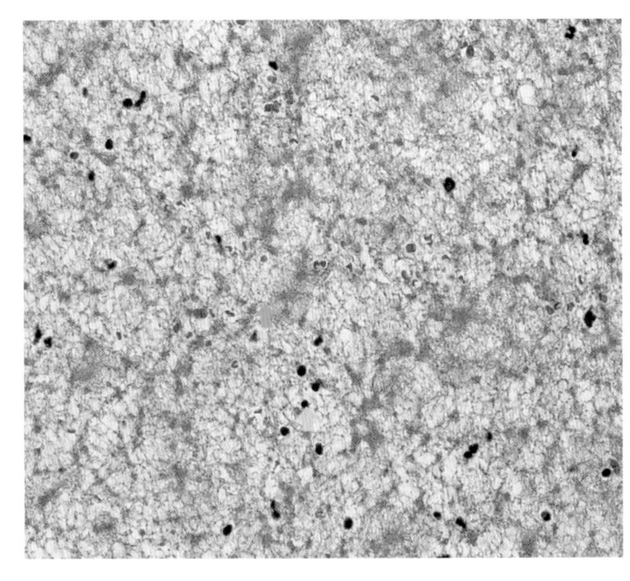

400×

心脏： 心肌细胞萎缩，间质水肿、增宽⬆，纤维增生⬆，同时可见大量脂肪细胞浸润心壁⬆。可见心腔内大量栓子存在⬆，但与心壁未粘连，高倍镜下可见栓子外层致密⬆，内层疏松呈网状⬆，主要为着色不均匀的嗜酸性纤维素性物质⬆，间杂少量炎性细胞⬆

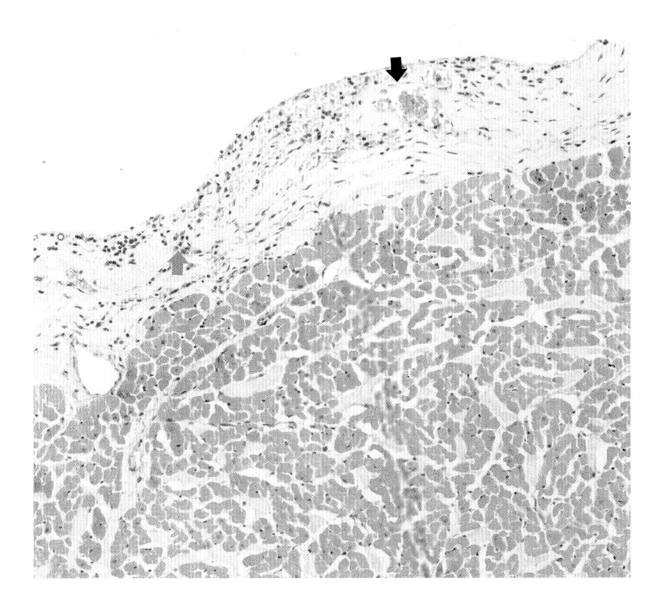

200×

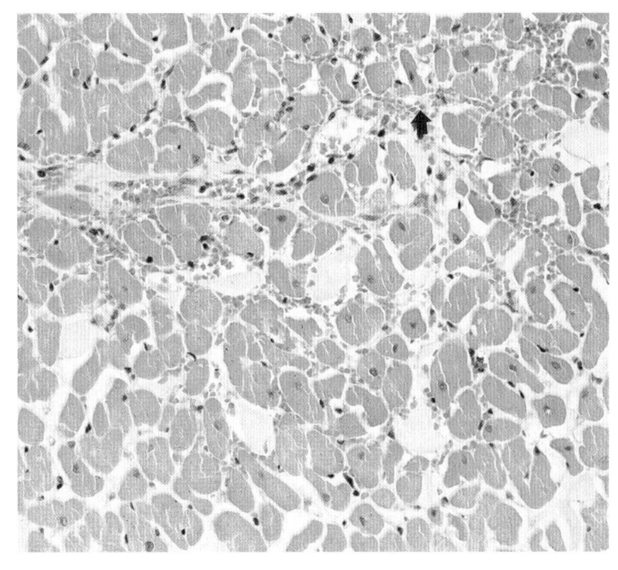

400×

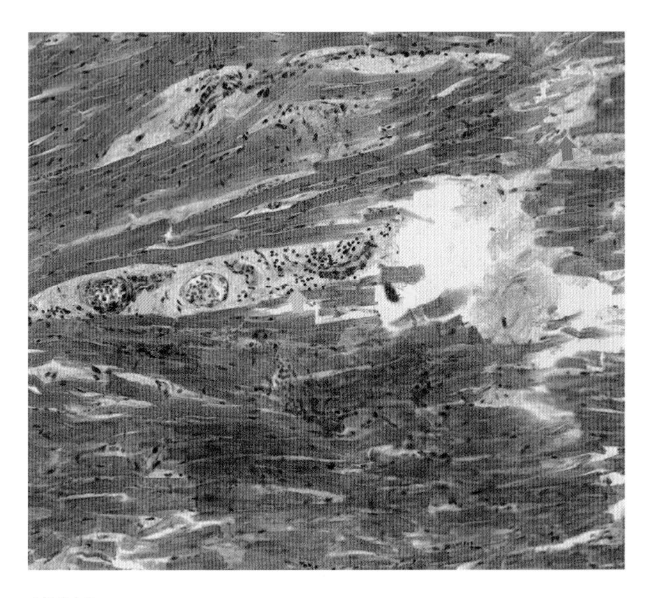

400×

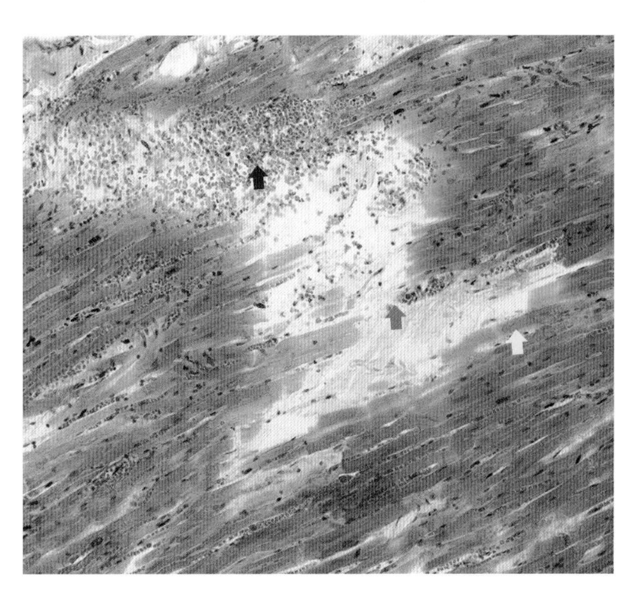

400×

心脏： 心包膜增厚，局部出血，间质增宽⬆，慢性炎性细胞浸润⬆。心肌纤维萎缩、着色不均，部分心肌纤维断裂⬆，个别心肌细胞坏死⬆。心肌出血⬆，心肌间血管周围炎性细胞浸润⬆。诊断为慢性心包炎伴心肌炎

第七章

Chapter 7

免疫系统

免疫系统由淋巴器官、淋巴组织和免疫细胞组成。淋巴组织主要由淋巴细胞、浆细胞和巨噬细胞等免疫细胞组成。淋巴器官是以淋巴组织为主要成分的器官，包括中枢淋巴器官（胸腺和骨髓）和外周淋巴器官（淋巴结、脾和扁桃体等）。

脾脏是最大的淋巴器官。表面覆以较厚的致密结缔组织被膜，富含弹性纤维和平滑肌。被膜结缔组织深入实质内形成脾小梁，构成脾的粗支架。脾实质由白髓、红髓和边缘区构成。白髓由动脉周围淋巴鞘和脾小结构成，动脉周围淋巴鞘由中央动脉主干和周围厚层的弥散淋巴组织构成，脾小结为球状淋巴小结，淋巴小结内常分布有中央动脉分支，有些脾小结可见明显的生发中心。红髓由脾索和脾血窦构成。脾索为淋巴组织形成的条索，脾索之间的腔隙为脾血窦，窦壁由内皮围成，部分窦腔内可见大量聚集成群的红细胞。

淋巴结是周围淋巴器官。表面被覆一层结缔组织被膜，被膜结缔组织深入实质形成小梁。实质由浅层的皮质和深层的髓质组成，皮质包括浅层皮质、副皮质区和皮质淋巴窦，浅层皮质分布有球形的淋巴小结，部分淋巴小结可见生发中心，副皮质区为弥散淋巴组织，皮质淋巴窦包括被膜下窦和小梁周窦。髓质包括髓索和髓窦，髓索为淋巴组织形成的条索，髓索之间腔隙为髓窦，髓窦为淋巴窦，窦内可见淋巴细胞、浆细胞、巨噬细胞和网状细胞。

胸腺为中枢淋巴器官。表面由一层较薄的结缔组织被膜所包裹。被膜结缔组织深入实质形成小叶间结缔组织，把胸腺分成若干胸腺小叶。小叶间结缔组织不发达，因此胸腺实质分叶不明显。胸腺小叶可分为浅层的皮质和深层的髓质。浅层皮质的胸腺细胞数量多，胸腺上皮细胞数量少，因此着色深；深层髓质的胸腺细胞数量少，胸腺上皮细胞数量多，因此着色浅。胸腺内可见丰富的小血管，未见胸腺小体。

免疫系统的病理损伤常见于脾脏、淋巴结和胸腺。

脾脏的主要病理变化

被膜和脾小梁中平滑肌、胶原纤维和弹性纤维肿胀、溶解、排列疏松或有结缔组织增生，被膜和脾小梁增厚。脾脏实质细胞坏死、肿胀、崩解、数量减少。白髓体积缩小甚至完全消失，仅在中央动脉周围残留少量淋巴细胞，红髓固有细胞成分减少。脾脏淋巴细胞增生，形成新的淋巴小结，巨噬细胞增生。

淋巴结的主要病理变化

被膜、小梁及毛细血管充血、出血，淋巴窦扩张，内含浆液、炎性细胞，窦壁细胞肿大、增生。淋巴小结生发中心扩大，淋巴小结内出血。淋巴细胞排列疏松，淋巴细胞变性、坏死，可见灶状或弥漫性坏死，细胞崩解。淋巴结内淋巴细胞增生，淋巴小结体积增大、数量增多。

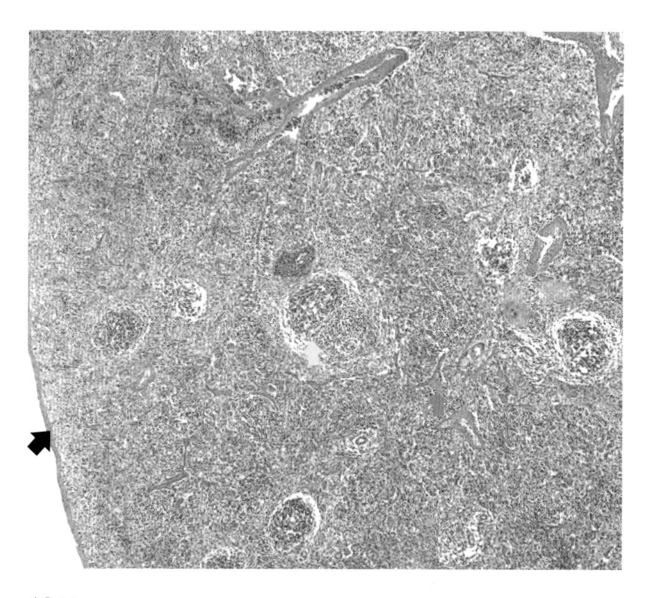

40×

脾脏：可见脾脏被膜⬆、脾小梁⬆、淋巴小结

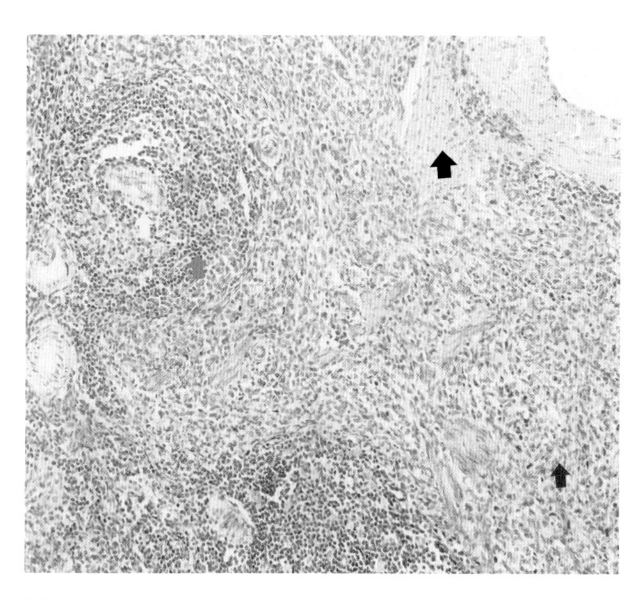

200×

脾脏：可见脾小梁⬆、白髓⬆和红髓⬆，白髓中可见球状脾小结

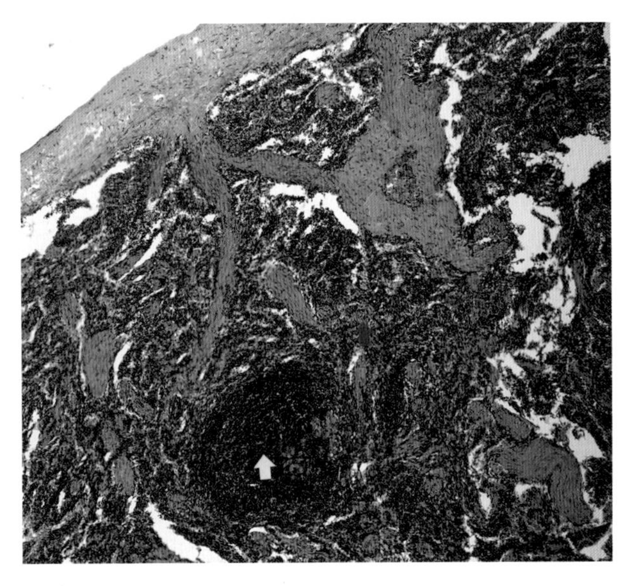

100×

脾脏： 整体萎缩，淋巴细胞数量显著减少，脾小结⬆和红髓区⬆面积显著减小，脾小梁增生⬆

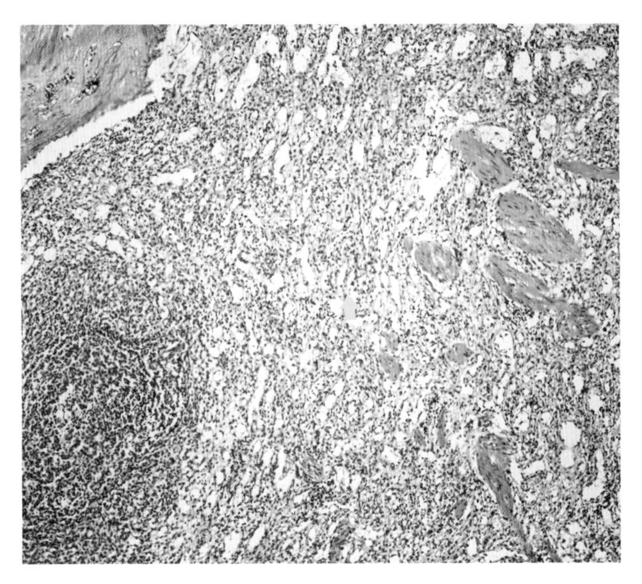

100×

脾脏： 红髓区淋巴细胞数量减少，组织疏松⬆

100×

脾脏： 红髓面积显著增大⬆，白髓面积显著缩小⬆

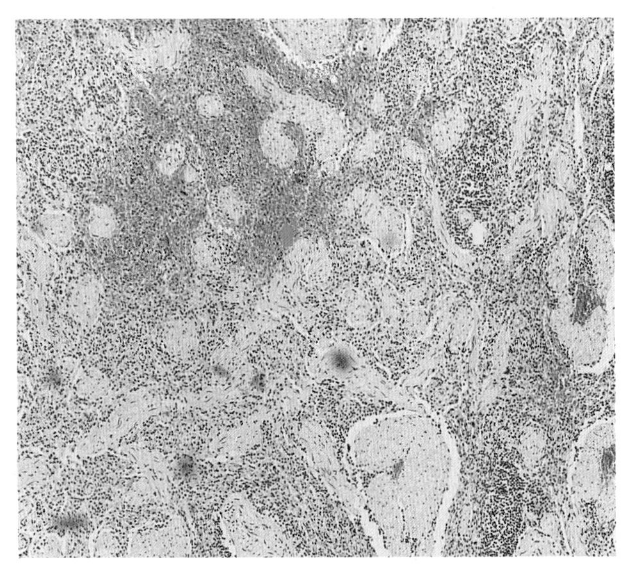

100×

脾脏： 红髓轻度充血、出血⬆，脾小结较少且面积显著减小⬆

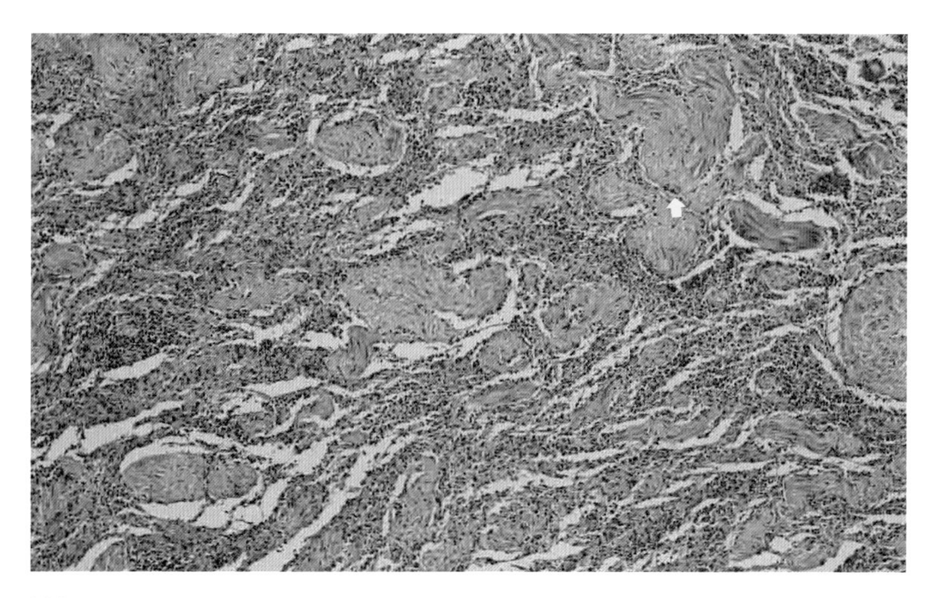

100×

脾脏：淋巴细胞数量显著减少，脾小梁增生

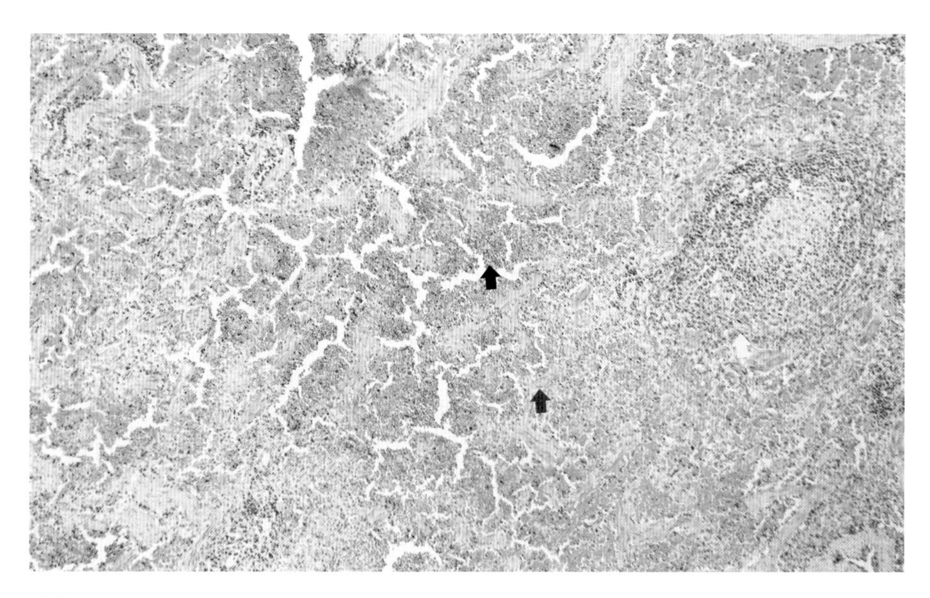

100×

脾脏：局部严重出血⬆，白髓 和红髓区⬆淋巴细胞均显著减少

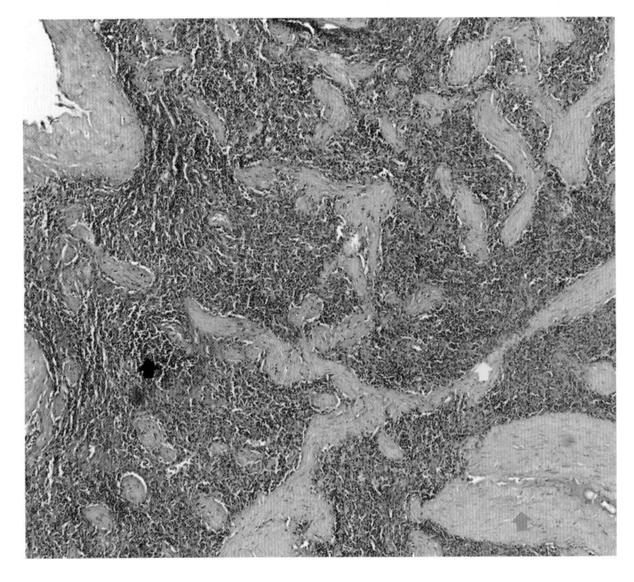

100×

脾脏： 脾脏萎缩，淋巴细胞数量显著减少，可见极少量与红髓分界不清的白髓⬆。脾小梁显著增生⬆。可见大量含铁血黄素沉积⬆

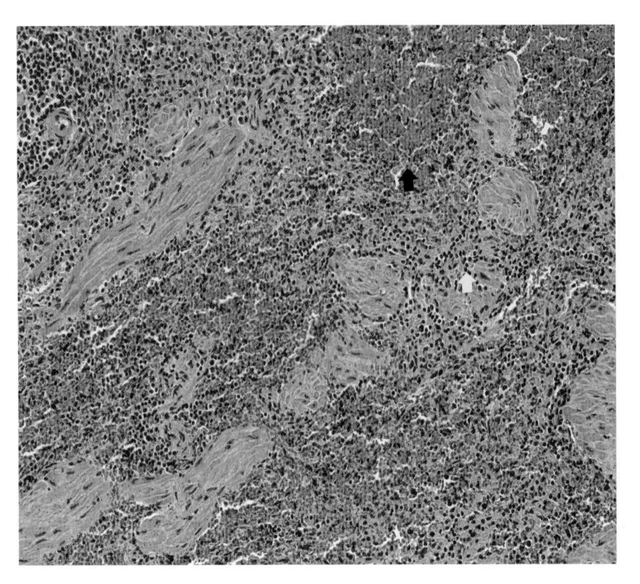

200×

脾脏： 淤血⬆，淋巴细胞数量显著减少⬆

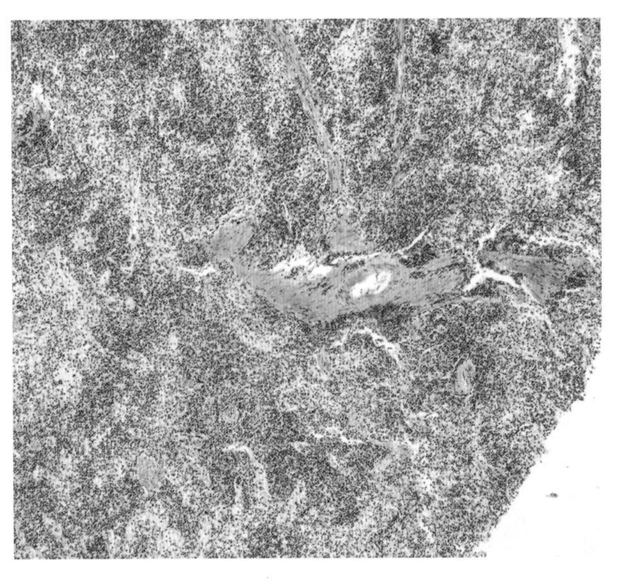

100×

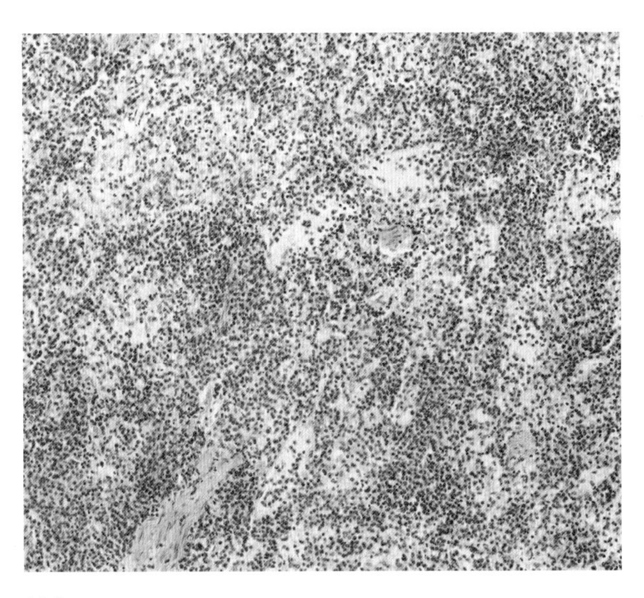

200×

脾脏： 脾脏淋巴细胞增生，但未形成典型的红、白髓结构，成熟脾小结数量显著减少，细胞排列较松散，间质增生

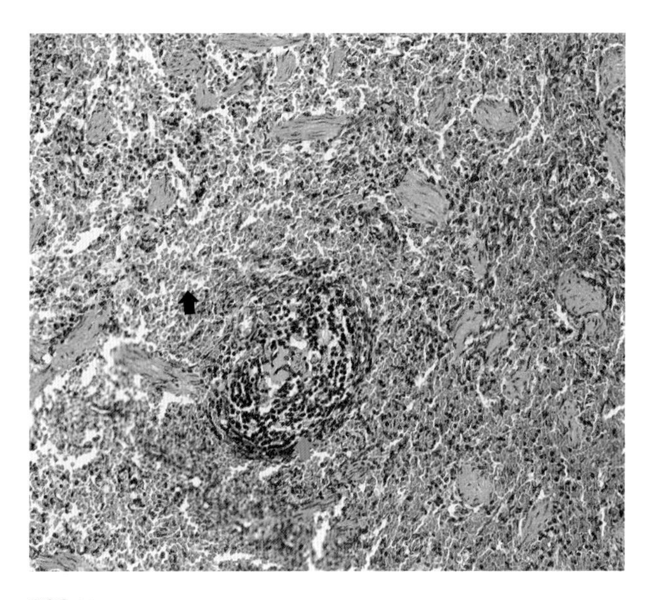

200×

脾脏：出血⬆，淋巴细胞数量显著减少⬆

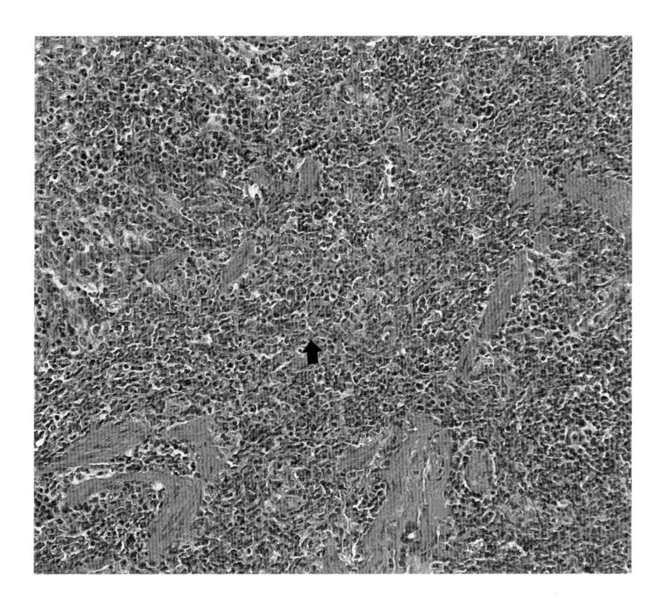

200×

脾脏：中度出血⬆，脾小结数量减少⬆，淋巴细胞数量减少

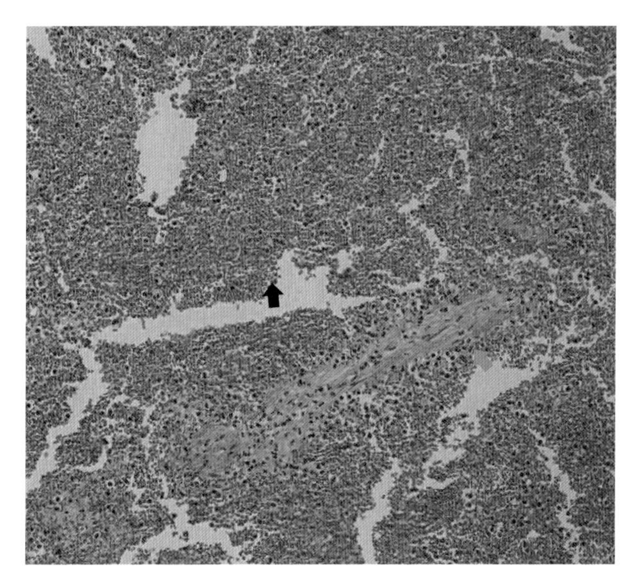

200×

脾脏：血肿⬆，淋巴细胞数量显著减少⬆

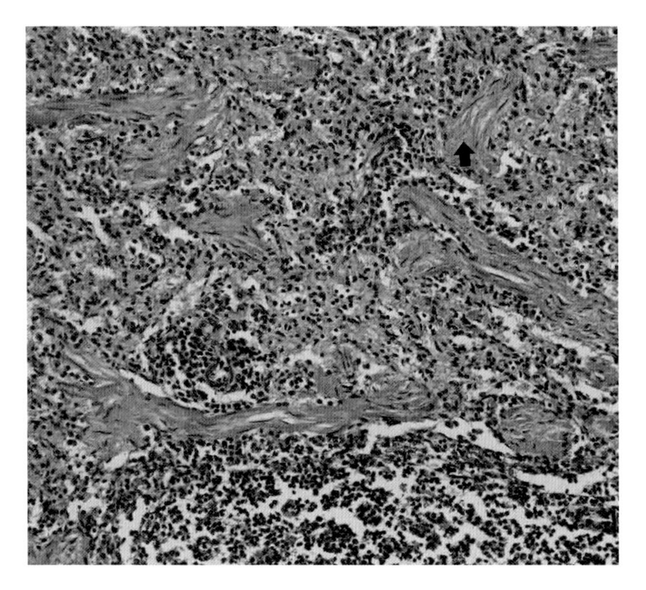

200×

脾脏：淋巴细胞数量显著减少，脾小梁增生⬆

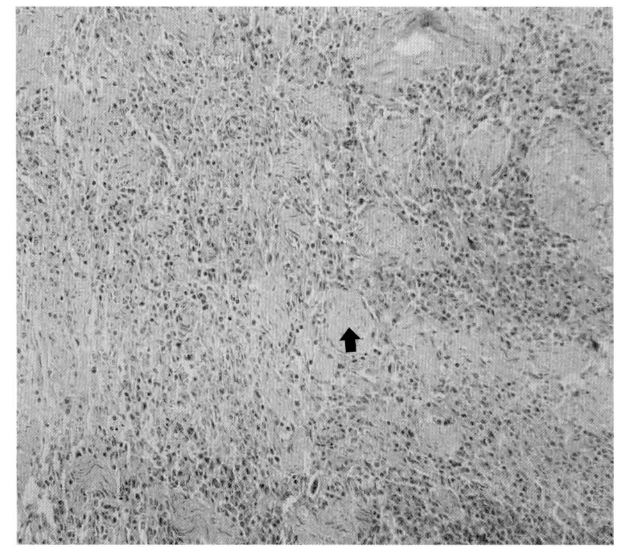

200×

脾脏：淋巴细胞数量减少，脾小梁显著增生⬆

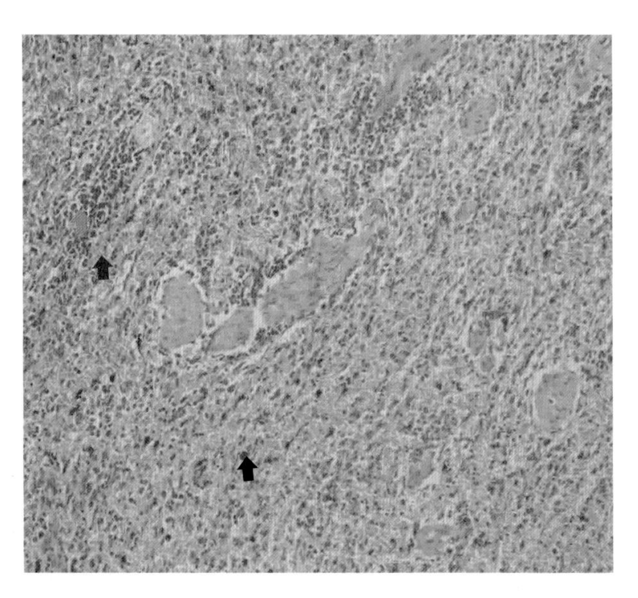

200×

脾脏：淋巴细胞数量显著减少⬆，出血⬆，含铁血黄素沉积⬆

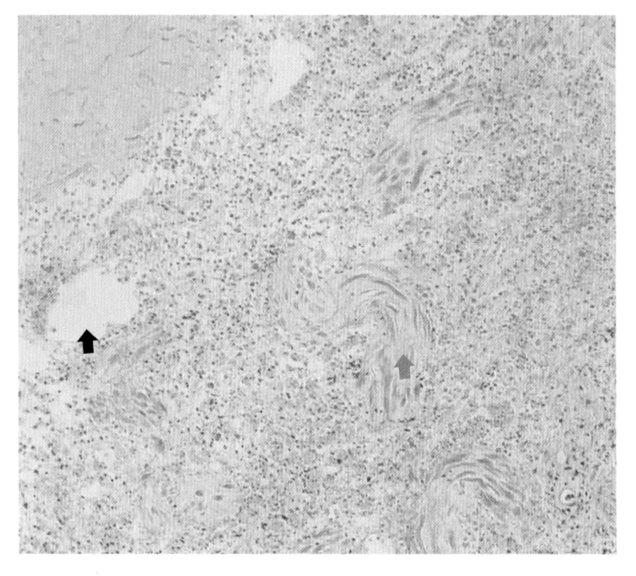

200×

脾脏：结构不清，淋巴细胞数量明显减少，间质增生⬆并有空洞形成⬆

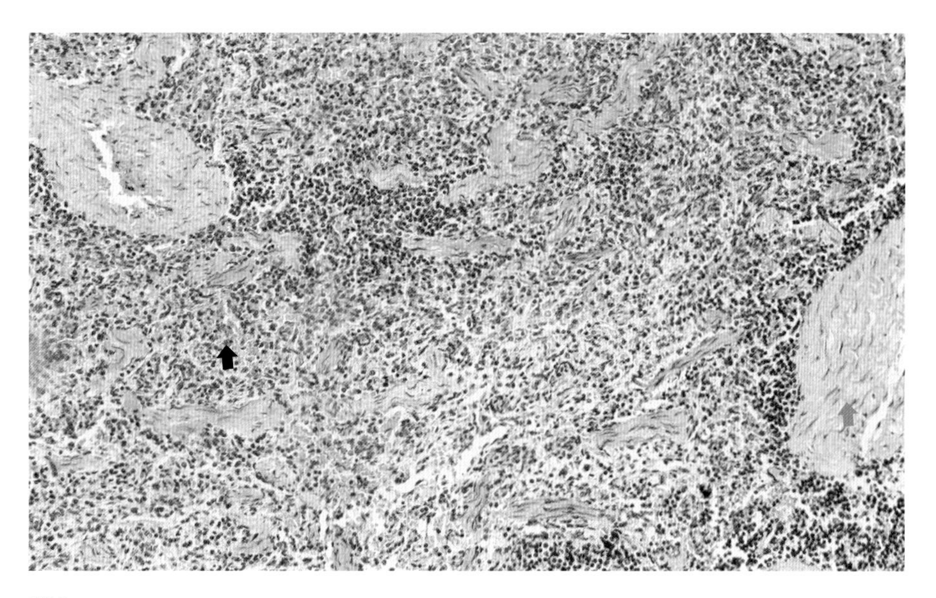

200×

脾脏：局部出血⬆，淋巴细胞数量减少，脾小梁增生⬆

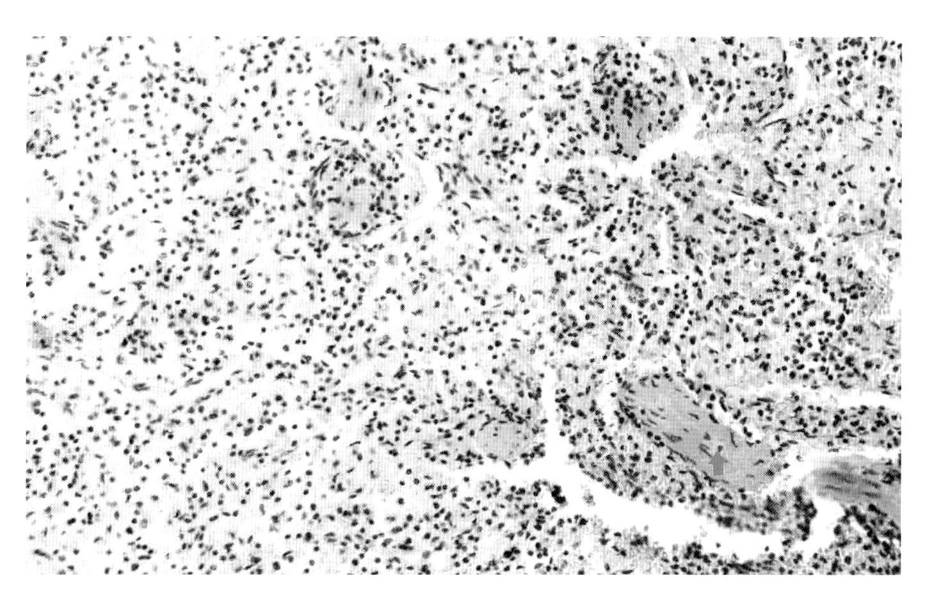

200×

脾脏：脾小梁增生⬆，淋巴细胞数量显著减少、结构紊乱

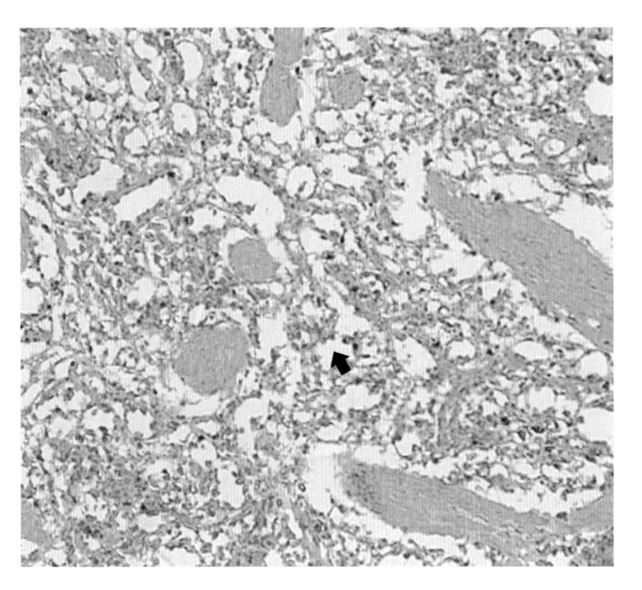

200×

脾脏：淋巴细胞坏死、数量减少、结构不清，形成大量空泡⬆，组织疏松呈海绵状

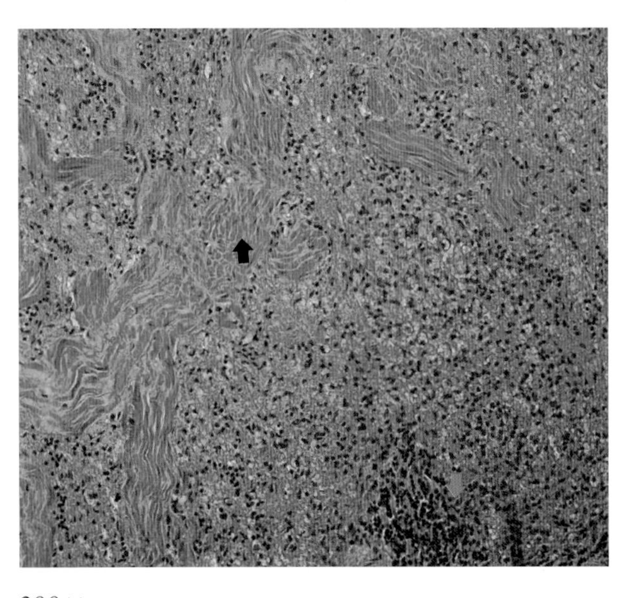

200×

脾脏：脾小梁显著增生⬆，淋巴细胞数量显著减少，白髓区面积显著缩小⬆

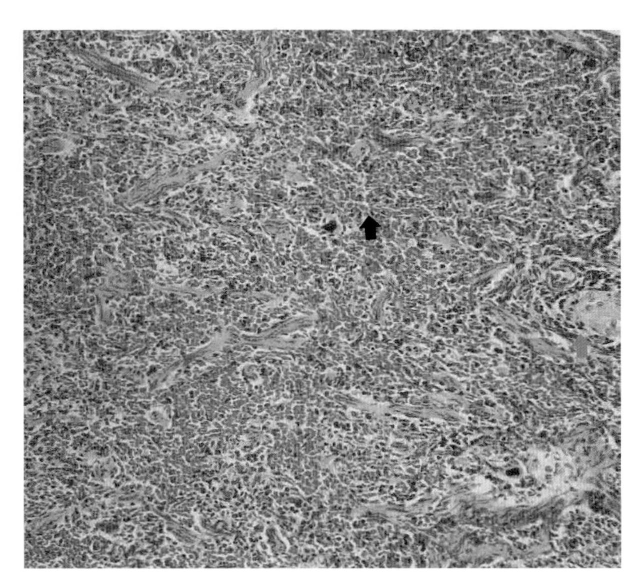

200×

脾脏：严重充血、出血⬆，红髓面积增大，白髓面积缩小⬆，淋巴细胞数量显著减少

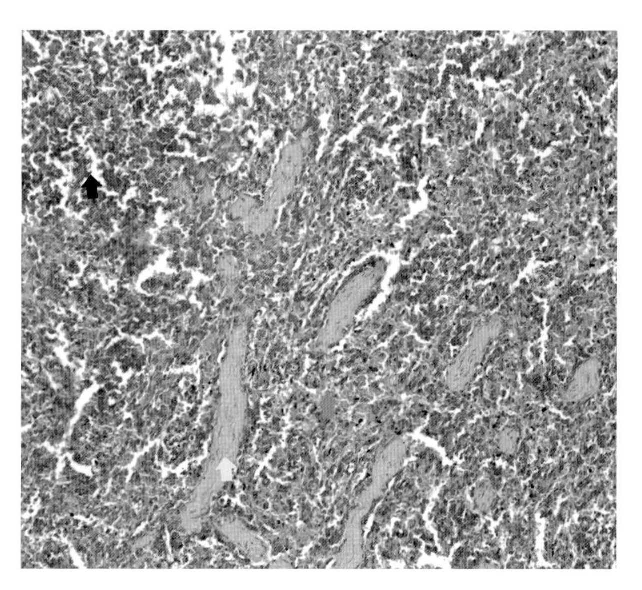

200×

脾脏： 白髓面积显著缩小⬆，红髓区充血、出血⬆，淋巴细胞数量显著减少，脾小梁显著增生。

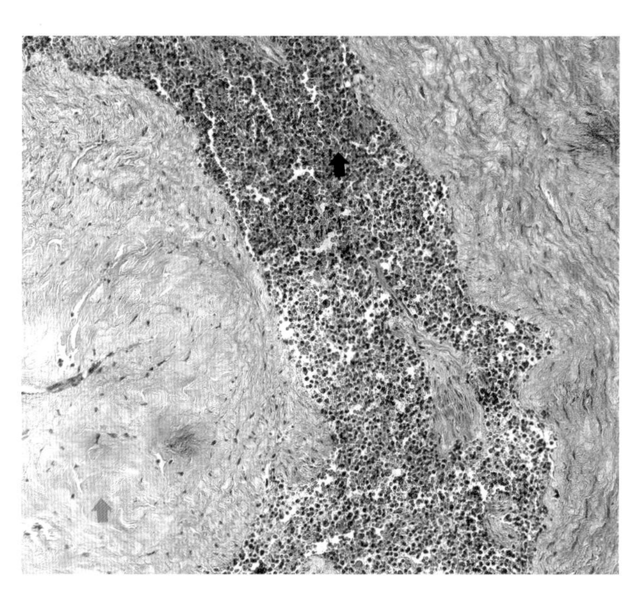

200×

脾脏： 整体萎缩，脾小梁增生⬆，淋巴细胞数量显著减少，白髓与红髓分界不清，弥漫性出血⬆

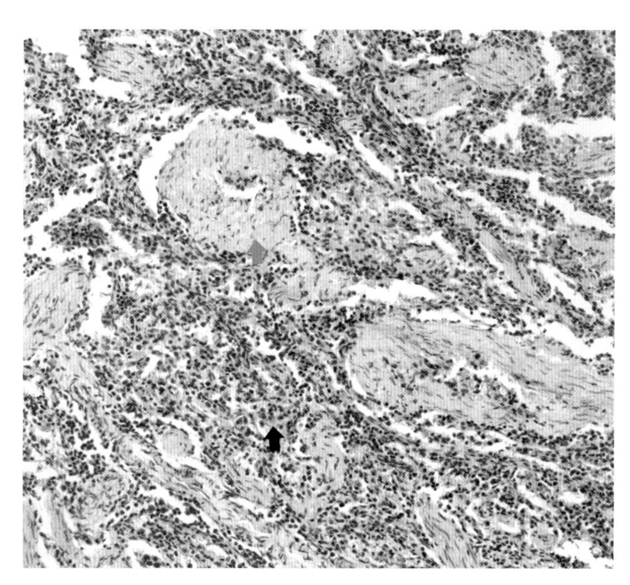

200×

脾脏： 萎缩，淋巴细胞数量显著减少，几乎未见完整的脾小结结构，脾小梁增生⬆，弥漫性轻度出血⬆

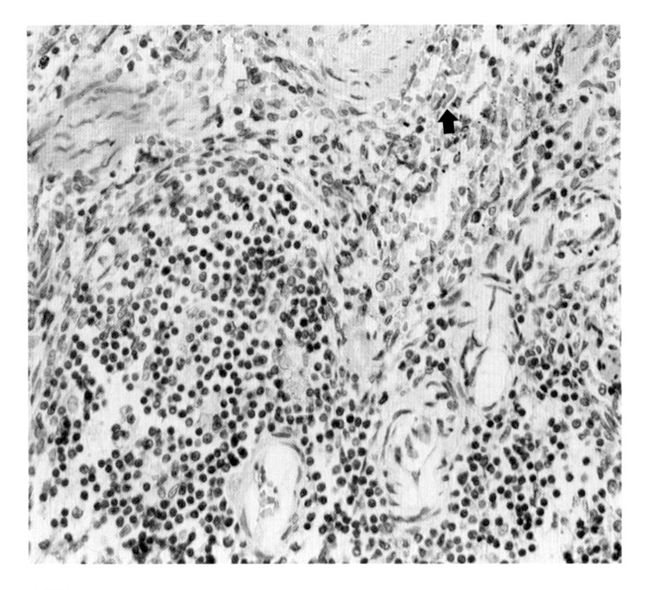

400×

脾脏：红髓区充血⬆，淋巴细胞数量减少

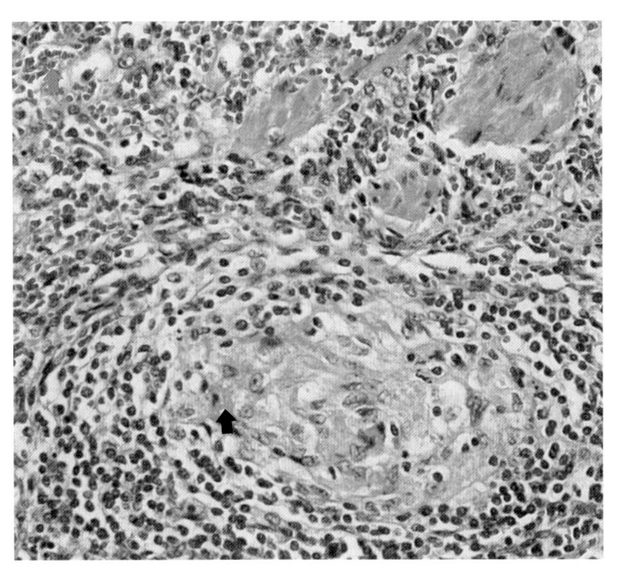

400×

脾脏：轻度萎缩⬆，淋巴细胞数量减少，伴有出血⬆

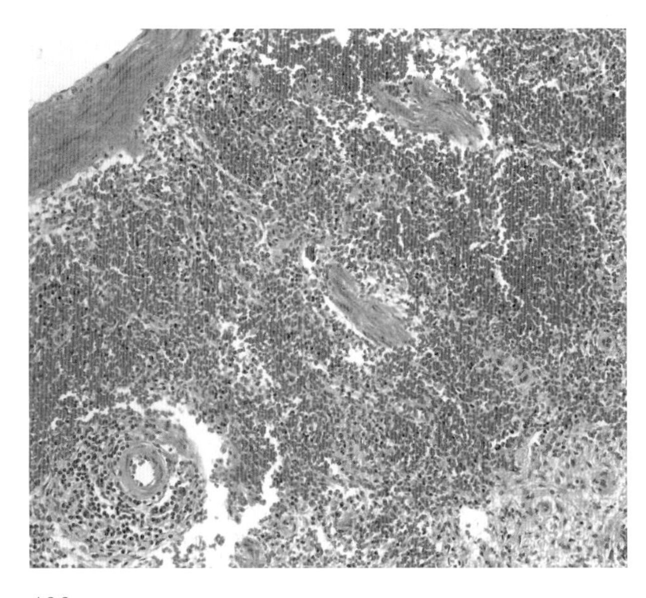

400×

脾脏：大面积的重度出血

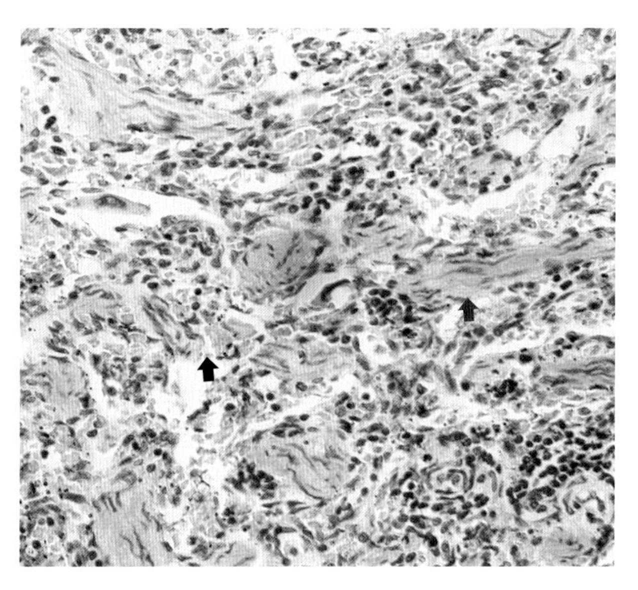

400×

脾脏：弥漫性充血、出血⬆，淋巴细胞数量减少，脾小梁增生⬆

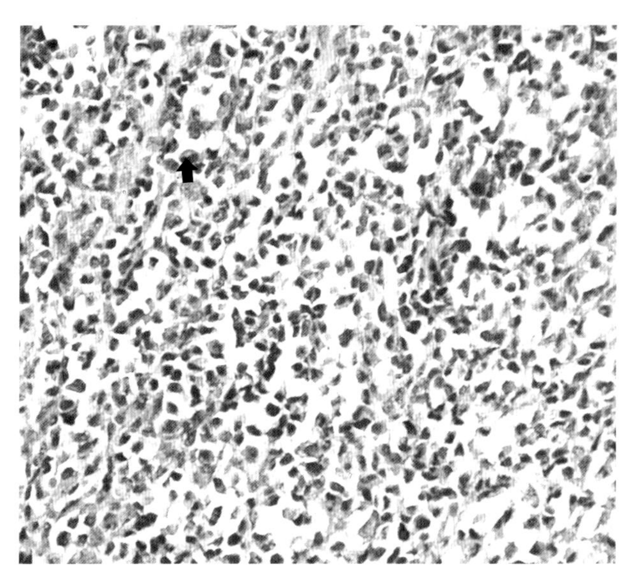

400×

脾脏：淋巴细胞数量减少，单核细胞增生⬆、结构紊乱

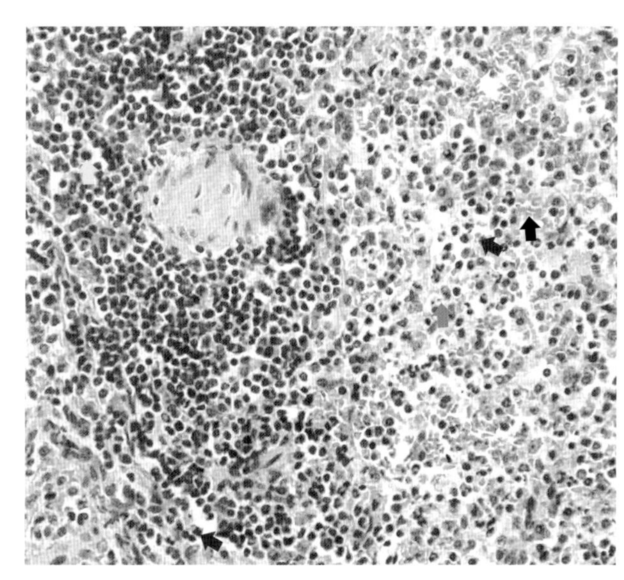

400×

脾脏：充血、出血⬆，淋巴细胞数量减少，可见部分细胞坏死⬆，中性粒细胞⬆、巨噬细胞 等浸润，呈急性脾炎表现

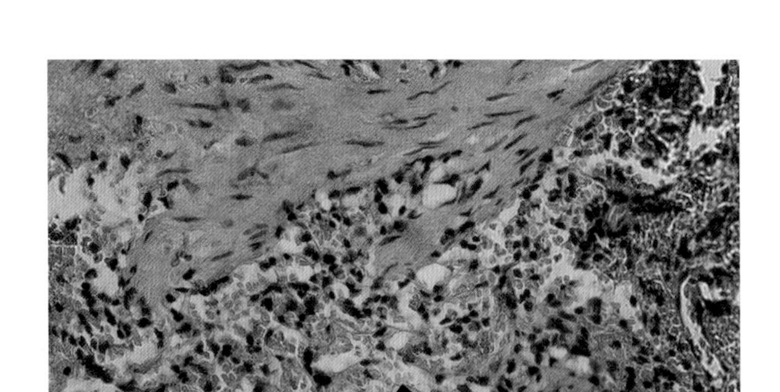

200×

脾脏： 严重充血、出血⬆，仅遗留少量白髓和红髓区细胞

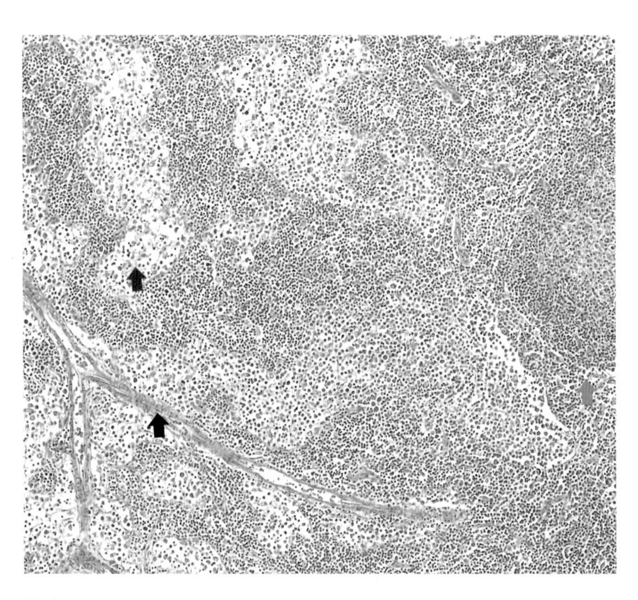

100×

淋巴结： 可见小梁⬆、皮质⬆和髓质⬆，皮质内可见淋巴小结，髓质可见髓索和髓窦

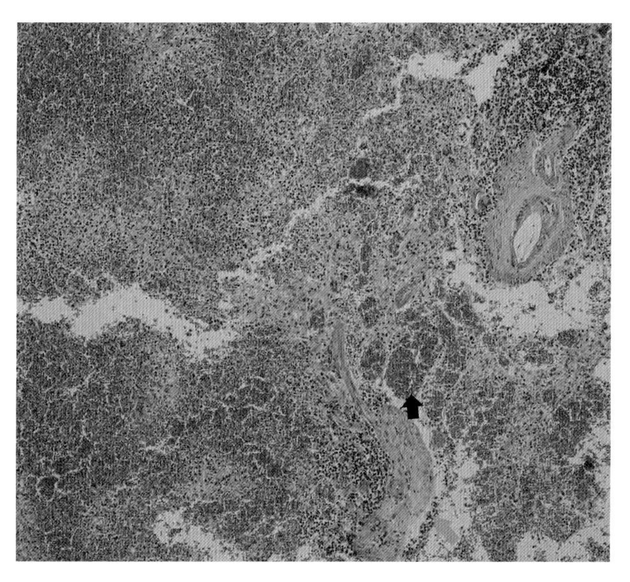

100×

淋巴结：肠系膜淋巴结。可见重度充血、出血⬆，淋巴细胞数量显著减少、结构紊乱，炎性细胞浸润⬆，呈急性淋巴结炎表现

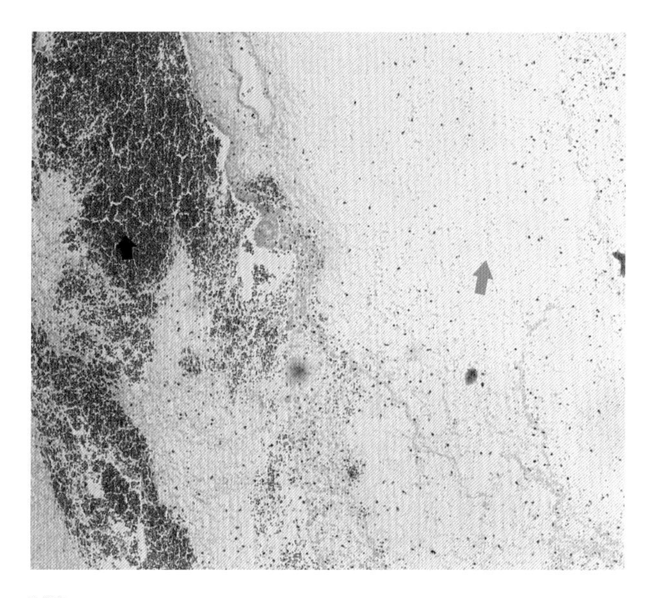

100×

淋巴结：颌下淋巴结。皮质区出血⬆，髓质区水肿、呈胶冻样坏死⬆

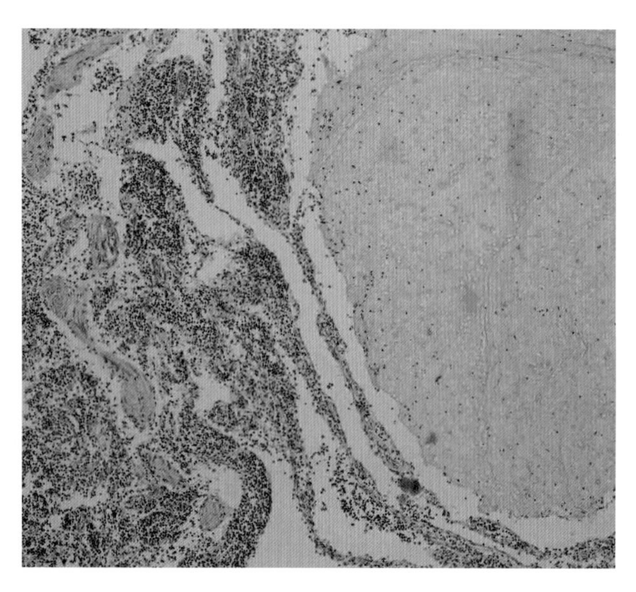

100×

淋巴结：肠系膜淋巴结水肿，可见蛋白样物质沉积⬆

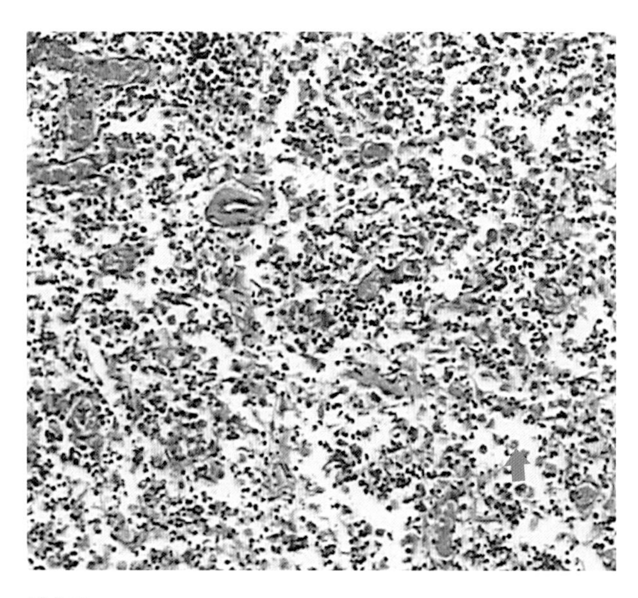

100×

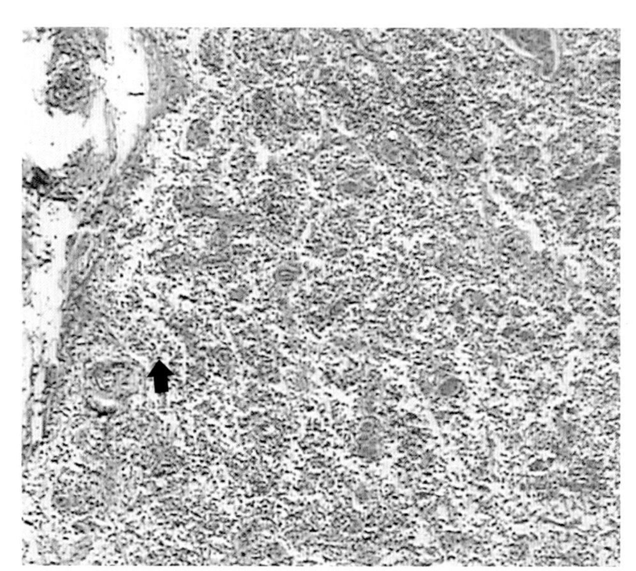

200×

淋巴结：被膜及实质组织疏松⬆，有炎性渗出⬆，呈急性淋巴结炎表现

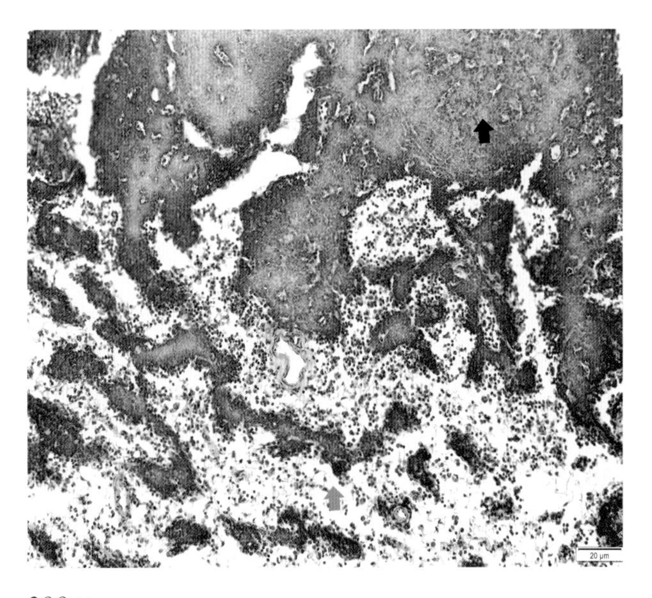

200×

淋巴结：淋巴细胞坏死，淋巴小结出血⬆，淋巴窦和髓窦显著扩张⬆，窦内有较多炎性细胞聚集

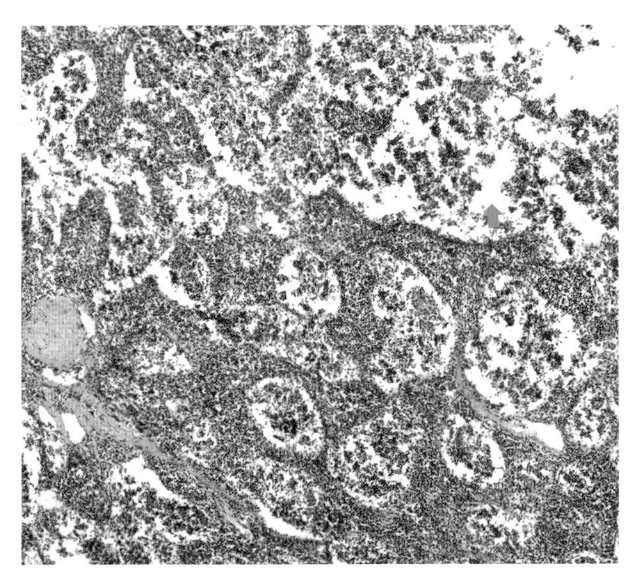

100×

400×

淋巴结：淋巴结水肿⬆，淋巴小结数量显著减少。髓索增宽，髓窦巨噬细胞数量显著增加⬆

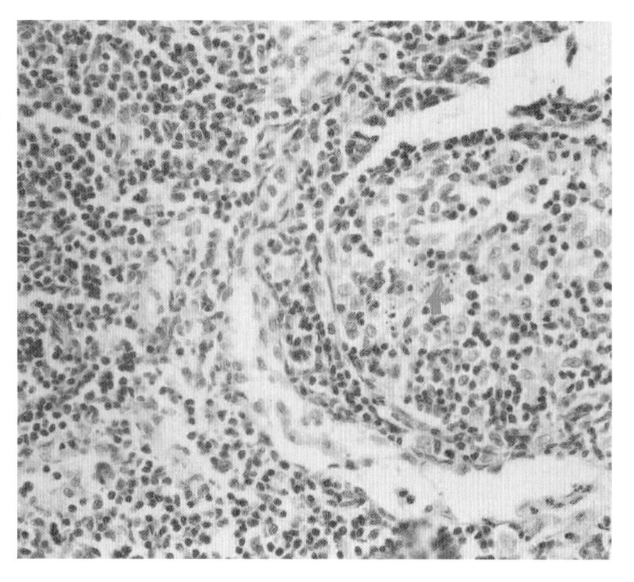

400×

淋巴结： 淋巴小结内淋巴细胞数量减少，可见少数淋巴细胞坏死⬆

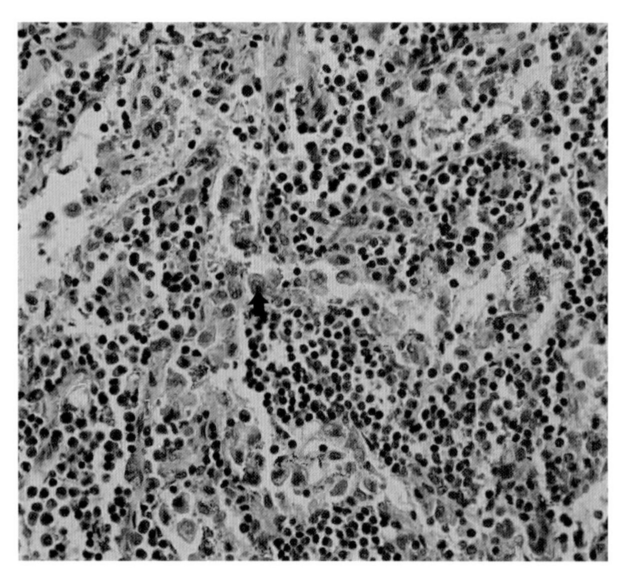

400×

淋巴结： 颌下淋巴结炎。巨噬细胞等浸润⬆，内含吞噬的色素沉积

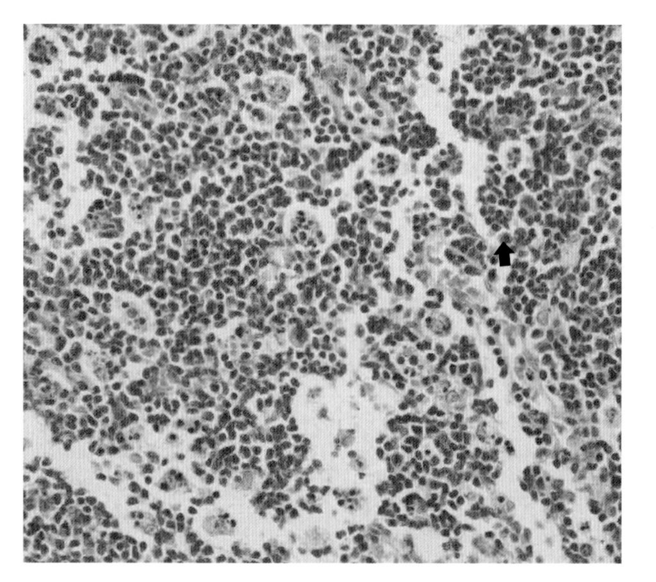

400×

淋巴结： 少量淋巴细胞坏死，巨噬细胞增多⬆

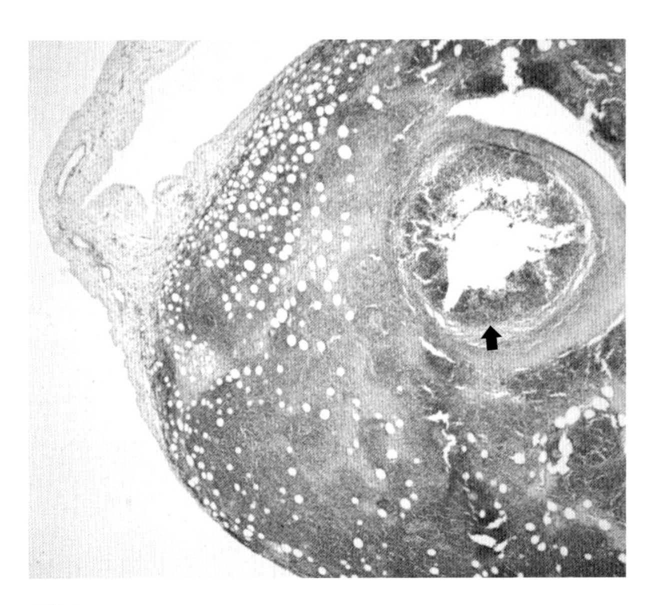

40×

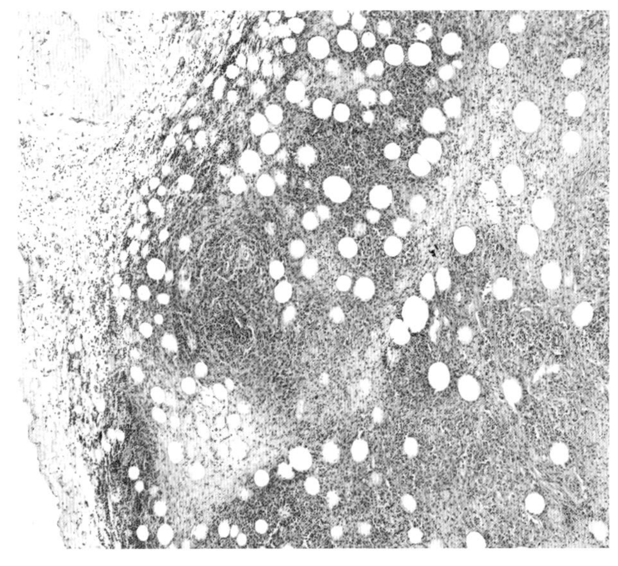

100×

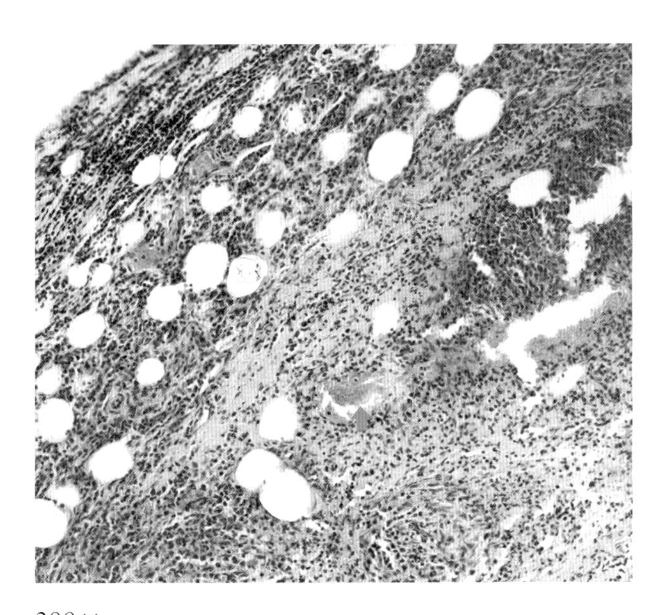

200×

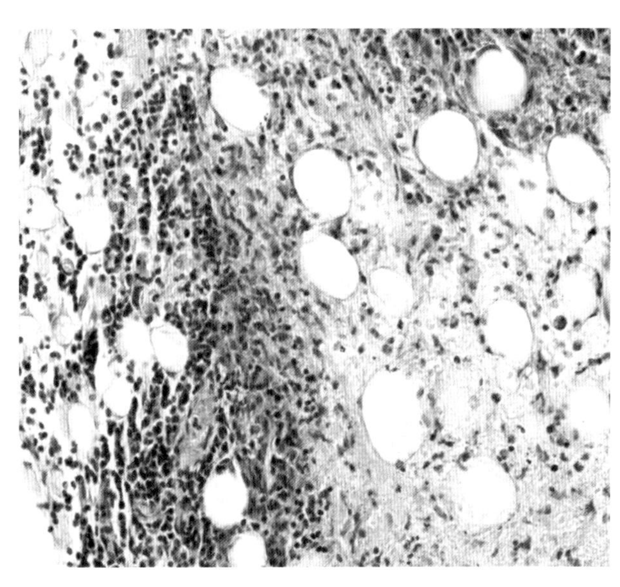

400×

淋巴结： 肠系膜淋巴结肿大，间质增生将瘤细胞分割成岛屿状或滤泡状，致皮质、髓质结构分界不清，血管大量增生、扩张⬆，可见中心性圆形坏死灶并形成包囊⬆，细胞异型性明显，可见核分裂象，疑似霍奇金淋巴瘤

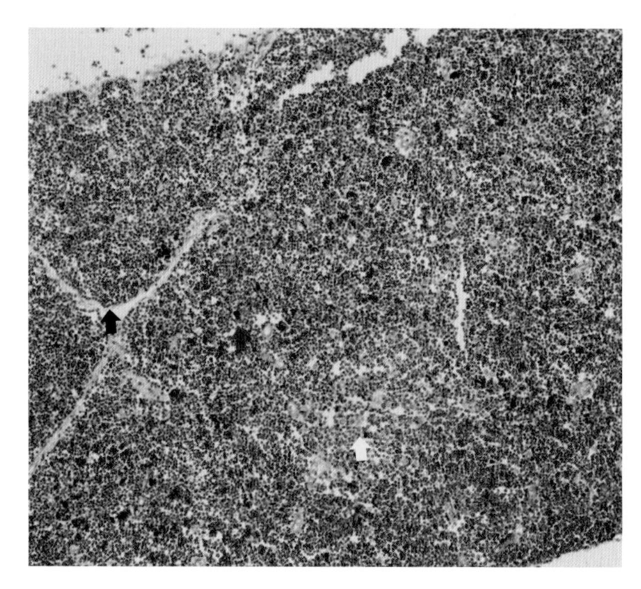

100×

胸腺： 可见小叶间结缔组织⬆、胸腺小叶，胸腺小叶内有皮质⬆和髓质⬆

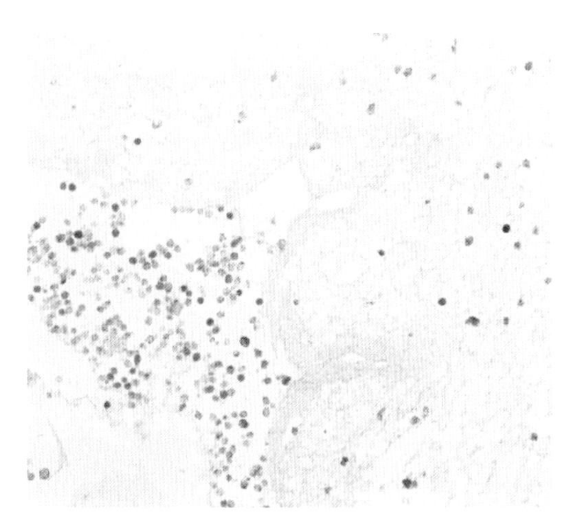

免疫组化染色（蓝色显色），400×

胸腺：可见肿块组织CA199染色阳性

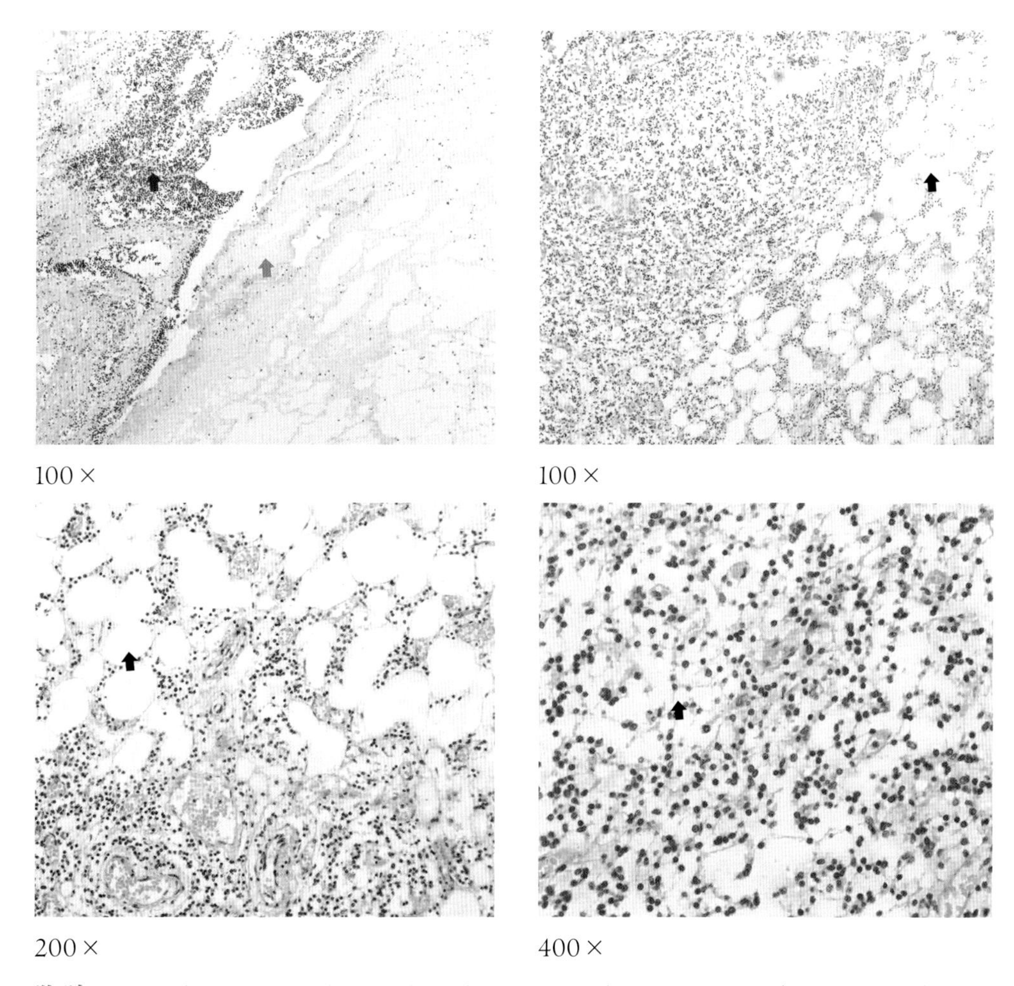

100×　　100×

200×　　400×

胸腺：脂肪瘤。取自胸腺部位的肿块，可见肿块组织CA199染色阳性。肿块组织由成熟脂肪组织⬆和少量增生的纤维组织⬆构成，纤维组织呈宽带状和实片状，不均匀穿插在脂肪组织中，部分胶原化，间质散在少量淋巴细胞和单核细胞⬆

第八章

Chapter 8

神经系统

神经系统分为中枢神经系统和周围神经系统两部分，中枢神经系统包括脑和脊髓，周围神经系统分为脑神经和脊神经。

小脑包括皮质和髓质，皮质由表及里分为分子层、蒲肯野细胞层、颗粒层。

小脑的主要病理变化常见于神经细胞及血管。

神经细胞的主要病理变化

神经细胞肿胀、凝固、空泡变性、液化性坏死，胶质细胞肥大、增生，可见卫星现象及噬神经细胞现象。

血管的主要病理变化

小动脉和毛细血管可见扩张、充血、血管周围袖套现象，病毒感染偶可见包涵体形成。

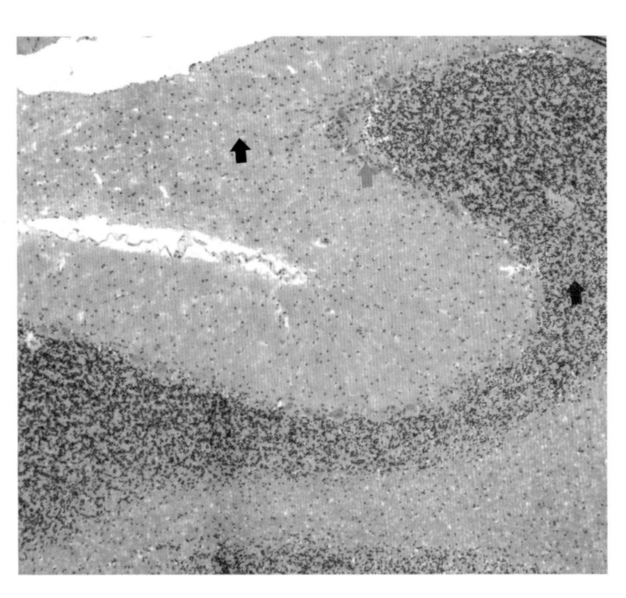

100×

小脑：可见分子层⬆、蒲肯野细胞层⬆、颗粒层⬆

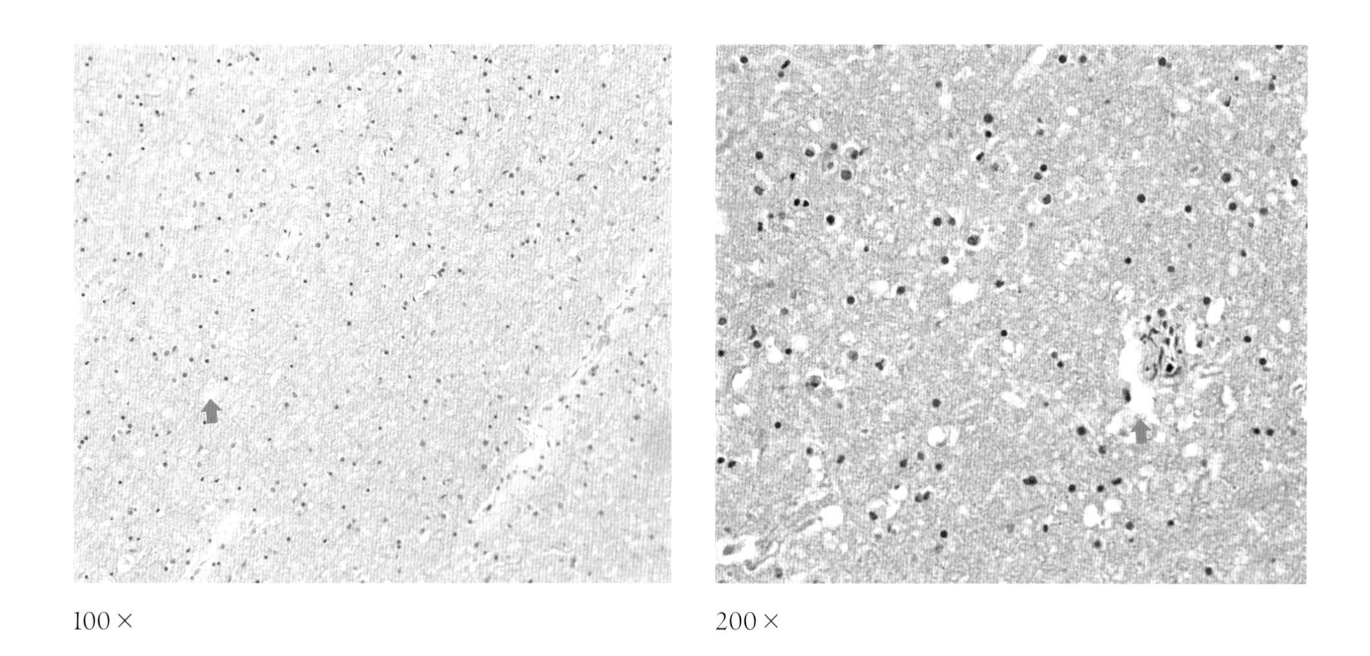

100 ×　　200 ×

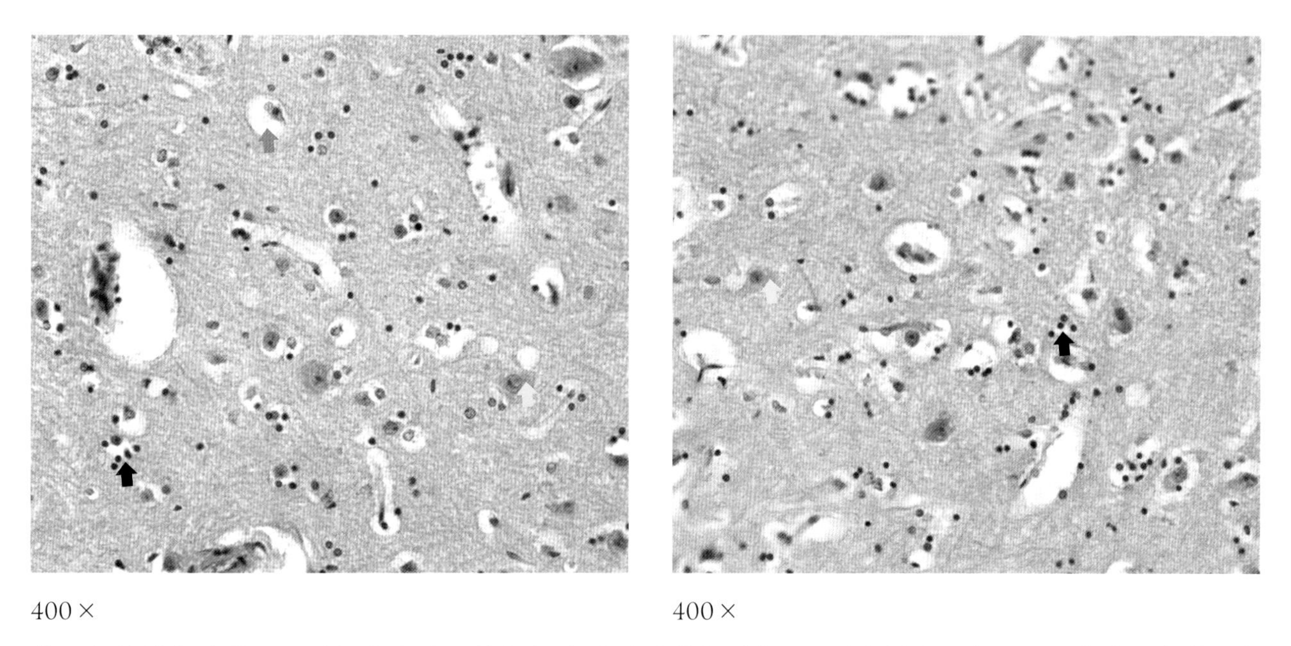

400 ×　　400 ×

脑： 大脑结构清楚，可见轻度水肿，神经细胞周围形成空洞，可见脂褐素沉积，小胶质细胞增生

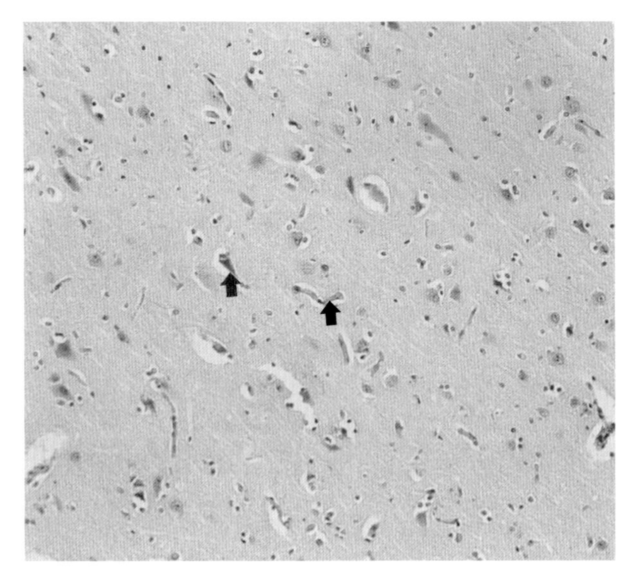

200×

脑：神经细胞肿胀⬆，毛细血管扩张⬆

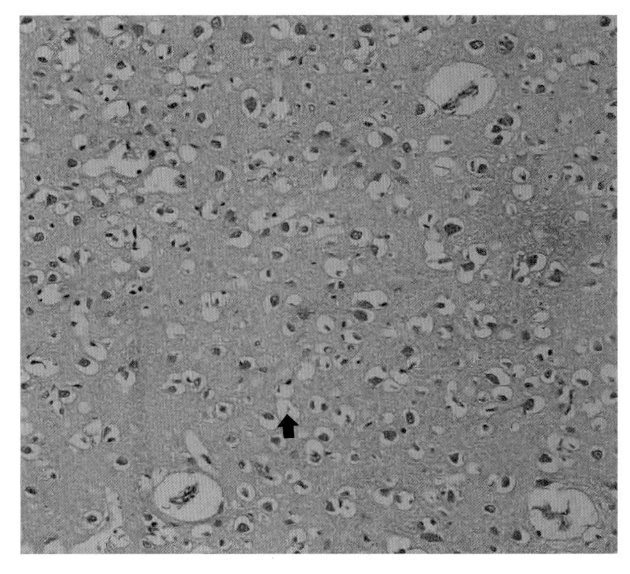

200×

脑：脑水肿。可见弥漫性空泡变性⬆

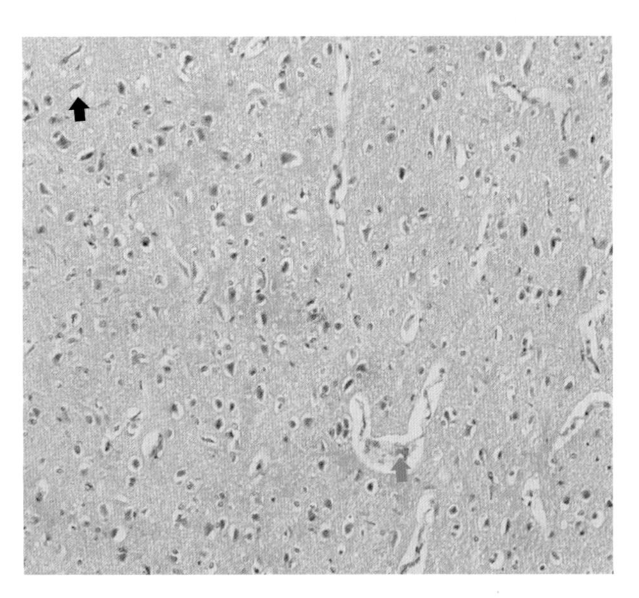

200×

脑：脑水肿。可见大量空泡出现⬆，毛细血管扩张⬆

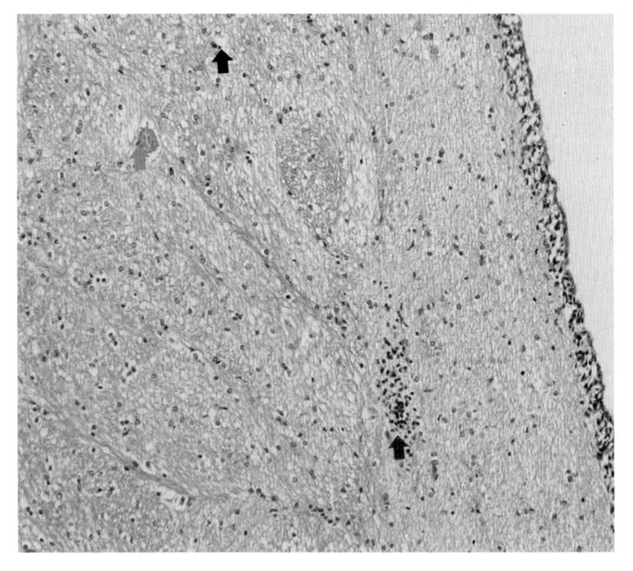

200×

脑：可见大量空泡⬆，毛细血管扩张、充血⬆，脑膜及脑膜下炎性细胞浸润⬆，初步诊断为脑水肿伴炎症

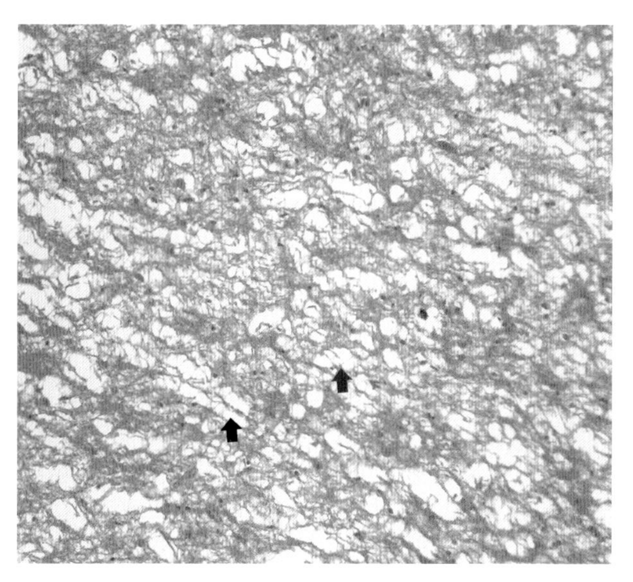

200×

脑：弥漫性脑水肿。神经细胞肿胀，纤维髓鞘肿胀⬆、脱髓鞘⬆。

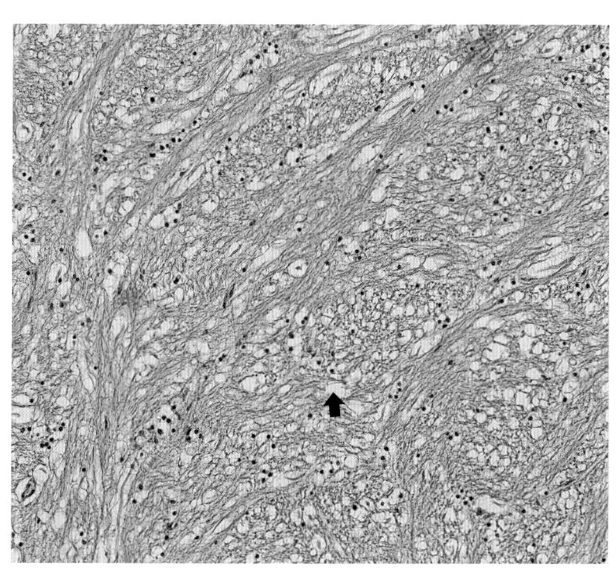

200×

脑：弥漫性脑水肿。呈海绵状⬆，脑白质增生

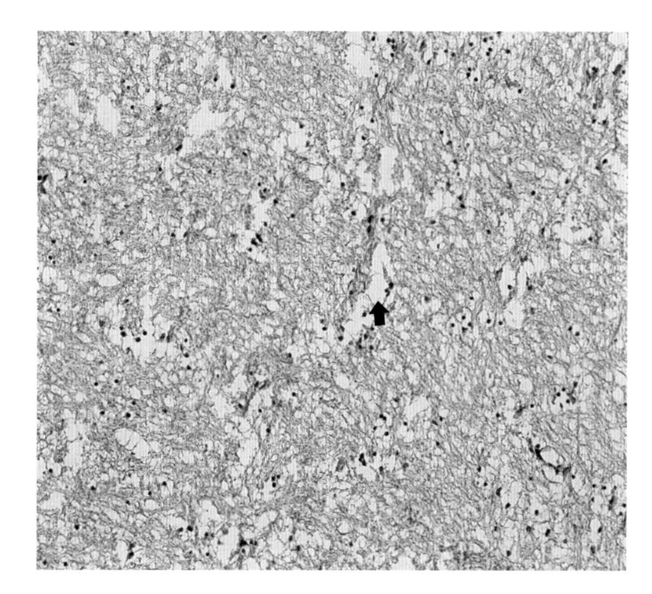

200×

脑：弥漫性脑水肿。呈海绵状，可见液化坏死灶⬆

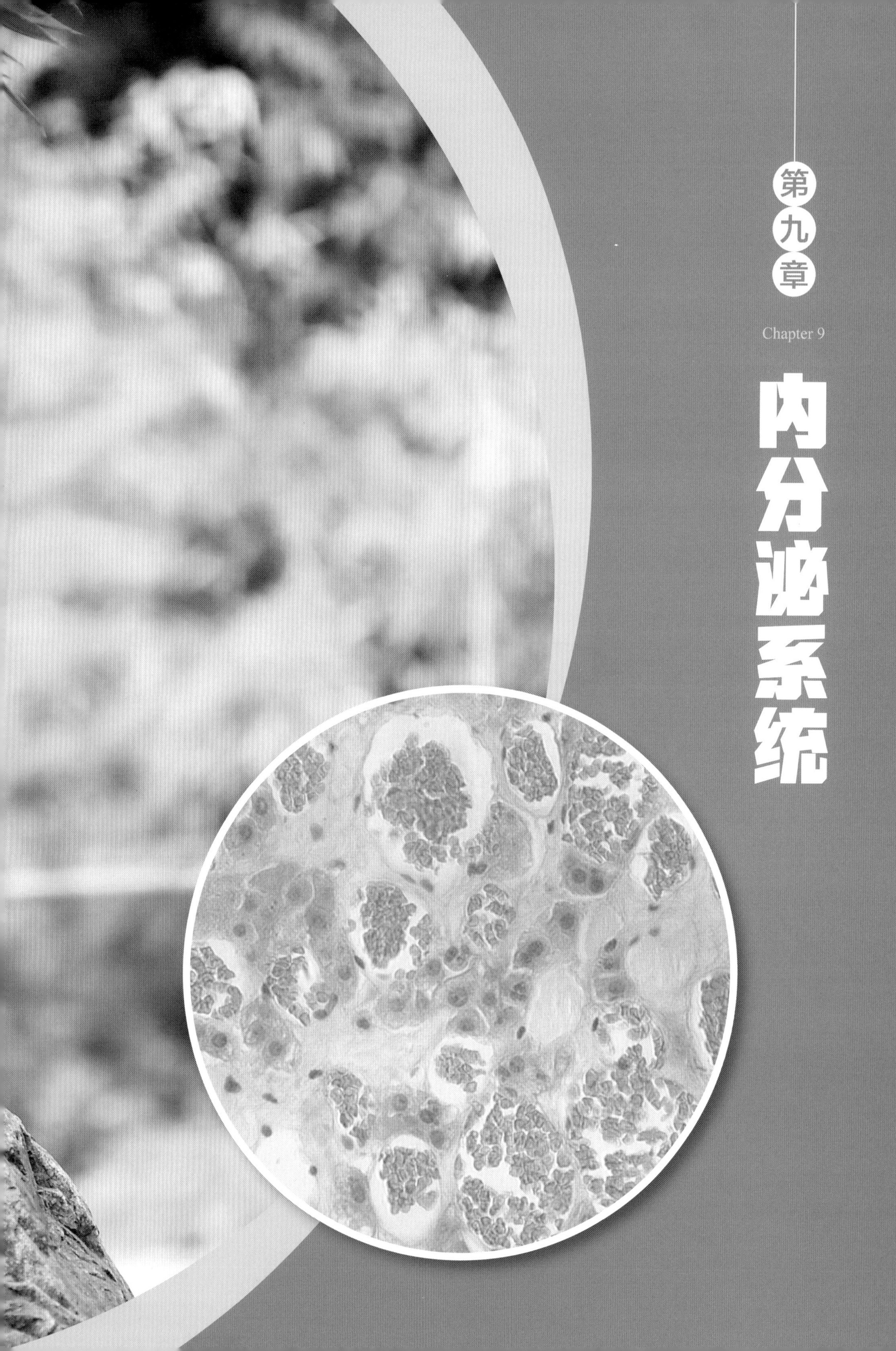

第九章 Chapter 9 内分泌系统

内分泌系统由内分泌腺和分布于其他器官内的内分泌细胞组成。内分泌腺包括垂体、松果体、甲状腺、甲状旁腺和肾上腺等。

甲状腺表面被覆结缔组织被膜，腺实质由大量甲状腺滤泡和滤泡旁细胞组成，甲状腺滤泡由单层立方的滤泡上皮细胞围成，滤泡腔内充满胶质。滤泡间有少量结缔组织和丰富的毛细血管。

肾上腺表面被覆结缔组织被膜，少量结缔组织深入实质，实质分为外周的皮质和中央的髓质，皮质由外向内依次为球状带、束状带和网状带。髓质主要由髓质细胞构成。

大熊猫内分泌系统的病理损伤常见于肾上腺，主要表现为肾上腺充血、出血，肾上腺上皮细胞变性、坏死。

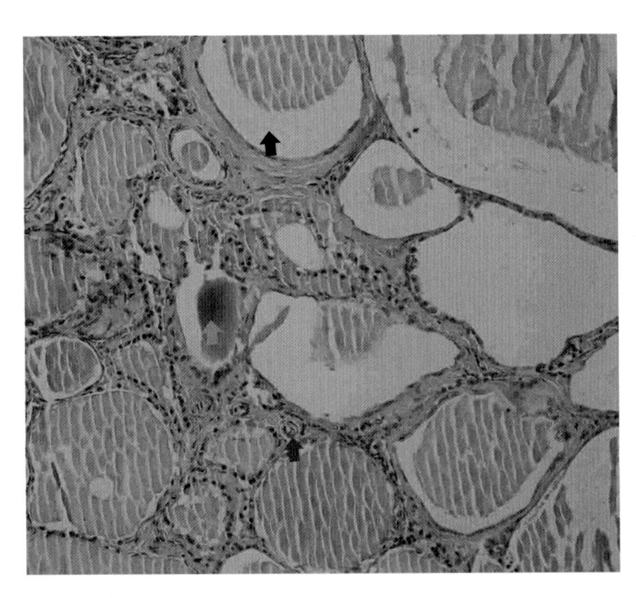

200×

甲状腺：可见甲状腺滤泡⬆、胶质⬆、血管⬆

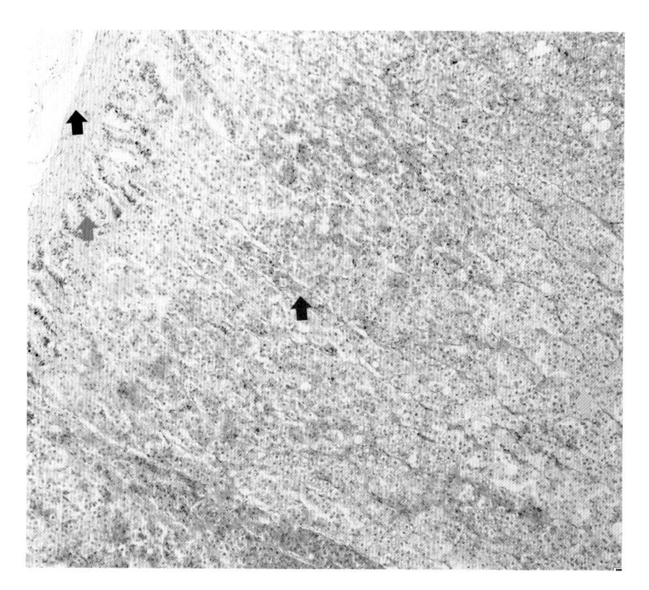

100×

肾上腺： 可见被膜⬆、球状带⬆、束状带⬆、网状带⬆

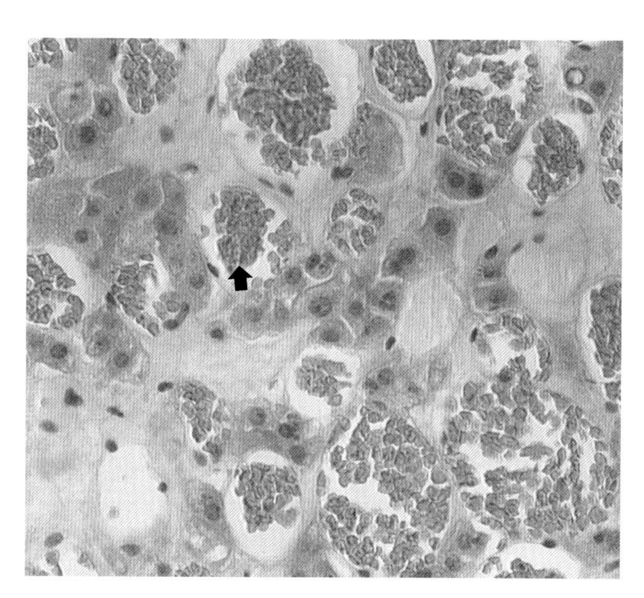

400×

肾上腺： 广泛性静脉性充血⬆

第十章

Chapter 10

被皮系统

被皮系统包括皮肤和皮肤衍生物。皮肤一般由表皮、真皮和皮下组织3层组成。表皮是皮肤的最浅层，由角化的复层扁平上皮构成，其细胞可分为角质形成细胞和非角质形成细胞。其中，角质形成细胞由内向外依次为基底层、棘层、颗粒层、透明层和角质层5层，基底层借助基膜与真皮相连。真皮位于表皮的深层，由致密结缔组织构成，可分为浅层的乳头层和深层的网织层。皮下组织位于真皮网织层的深部，由疏松结缔组织构成。

皮肤的衍生物包括毛、皮脂腺、汗腺和乳腺。乳腺由间质和实质构成，间质由疏松结缔组织构成，实质由许多乳腺叶构成，每个乳腺叶是一个复管泡状腺，由分泌部和导管部组成。分泌部由腺泡组成，腺上皮为单层立方或柱状上皮，导管部包括小叶内导管、小叶间导管、输乳管、乳池和乳头管。

皮肤常见的病理学改变常见于表皮层、真皮层及皮下组织。

表皮层的主要病理变化

角质层增厚，棘层萎缩、肥厚并偶见假上皮瘤样增生（棘层显著肥厚、不规则增生，伸长的表皮突可深达真皮层汗腺区域，增生的表皮细胞分化良好，无异型）、水肿，颗粒层增生或消失。

真皮层的主要病理变化

肿瘤性增生，炎性细胞浸润，真皮层小动脉、结缔组织或细胞内半透明的均质物沉积、变性、坏死。

皮下组织的主要病理变化

脂肪坏死，炎性细胞浸润、变性、萎缩甚至消失。

乳腺的主要病理变化

乳头皮脂腺增生，上皮细胞变性、坏死，鳞状上皮内陷到下层间质中，输乳管扩张，小叶内间质呈疏松黏液样。

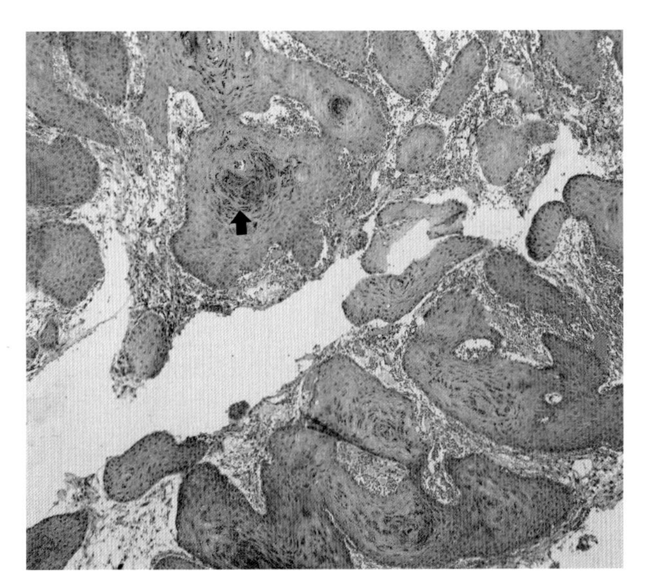

100×

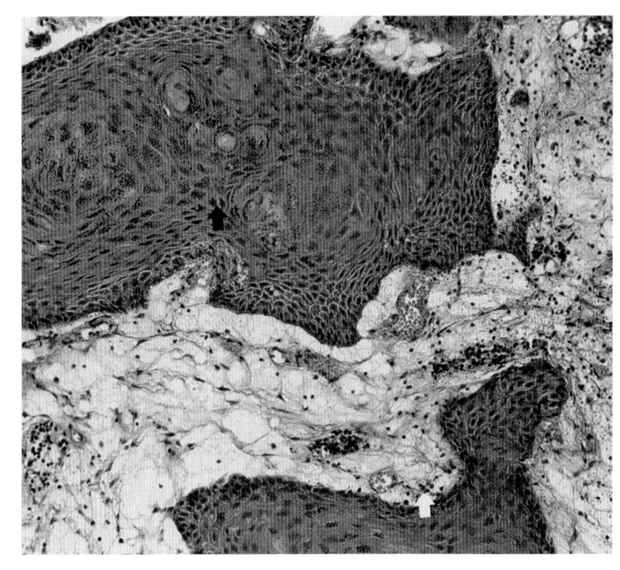

200×

皮肤： 皮肤增生物。肿瘤细胞为不规则的鳞状细胞团块，细胞体积较大，胞质丰富，伴明显角化⬆，异型性不明显。出血⬆，可见炎性细胞浸润⬆。诊断为疣状增生

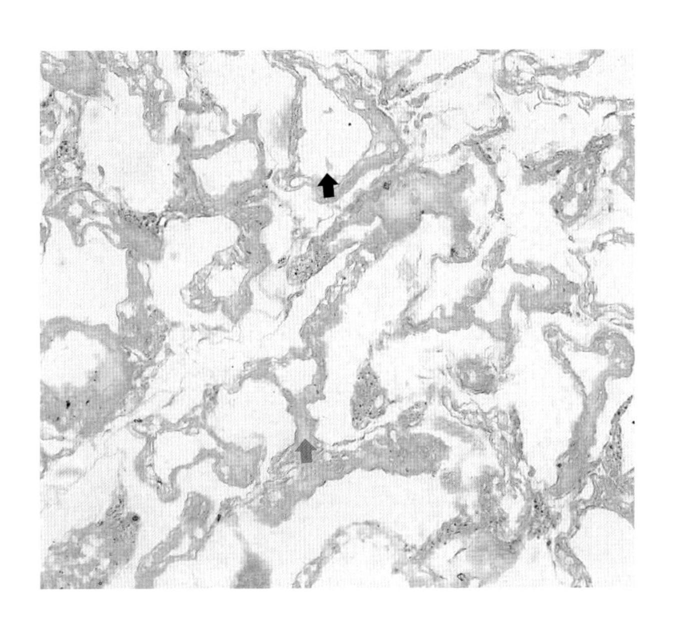

200×

乳腺： 上皮细胞脱落⬆，凝固性坏死⬆

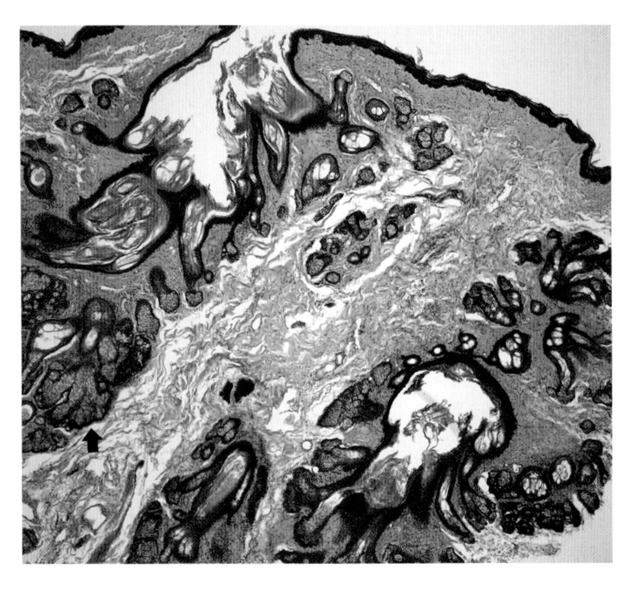

40×

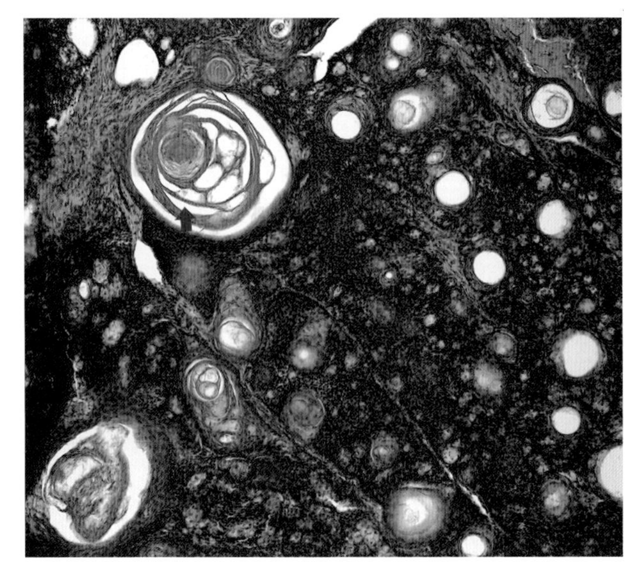

100×

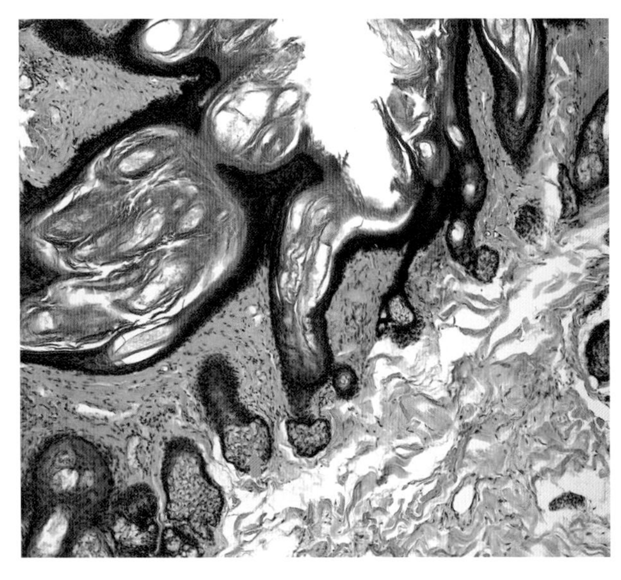

200×

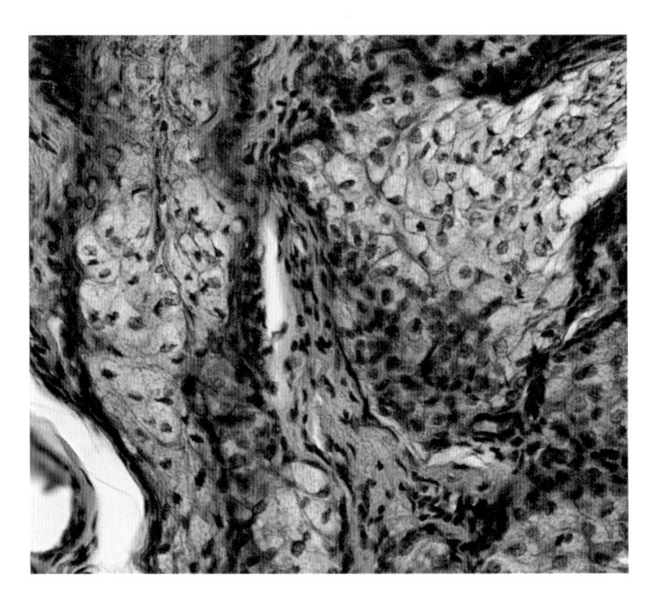

400×

肛周： 肿瘤组织主要位于真皮内，呈团块状分布，形态不规则⬆。细胞团中央可见成熟的皮脂腺细胞⬆，外周包绕或间杂分布大量基底样生发细胞，皮脂腺细胞显著多于基底样细胞，成熟的皮脂腺结构少见，初步判断为皮脂腺瘤。另可见大量鳞状上皮细胞化生，形成癌巢，癌巢中心角化过度并形成典型的呈同心圆状的角化珠⬆，初步判断为皮肤鳞状上皮癌

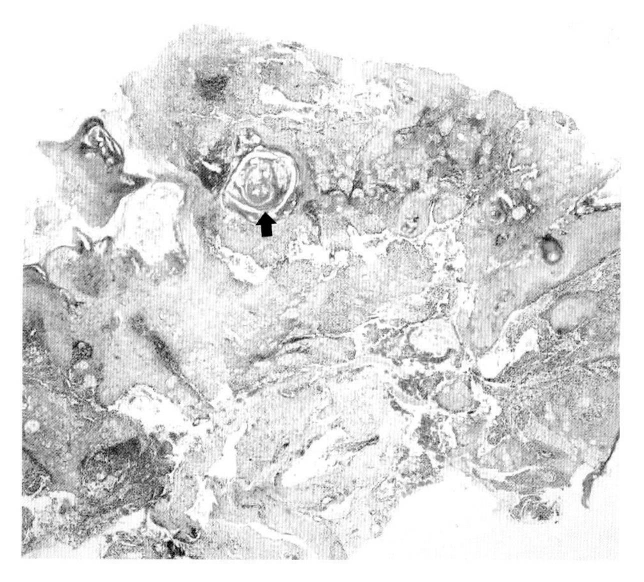

40×

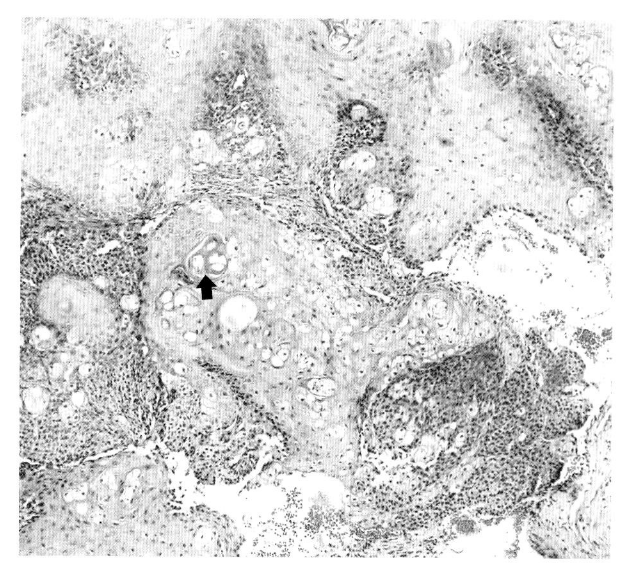

100×

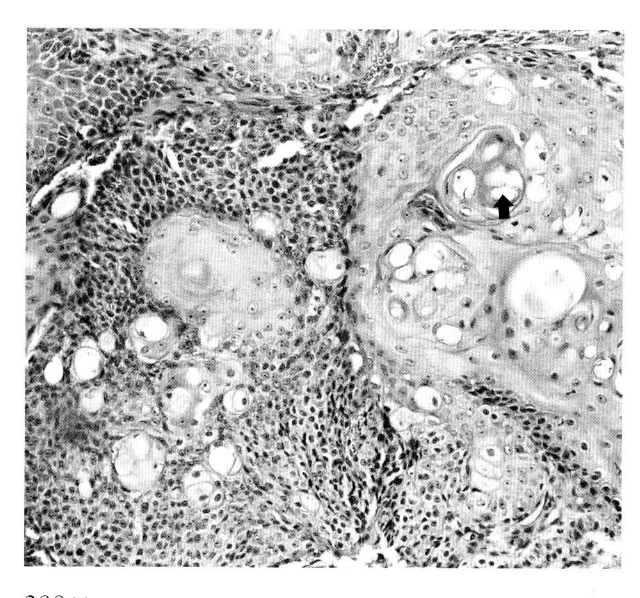

200×

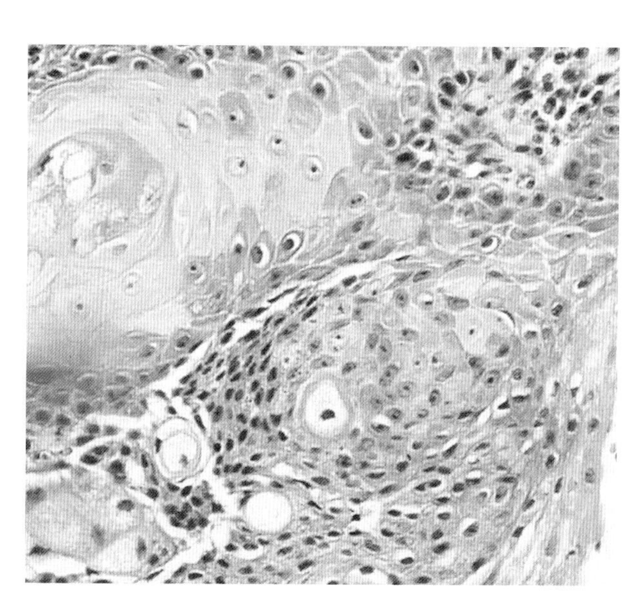

400×

肛周：肛周组织由不规则表皮细胞团块构成，向真皮增生。可见大量正常鳞状细胞和非典型鳞状细胞间杂分布。可见细胞角化不良和角化珠⬆的形成。初步判断为鳞状上皮癌

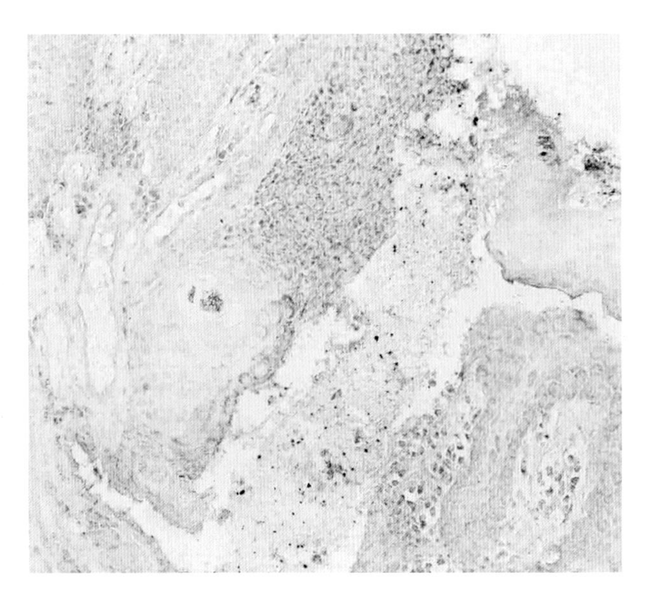

免疫组化染色，200×

肛周：B7-H4阳性。B7-H4在卵巢癌、乳腺癌、膀胱癌、胰腺癌等肿瘤组织中高表达

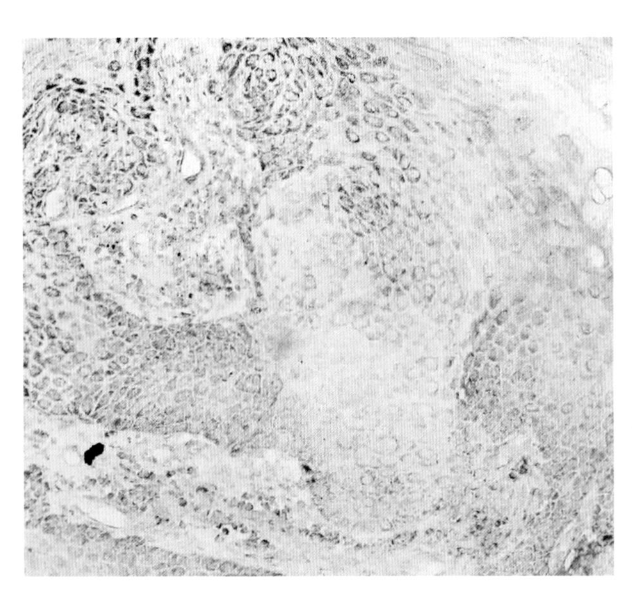

免疫组化染色，200×

肛周：CA125阳性。糖类抗原CA125是一种来自体腔上皮细胞并可表达于正常组织的糖蛋白。CA125通常作为卵巢上皮癌的肿瘤标志物

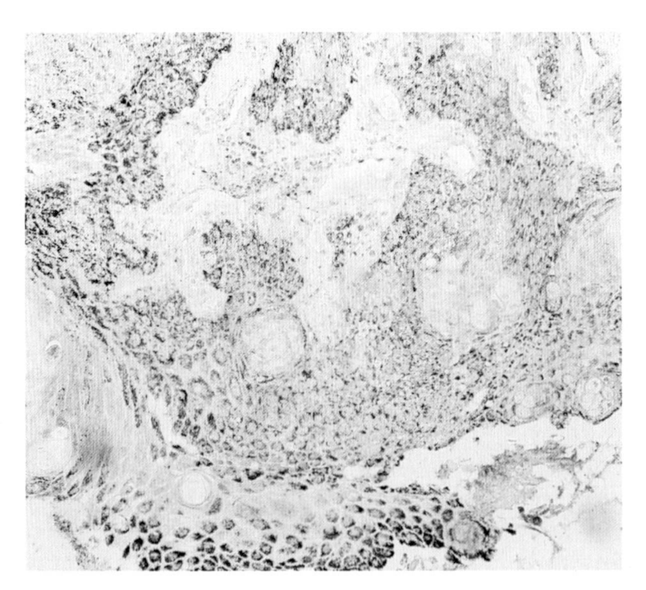

免疫组化染色，200×

肛周：CEA阳性。CEA在恶性肿瘤中的阳性率依次为结肠癌（70%）、胃癌（60%）、胰腺癌（55%）、肺癌（50%）、乳腺癌（40%）、卵巢癌（30%）、子宫癌（30%）

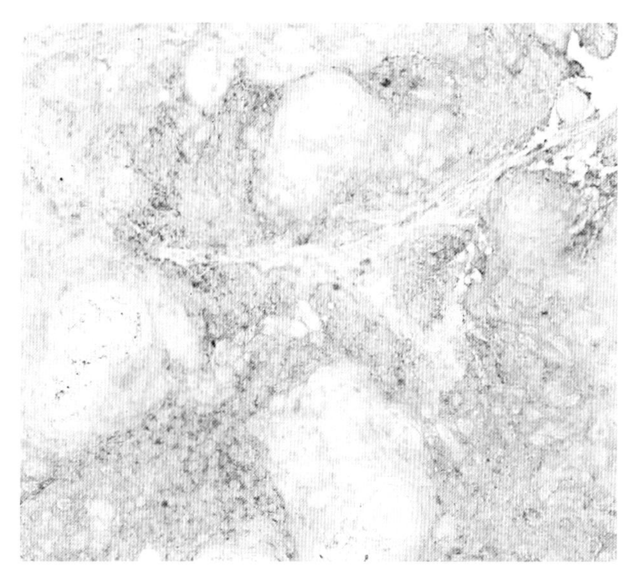

免疫组化染色，200×

肛周：HE4阳性。人附睾蛋白4（HE4）是一种新的卵巢癌肿瘤标志物

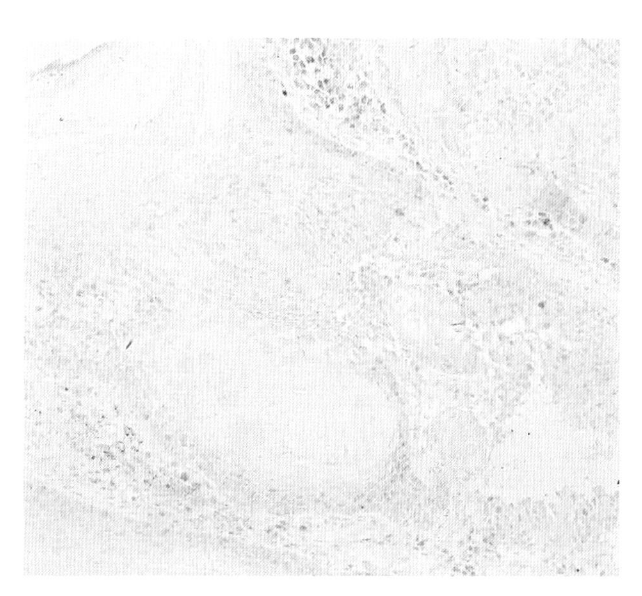

免疫组化染色，200×

肛周：HPV16+HPV18阴性。若HPV16+HPV18阳性，提示存在宫颈癌发生的可能

参考文献

[1] KUMAR V，ABBAS A K，ASTER J C. 罗宾斯基础病理学［M］. 北京：北京大学医学出版社，2016.

[2] STALKER M J. Pathologic Basis of Veterinary Disease，4th ed.［J］. Can Vet J，2007，48（7）：724.

[3] ZACHARY J F. Pathologic Basis of Veterinary Disease［M］.［S. l.］: Mosby，2017.

[4] Л. 别尔林，Б. 利索奇金，Г. 沙弗诺夫，等. 胃和十二指肠粘膜病理组织学图谱［M］. 韩子文，冯建波，滕松如，译. 哈尔滨：黑龙江人民出版社，1982.

[5] 北京动物园. 大熊猫解剖：系统解剖和器官组织学［M］. 北京：科学出版社，1986.

[6] 陈芳，邓桦. 图谱式动物组织学与动物病理学实验教程［M］. 广州：华南理工大学出版社，2017.

[7] 陈梦竹，刘颂蕊，岳婵娟，等. 首例大熊猫睾丸精原细胞瘤的病理学诊断［J］. 兽类学报，2020，40（6）：651-654.

[8] 大平东子，吕建军. 实验动物肿瘤病理诊断图谱［M］. 北京：科学出版社，2022.

[9] 邓桦，陈芳. 动物组织学与动物病理学图谱［M］. 广州：华南理工大学出版社，2020.

[10] 丁叶，普天春，佘锐萍，等. 9 例大熊猫肝脏和肾脏的器官病理学观察 [J]. 科技导报，2010，28（4）：21-27.

[11] 高齐瑜，狄伯雄，王保强. 大熊猫淋巴肉瘤一例 [J]. 中国兽医杂志，1984，3：25-27.

[12] 耿毅，汪开毓，徐志文，等. 大熊猫多器官功能障碍综合征的病理学观察 [J]. 四川农业大学学报，2006，24（1）：92-96.

[13] 郭定宗，周诗其，李家奎，等. 高龄大熊猫多器官衰竭的病理学观察 [J]. 畜牧兽医学报，2002，33（3）：295-298.

[14] 李健. 肿瘤组织学图谱 [M]. 济南：山东科学技术出版社，1981.

[15] 李宪堂，KHAN K N，BURKHARDT J E. 实验动物功能性组织学图谱 [M]. 北京：科学出版社，2019.

[16] 李翔，刘志军. 猫解剖学与组织学图谱 [M]. 北京：化学工业出版社，2019.

[17] 刘志军，廖成水. 动物病理学实验指导彩色图谱 [M]. 北京：中国农业出版社，2018.

[18] 潘秀森. 大熊猫急性病毒性黄疸型肝炎及全胃大出血的病理解剖研究 [J]. 畜牧与兽医，2009，41（5）：84-85.

[19] 彭克美. 动物组织学与胚胎学彩色图谱 [M]. 北京：中国农业出版社，2021.

[20] 秦川. 实验动物比较组织学彩色图谱 [M]. 北京：科学出版社，2017.

[21] 苏宁，陈平圣，李懿萍. 实验动物组织病理学彩色图谱 [M]. 南京：东南大学出版社，2020.

［22］王承东，高琪，李德生，等．一例原发性肝癌大熊猫的病理学观察［J］．浙江农业学报，2018，30（8）：1336-1340.

［23］王运盛，普天春，夏茂华，等．大熊猫实质性心肌炎病理学诊断［J］．野生动物，2022，43（3）：782-787.

［24］吴虹林，胡兰，汤纯香，等．一例大熊猫气体中毒死亡解剖及病理学变化［J］．当代畜牧，2014，1：28.

［25］夏坤．大熊猫睾丸组织学结构和精液冷冻研究［D］．西安：陕西师范大学，2012.

［26］向培伦，吕长虹，卓恺能．大熊猫卵巢腺癌［J］．野生动物，1983，1：54-57.

［27］杨芳．卧龙自然保护区一例野生幼年大熊猫死亡原因调查［D］．成都：四川农业大学，2022.

［28］一例罕见大熊猫癌症的报道：胰腺导管腺癌（PDAC）［J］．中国实验动物学报，2022，30（8）：1149.

大熊猫组织

病理图谱